# 光成形シートの製造と応用

## Photocasted Resin Sheet

著者
赤松　清
藤本健郎

シーエムシー出版

## 普及版の刊行にあたって

　本書は1989年に出版された『光成形シートの実際技術』を普及版として再版したものである。
　感光性樹脂の歴史は1822年に遡るが，1960年前後から世界各国で活発な技術開発が行われ，光で立体的な成形が出来る性能が注目されて，光成形による凸版作成技術が開発された。印刷版の活字や金属の腐食版のような細かい立体的な図形が光で成形出来ることは画期的であり，印刷業界の革命的技術として，世界的な開発競争が行われ，今日の印刷はコンピューター編集，感光性樹脂製版になっている。
　その後，感光性樹脂の光硬化を利用する開発は光硬化塗料，光硬化インキ，エレクトロニクス加工，光接着加工などの分野に展開され，歯科治療の入れ歯加工，齲歯の穿孔充填硬化などにも使用されている。
　樹脂の大きな用途にフイルムやシートがあることは周知であるが，感光性樹脂を用いた光硬化によるシートやフイルムの加工技術の実際については，あまり知られていない。
　光硬化樹脂の加工は従来の熱加工によるシート，フイルム加工と異なり，光硬化であるために工程に熱が不要であり，作業環境の改善，熱の影響を受ける染顔料や香料の混入，微生物の包埋固定などに利用され，また少量の加工が可能になるなど多くの特徴をもっている。
　本書の初版にはいろいろの光成形シートのサンプルを添付して光成形シートのご理解を容易にするように配慮したが，現在では印刷用凸版や塗料などで感光性樹脂製品が一般化しているので，再版書にはサンプルの添付を行わず価格の引き下げに向け，初版に記述したサンプルの説明はそのまま掲載して光成形シートの状態，物性，などのご理解に供した。特許はインターネットで索引出来るので，新たに調査して追加する作業を止めて価格上昇を抑え，初版に掲載したものは権利期間満了のものも多いが，ご参考までにそのまま掲載した。
　感光性樹脂も最近は生理活性や自然崩壊性のあるものなどが開発されており，光成形シートも多様な開発が行われている。本書で光成形シートの基本的な技術をご理解頂ければ幸いである。

2002年7月

赤松　清

# 目　次

## 序　章　赤松　清

……………………………………………… 1

## 第1章　光成形シート概論　赤松　清

1　はじめに…………………………… 3
2　光成形シートの加工機械，およびシートの作製方法…………………… 3
3　光成形シート加工の特徴…………… 4
4　モノマー，オリゴマー，ポリマー…… 5

## 第2章　高分子フィルム・シートの製造方法　藤本健郎

1　はじめに…………………………… 7
2　セロファンとその製造設備………… 10
3　ニトロセルロースとキャスティング法………………………………… 14
4　硬質塩化ビニルとカレンダー法…… 17
5　溶融押出法………………………… 20
　5.1　インフレーション法…………… 22
　5.2　Tダイ法………………………… 27
　5.3　複合材料成形技術への展開…… 34
6　延伸法……………………………… 42
　6.1　テンター法……………………… 43
　6.2　ロール法………………………… 45
　6.3　チューブラーフィルム延伸法… 46
　6.4　熱板延伸法……………………… 46
7　コーティング・ラミネート技術…… 47

## 第3章　光成形シート製造方法の開発　藤本健郎

1　従来方法から学ぶもの……………… 53
　1.1　高粘度からのエスケープ……… 53
　1.2　エネルギー消費型過大設備に対する疑問………………………… 55
　1.3　コーティング技術の反映……… 57
2　紫外線硬化キャスティング法……… 58
　2.1　発想のモデル…………………… 58
　2.2　感光性樹脂による製膜技術の

I

|   |   |   |   |   |
|---|---|---|---|---|
|   | 現状……………………………… | 60 | 2.4 光成形シート成形方法の可能性… | 67 |
| 2.3 | テストマシンの作製……………… | 63 |   |   |

## 第4章 光成形シートに使用される感光性樹脂　　赤松　清

| 1 | はじめに………………………… | 69 | 2.3 分子中にアクリロイル基を3個 |   |
|---|---|---|---|---|
| 2 | 光成形シート製造に使用する樹脂の |   | 　　　有する樹脂……………………… | 84 |
|   | 構造……………………………… | 70 | 2.4 その他の光成形原料樹脂……… | 85 |
|   | 2.1 分子中にアクリロイル基を1個 |   | 3 樹脂の配合…………………………… | 88 |
|   | 　　　有する樹脂……………………… | 70 | 4 樹脂の比重と屈折率………………… | 90 |
|   | 2.2 分子中にアクリロイル基を2個 |   | 5 開始剤………………………………… | 92 |
|   | 　　　有する樹脂……………………… | 79 |   |   |

## 第5章 光成形シートの特性および応用　　赤松　清，藤本健郎

| 1 | はじめに………………………… | 96 | 3.2 キャスティング成形……………… | 107 |
|---|---|---|---|---|
| 2 | 配合する樹脂の種類および配合組成 |   | 　　3.2.1 光成形シートの強伸度特性… | 107 |
|   | による特性とその応用…………… | 97 | 3.3 低粘度成形………………………… | 109 |
|   | 2.1 水溶性，親水性，疎水性……… | 97 | 　　3.3.1 微細なエンボス加工が可能… | 109 |
|   | 2.2 モノマーの光硬化収縮………… | 99 | 　　3.3.2 着色性……………………… | 109 |
|   | 2.3 樹脂の配合と強靱，柔軟性…… | 99 | 　　3.3.3 ラミネート………………… | 109 |
| 3 | 光成形法によるシートの特性とその |   | 3.4 常温成形（揮発性物質の添加）… | 110 |
|   | 応用……………………………… | 101 | 4 微生物の配合………………………… | 110 |
|   | 3.1 光成形……………………………… | 101 | 5 バイオポリエステルの添加加工……… | 112 |
|   | 　　3.1.1 水溶性，親水性，疎水性の |   | 6 いろいろのものの添加，包埋につ |   |
|   | 　　　　シート……………………… | 102 | 　　いて…………………………………… | 113 |
|   | 　　3.1.2 強靱，柔軟，硬質の配合…… | 103 |   |   |

## 第6章 光成形シート関連特許　　藤本健郎

| 1 | はじめに………………………… | 115 | 2.1 塗料，インキ，コーティング剤… | 115 |
|---|---|---|---|---|
| 2 | 組成物関連……………………… | 115 | 2.2 接着剤……………………………… | 117 |

- 2.3 マイクロカプセル……………… 117
- 2.4 脱泡方法…………………………… 117
- 2.5 封止剤, コーキング剤………… 117
- 2.6 耐光性付与……………………… 117
- 2.7 凝集性重合体…………………… 118
- 3 エレクトロニクス関連……………… 119
  - 3.1 半導体封止材料および封止方法… 119
  - 3.2 導電性シートおよびその製造方法……………………………… 119
  - 3.3 電磁波シールド材の製造方法… 120
  - 3.4 液晶表示素子の製造方法……… 120
  - 3.5 プリント配線基板の製造（フォトレジスト）……………………… 120
  - 3.6 コンデンサー…………………… 120
- 4 記録材料およびその製造方法……… 121
  - 4.1 磁気テープ用基材への応用…… 121
  - 4.2 光ディスク用基材およびその製造方法……………………………… 121
  - 4.3 OHP用基材およびその記録方法……………………………… 123
  - 4.4 クレジットカード, 定期券への応用……………………………… 123
- 5 合成樹脂積層体および製造方法…… 123
  - 5.1 コーティングしたシート（フィルム）およびその製造方法……… 123
  - 5.2 化粧シートおよびその製造方法… 125
  - 5.3 床材およびその製造方法……… 126
  - 5.4 厚肉積層体およびその製造方法… 126
  - 5.5 パネルシート…………………… 127
- 6 転写シートおよびその製造方法…… 127
  - 6.1 プラスチックミラーへの応用… 127
  - 6.2 カラーハードコピーへの応用… 127
- 6.3 熱転写記録材料および記録装置… 127
- 6.4 転写シート……………………… 127
- 6.5 型取り（指紋, 足型など）材料… 128
- 6.6 エンボス加工用シート………… 128
- 6.7 プリプレグシート……………… 128
- 7 光学的材料およびその製造方法…… 128
  - 7.1 ホログラムへの応用…………… 128
  - 7.2 レンチキュラースクリーンへの応用……………………………… 129
  - 7.3 光制御板………………………… 129
  - 7.4 フレネルレンズとその製造方法… 129
  - 7.5 防眩性を有するシート材料…… 129
  - 7.6 光ファイバー関連……………… 129
- 8 粘着剤または粘着テープおよびその製造方法……………………………… 129
  - 8.1 粘着剤…………………………… 129
  - 8.2 粘着テープ……………………… 129
- 9 FRPの成形方法…………………… 130
  - 9.1 シート状物……………………… 130
- 10 バイオロジカル関連………………… 132
  - 10.1 種子を固定したシートおよびその製造方法……………………… 132
  - 10.2 多孔質膜………………………… 132
- 11 硬化装置, 硬化方法………………… 132
  - 11.1 硬化装置………………………… 132
  - 11.2 硬化方法………………………… 134
  - 11.3 反応射出成形法………………… 135
  - 11.4 予備硬化………………………… 135
  - 11.5 熱硬化との組み合わせ………… 135
  - 11.6 光硬化成膜法…………………… 136
- 12 製造プロセスの改善………………… 136
  - 12.1 プラスチック擬紙……………… 136

12.2 ゴムタイヤ……………………… 136
12.3 重合方法……………………… 136
13 熱可塑性合成樹脂の改質…………… 137
　13.1 架橋による物性向上…………… 137
　13.2 特殊性能付与…………………… 137
　13.3 放射線硬化組成物に熱可塑性樹脂を分散した組成物…………… 138

## 第7章　光成形シートの実験試作法　　赤松　清

1 はじめに……………………………… 141
2 実験用の機器………………………… 141
3 実験用樹脂の配合…………………… 145
4 シート作製する方法………………… 183
5 ポリマーの添加……………………… 183

## 第8章　添付サンプルの解説　　藤本健郎

1 はじめに……………………………… 195
2 サンプルNo.1 ＜硬質，透明シート＞
　（標準配合）………………………… 195
3 サンプルNo.2 ＜硬質着色保香シート＞
　（着色，香料入り標準配合）……… 196
4 サンプルNo.3 ＜四種の準硬質〜硬質透明シート＞（二種のウレタンアクリレートを使用）……………… 196
5 サンプルNo.4 ＜硬質透明シート＞
　（セルロースのアクリル誘導体を配合）………………………………… 196
6 サンプルNo.5 ＜軟質着色保香シート＞
　（着色，香料入りウレタンアクリレート系配合）……………………… 197
7 サンプルNo.6 ＜準硬質透明シート＞
　（標準配合の吸湿性を改良）……… 197
8 サンプルNo.7 ＜軟質透明防曇シート＞
　（Nメトキシメチル化12ナイロン／HEMA系配合）………………… 198
9 サンプルNo.8 ＜エンボスシート＞
　（標準配合）………………………… 198
10 サンプルNo.9 ＜ラミネートシート＞
　（標準配合＋紙）…………………… 199
11 サンプルNo.10 ＜二色流延シート＞
　（着色・香料入り標準配合）……… 199

# 序　章

赤松　清*

　感光性樹脂は1822年にフランス人ヨセフ・ニセフォール・ニエプスがアスファルトを石油に溶かして錫板に塗布し，光画像を写したのが最初と言われている。その後，いろいろの感光性物質が発見され，発明され，開発されたが，光重合によって高分子膜を作り，その膜がいわゆる樹脂フィルムやシートになる可能性をもった感光性樹脂が開発されたのは30年位前のことである。

　当時は，ポリエチレン，ポリプロピレン，ポリ塩化ビニールなど，汎用樹脂のシートやフィルムの全盛期であり，一方，感光性樹脂は新しい機能性樹脂として，汎用樹脂とは一線を劃した非常に高価な樹脂であった。したがって，光成形シートは，製造方法として技術的に興味あるものではあったが，大量生産の汎用樹脂とは価額的に競争の余地がなく，検討の対象にならなかった。

　機能性樹脂として，ファインケミカルの花形の一つになった感光性樹脂は，画像形成が可能で，解像性，現像性の優れた樹脂として，印刷用刷版，エレクトロニクス用のレジストなどに向けて開発検討が進められ，また当時の公害問題意識，作業環境改善向上の流れに沿って，無溶剤，無加熱，無公害のペイントやインキとして特殊用途に使用された。

　感光性樹脂が光（紫外線）によって重合し，高分子化するといっても，当時，印刷用の刷版の場合は基板としてアルミニウム板や鉄板，樹脂シートなどを使用しており，エレクトロニクス用の場合も銅貼樹脂板やシリコン結晶板を基板としているために膜強度や高重合度化よりも現像性や解像性に開発の重点があり，またインキやペイントも紙，金属，フィルム，木材などへの接着性や表面硬度，耐摩擦性，耐湾曲性などに重点がおかれていた。したがって，当時の感光性樹脂開発の状況においては，光成形シートを試作しても，強度の低い引裂きに弱いシートしか得られなかった。

　近年，感光性樹脂の用途も広がり，樹脂の生産量も年間1万トンになって価額も下がり，キログラム当りの単価が数百円の感光性樹脂が見られるようになり，また高分子の感光性樹脂や光硬化した後に強靭な被膜を作る感光性樹脂も市販されて光成形シート作製が意味あるものになってきた。筆者らは数年来，感光性樹脂の光成形シートの製造に技術的意味を感じて検討を実施し，光成形シートの試作機械も作製して改良を加えてきた。

---

＊　Kiyoshi Akamatsu　　（財）生産開発科学研究所

# 光成形シートの実際技術

　感光性樹脂による光成形シートの製造は樹脂の成形加工，シート，フィルムの製造にいろいろの新しい考え方を提供し技術的な意味も大きいと考えている。未だ開発中なので未解決の問題も多いが，ここにその現状を記して諸賢のご参考に供する。

　光成形シートを作製するための機械の設計，方法の検討において，筆者らは現在使用されているいろいろの樹脂成形方法を調査検討し，セロファンの製造法，ビニル系樹脂の加工方法，ポリオレフィン樹脂加工法，モノマーキャスト法，さらには蚕の口から絹糸が吐出する話まで討論した。

　筆者らと類似の問題を考えておられる方々，今後，考えられる諸賢の参考になれば幸いと思い，機械の説明に従来機の説明と考え方，発想の過程なども記述した。技術説明書としては余分な記述と思われる部分もあるかと思うが筆者らの意を汲んで戴ければ幸いである。

# 第1章　光成形シート概論

赤松　清＊

## 1　はじめに

　光成形シートは液体の感光性樹脂を流延して紫外光を照射し，樹脂を光硬化せしめて作製する。感光性樹脂は光硬化性のインキ，ペイント，印刷版作製材料などとしてよく知られているもので，多種類の樹脂が市販されているが，光成形シートの作製に使用する感光性樹脂は，分子内に，アクリロイル基を有するモノマー，オリゴマー，ポリマーが主体であり，シートの用途，使用目的に合わせていろいろの樹脂が配合される。配合された感光性樹脂は液状で加工機に供給され，流延され，紫外光の照射によって硬化し，シートを形成する。加工機械の機構，光成形シートの作製方法，原料となる感光性樹脂の選定などそれぞれに克服すべき問題はあるが，樹脂を配合して光を照らすだけで樹脂シートができることは，新しい樹脂成形方法として検討すべき課題である。

## 2　光成形シートの加工機械，およびシートの作製方法

　光成形シートの加工機械は，金属の大形ドラムの上部に感光性樹脂液を細隙より流し出すようにした液溜があり，ドラムの周に添って紫外光源が取り付けられている。
　シートを作製する場合は，シートの用途，使用目的に合わせて配合した感光性樹脂を金属ドラムの上部にある液溜めに入れ，液溜めの下部の細隙より流し出して金属ドラムの上に流延する。ドラムは回転しているので，感光性樹脂はドラムの上にシート状の樹脂液膜を形成しながらドラムの周囲に取り付けられた光源より紫外光を照射されて，反応し硬化する。シート状に光硬化した樹脂はドラムから剥離され巻き取られる。
　このように言うときわめて簡単に光成形シートができるようであるが，製造にあたっては解決しなければならないいろいろの問題がある。
　まず，原料樹脂であるアクリロイル基を反応基とする感光性樹脂は，酸素（空気）によって光硬化が阻害される。したがって，ドラムの上に流延して光硬化を行うと，シートの表面が未硬化のまま残るとか，光硬化が遅れて粘着するような状態になる。これを防ぐためにはドラムの表面

---

＊　Kiyoshi Akamatsu　（財）生産開発科学研究所

を窒素や炭酸ガス（不活性ガス）で覆う，高圧水銀燈の強い紫外光で照射するなどの手段があるが，不活性ガスでドラムを覆うことは装置の設計からみても，運転管理の面から考えても，あまり好ましい方法ではない。高圧水銀燈は温度上昇があり，また光硬化を強力な光で行うと樹脂の反応熱による影響が問題となることも多い。例えば微生物の包括固定を行う場合に微生物が死滅するとか，揮発性の物質（香料など）を添加しているような場合は添加物質が揮散するとか，温度によってシートに歪みができるなどいろいろの不都合がある。

　現在，筆者らが作製して運転している機械は，光源として紫外線蛍光燈を使用し，シートの空気に接している表面の光硬化阻害は，金属ドラムを2個使ってシートをS字状に通し，シートの表裏両面をそれぞれのドラムの金属面に接して，別々に光硬化を行うことにより解決している。このようにすると，簡単に酸素（空気）による光硬化阻害を解決することができるだけでなく，シートの表裏両面とも金属の光沢面の平滑さを写しとることができて，透明平滑なシートを得ることができる。また2番目のドラム表面に凹凸模様のあるシートを巻いておけば，光成形シートの片面にその模様を写しとることもできる。

　光成形シートに使用しているアクリロイル基を有する感光性樹脂の光硬化が空気（酸素）により表面の光硬化阻害をうけて粘性樹脂の状態になることは，一般には欠点とされて，それを防止するための報告や特許もみられるが，シートを光成形する場合は逆に利用している。例えば前記のように第2のドラムの凹凸模様を写し取ることができるので，光ディスクのスタンピングを行うことも可能であり，シートの片面を粗面にする，2枚のシートを貼りあわせる，紙，不織布，編織物，プラスチックのフィルムを貼り着けるなどいろいろの加工に酸素による光硬化阻害を利用することができる。

## 3　光成形シート加工の特徴

　光成形シート加工の特徴は，溶剤を使用しないこと，加工に熱を使用しないこと，強い圧力や強い化学反応をともなわず，比較的穏やかな状態で硬化成形ができることである。したがって，熱や溶剤に弱い酵母など微生物を包括固定してシート内で増殖せしめることも可能であり，熱に弱い染顔料を添加して光成形シートを作ることも可能である。揮発しやすい物質，例えば香料や経皮浸透薬などを添加したシートの作製や花びら，木の葉，種子などを包埋することもできる。

　光成形シートはモノマーから直接シートを作り出すので，モノマーの配合組成を変えることによって，水溶性のシートや親水性，疎水性のシートなどを比較的自由に作り出すことも可能である。また強度，伸度，剛直性，柔軟性，などを自由に変えて多品種少量生産に対応することもできる。製造方法が前述のように，金属の大形ドラムの上に感光性樹脂を流延して穏やかな光硬化

を行うために，歪みの少ないシートを得ることができることも光成形シートの特徴である。一般に樹脂でシートを作る場合は樹脂の延伸，結晶化などにより，製造工程中の樹脂の流れ方向とそれに直角の方向の物性は異なるのが普通であるが，光成形の場合は延伸工程がないので，シートの製造工程における，流れ方向とその直角方向の強伸度の測定曲線（S-Sカーブ）が重なるほど一致した物性のシートを得ることもできる。

　光成形シートの製造工程と，他の一般樹脂シート製造工程との基本的な違いは，上記の各部の記述でも分かるように，光成形シートはモノマーから直接シートができるので，一般の樹脂のようにモノマーの重縮合工程や精製工程，エクストルーダーによる加熱混和工程，加熱押出し工程などは不要で，モノマーを混合して流して光を照らす，ただそれだけである。したがって，モノマーの性質を理解しておれば，いろいろの種類，物性を示すシートをかなり自由に作ることが可能である。

　このような樹脂成形法は多様化していく市場の要求に応じて試作，生産を実施するのに適応性のある加工成形方法と考える。

## 4　モノマー，オリゴマー，ポリマー

　光成形シートの製造加工に使用する原料樹脂はかなり多く，極端に言えば，全ての感光性樹脂を使用することができる。しかし，金属ドラムの上に適度の厚みに流延した液体状の樹脂が，紫外光の照射によって金属面に安定に仮接着して寸法安定を保ちながら固体化し，金属面から剥離されて巻き取られる工程において，各部位における樹脂液の粘度，流延状態，光硬化状況，硬化接着状況，剥離強度などを考え，シートの無色，着色，透明，不透明，柔軟，剛直，強靱，弾性，親水性，疎水性などを樹脂の配合組成によって変えることなどを考え合わせると，アクリロイル基を反応基とするモノマーやポリマーを使用することが良いように思われる。

　アクリロイル基を反応基として分子中に有する樹脂は多くの種類があり選択の自由度も大きい。アクリロイル基が分子中に1個，2個，3個，4個のモノマー，オリゴマーは多くの本やカタログに紹介されているし，ポリマーではセルロースのアクリル誘導体やポリウレタンのアクリレート，ポリエチレングリコールやポリプロピレングリコールのアクリレートなども市販されている。またアクリロイル基のない一般のポリマーを配合してシートの物性を調節することもできる。この場合はポリマーが感光性樹脂に溶解分散することが必要になるが，ヒドロキシエチルアクリレート，ヒドロキシエチルメタクリレート，ジメチルアクリルアミドなどは80℃前後の温度でメトキシメチル化ナイロン，セルロースの変性品などを溶解分散することができる。また微生物の機能を利用したポリマー，例えばバイオエステルといわれているヒドロキシ酪酸とヒドロキシ吉草酸の共縮重

合物質なども溶解分散することが可能である。

　既存のポリマーを感光性樹脂に溶解分散してシート化することは既存の樹脂の優れた物性と感光性樹脂の利点を共に利用できるもので，今後の光成形シートの検討において注目すべき技術課題の一つと考える。

　以上に光成形シートの概要を記したが，社会の要求が複雑になり市場が多様化していく時代になって，いろいろの物を自由に試作し生産できる方法が求められている。シートの試作，製造技術において，光成形によるシート製造の試みはそれらの要求に対応するものとして，多くの技術的示唆をその中に見出すことができる。

# 第 2 章　高分子フィルム・シートの製造方法

藤本健郎 *

## 1　はじめに

　プラスチック産業は，第二次世界大戦の終結とともに，特に自由主義諸国間で飛躍的な発展をとげた。プラスチックは，産業のあらゆる分野において極めて有効に取り入れられたわけであるが，フィルムやシートとして大きな役割をはたしてきたのは何と言っても食料品を主体とする包装分野，農業資材，建築材料，写真のフィルム，磁気テープ，その他工業資材，日用雑貨品等の分野であろう。

　しかし，これらの高分子フィルム・シートの分野でも，戦前戦後を通じてその発展のあゆみを観察してみると，次のようなことに気がつく。

(1)　既に戦前から存在し，戦後の第一次の発展の下地となったフィルムやシートの存在
(2)　第一次の発展の中で花形となった安価で大量生産に適したプラスチックの出現
(3)　第二次の発展を支えた新素材の出現とフィルム・シートの製造技術の革新

　さらに，現在はより高々度なニーズに対応するために，これらの技術革新の奥行きがますます深められ，さらに新しい技術や素材の出現を予告するような胎動をすら感ずる。

　まず，第一次の発展の下地となって，地味にその役割を演じてきたのは，フィルムの分野においてはセロファン，シートの分野においてはセルロイド（ニトロセルロースのシート）ではなかろうか。

　セロファンは，言わば再生繊維素膜であり，プラスチックではない。ところが，プラスチックを薄くコーティングした防湿セロファンや，さらにポリエチレンをコーティングした，いわゆるポリセロの出現は，組成上の定義の問題はともかくも，セロファンをプラスチックの仲間として取り扱わざるを得ない状況を作ってしまった。それどころかむしろ，この発明によって包装の自動化，高機能化が著しく促進され，セロファンは，一躍"透明包装の主役"を演ずる結果になった。日本の場合，セロファンは戦時体制のもとで飛行機のガソリン輸送管を保護するための材料となり，辛うじて国策に添う企業として命をつないできたことを思うならば，それは全く隔世の変身であった。

---

　*　Takeo Fujimoto　積水成型工業 (株)

一方，セルロイドも古くから写真のフィルム，文房具，玩具，眼鏡のフレーム，その他多くの日用品に使用され，消費者にプラスチックのイメージを最初にやきつけた素材として親しまれてきた。また，戦時体制下ではむしろ軍需物資としてなくてはならぬ存在であったから，セロファンと比較すればずっと優遇されていた。セルロイドは日用品のイメージからは明るい平和な印象を受ける素材でありながら，内在的な特性には爆発的に燃焼すると言う非常に危険な魔性を有していた。したがって，平和な時代になると，今度はその魔性が災いしてセロファンのように花道を飾ることもできず，衰退せざるを得なくなったのである。

以上のように，両者はそれぞれ引き際の様相を異にするが，今ではすっかり主役の座をその後発展してきたプラスチックフィルムに明け渡す結果になってしまった。即ち，セロファンは主としてポリプロピレン，ポリエステル，ポリアミド等のフィルムに，そしてセルロイドはアセチル化セルロース，硬質塩化ビニル，ポリエステル，ポリスチロール等のシートに。しかし，これらの素材をかつては製造し，あるいは加工することによって世に貢献してきた企業主達は，たぶん，その後も新素材に切換えて会社を発展させてきたことと思うが，その発展の下地となったこの二つの素材のことは決して忘れないであろう。

余談になるが，繊維産業においても筆者は同じ類例をみる。即ち，戦後のめざましい合成繊維発展の下地となったビスコースレーヨンやアセテートレーヨン等である。しかもこの二つの産業分野を支えた素材の原料が何れもセルロースであったと言う点が誠に興味深い。

さて，次のステップを眺めてみよう。フィルム・シート分野で第一次の発展を支えた大量生産に適合したプラスチックとしては，ポリエチレン，ポリプロピレン，ポリ塩化ビニル，ポリスチロール，ポリエステル，ポリアミド，セルロースジアセテート，セルローストリアセテート等であり，これらのプラスチックをフィルム化・シート化するための製造技術は，インフレーション法，Tダイ法を生み出した溶融押出成形，カレンダー成形，キャスティング成形，延伸，コーティング，ラミネート等であった。衆知のように，自由主義経済は個々人の様々な生き甲斐を容認する体制であり，衣，食，住，レジャー等あらゆる面で消費を活性化し，人々の生活を豊かにすることを目指している。プラスチックはこのようにして，豊かな生活を支えていく上でなくてはならぬ存在となった。そしてプラスチック産業はその後に迎えた高度経済成長時代を形成する一部門となったわけである。

次に現在に連がる第二次の発展の内容をどう認識すればよいのであろうか。筆者は他の産業分野の技術革新，特にエレクトロニクス機器，自動車，ロケット・航空機およびそれらの関連産業のめざましい発展の余波を受けて，より高度なニーズに対応するための素材開発や，高精度で低コストに対応する製造設備の改良が促進され，その発展に一段と拍車のかかった時代であったと認識している。言うならば，第二段目のロケットの推力によって発展してきた期間であり，お

## 第2章 高分子フィルム・シートの製造方法

よそ1970年代の後半から現在に至る段階と考えてよいと思う。

以上，高分子フィルム・シートがどのようなステップを経て発展し現在に至ったかを総括的に展望した。この節のまとめとして，現在各種の高分子材料が，どのような成形技法でフィルム化・シート化されているかを一覧するために表2・1を作成した。温故知新というか，筆者が光成形

表2・1　各種フィルム・シートの成形方法

| 成　形　法 | 適用されるプラスチック |
|---|---|
| キャスティング法<br>（溶液流延法） | セルロースジアセテート，セルローストリアセテート，ポリ塩化ビニル，ポリビニルアルコール，ポリカーボネート，ポリフェニレンオキサイド，ポリイミド，ポリアミドイミド，ポリエステルイミド |
| エクストルージョン法<br>　Tダイ法 | ポリエチレン，ポリプロピレン，ポリ塩化ビニル，ポリスチレン，ポリアミド，ポリエステル，ポリビニルアルコール，ポリカーボネート，ポリフェニレンオキサイド，ポリスルフォン，セルロースジアセテート，フッ化ビニリデン |
| 　インフレ法 | ポリエチレン，ポリプロピレン，ポリスチレン（発泡），ポリ塩化ビニル |
| カレンダー法 | ポリ塩化ビニル |
| 2軸延伸法<br>　Tダイ→テンター<br>　キャスティング→<br>　　　　　テンター<br>　インフレ延伸 | ポリプロピレン，ポリエステル，ポリ塩化ビニル，ポリスチレン，ポリアミド，TPX<br>ポリ塩化ビニル，塩酸ゴム<br>ポリエチレン，ポリプロピレン，ポリエステル，ポリ塩化ビニル，ポリアミド |
| 1軸延伸法<br>　熱板法<br>　ロール法 | ポリエチレン，ポリプロピレン<br>ポリエチレン，ポリプロピレン，ポリアミド |
| 冷間圧延法 | ポリエチレン |
| 特殊成形法<br>　切削法<br>　ディスパージョン法<br>　膨張延伸法 | テトラフロロエチレン，ニトロセルロース（セルロイド）<br>テトラフロロエチレン<br>塩酸ゴム |
| セロファンの製造法 | セロファン |

シートの製造方法について着想を得るに至った経過の中で，これまでに体得したこれらフィルム・シートの製造技術に関するノウハウの展開応用は極めて重要であった。次に各論としてこれらフィルム・シートの製造技術の現状について述べるが，筆者はすべての製造技術を体験してきたわけではなく，理解の仕方にも精粗があるかもしれないがその点は御容赦願いたい。また，製造設備や素材そのものを解説するのが目的ではないので，新しいシートの製造方法の発想と関連する部分に特に焦点を当てるようにした。また，その中でも強調したい部分にはアンダーラインを

引いて印象づけるようにした。

## 2 セロファンとその製造設備

今世紀の初頭（1908年）にブランデンベルガー（スイス）がビスコースをフィルム状に成形することに成功し、ここにセロファンが誕生することになった。図2・1にセロファンの製造工程を示したが、プラスチックフィルムと大きく違っているのはパルプをビスコースにするための原料プラントを必要とすることと、セロファンにプラスチックをコーティングした防湿セロファンがセロファンの本命になってきたために防湿加工の工程がセロファンメーカーにとって不可欠の工程となっているところである。

まずビスコースの製造についてざっと説明すると、原料のパルプを力性ソーダと反応させてアルカリセルロースとし、これをフレーク状に粉砕したものをニーダーに投入し二硫化炭素と反

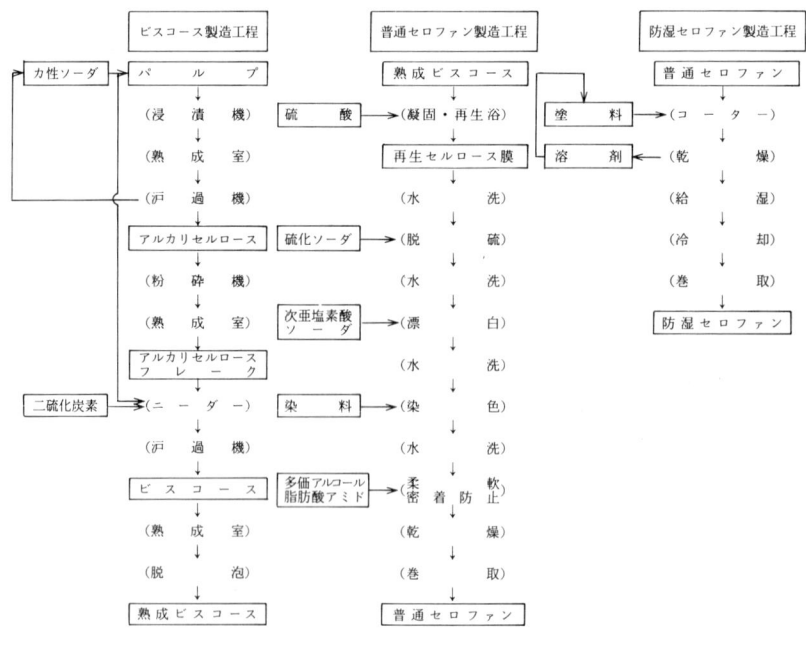

図2・1 セロファンの製造工程図

## 第2章　高分子フィルム・シートの製造方法

応させて繊維素キサントゲン酸ソーダを生成させる。これに力性ソーダの水溶液を添加撹拌して調製した粘稠な液体をビスコースと称する。そして、これをノズルから硫酸浴中に吐出して紡糸したのが前述のビスコースレーヨン（人絹）である。ブランデンベルガーはこのビスコースを改良し、これをフィルム状に成形する方法を発明したのである。得られたフィルムはたぶん透明な紙、あるいはフレキシブルな硝子というイメージを人々に与えたに違いない。そして、Du Pontは逸速くこの特許の実施権を取得し企業化に着手した。当初の製造設備がどんなものであったか詳しいことはわからないが、連続的に生産できるようになった現在の完成された製造設備は図2・2に示す通りである。製造ライン全てということになると、これにビスコース製造プラントと、防湿加工を施すためのコーティング設備が加わるが、これは省略する。

　図2・2に基づいて説明すると、熟成室の貯蔵タンク①の中で、所定の粘度に落ちつくまで熟成されかつその間に脱泡されたビスコースはギヤーポンプ②によって輸送され、ホッパー③より直接凝固浴（硫酸第一浴）④中に吐出される。ビスコースは凝固浴に吐出されたとたんに化学反応により再生繊維素膜になるが、この際気相には硫化水素、液相には多硫化物と、中和反応による芒硝（硫酸ナトリウム）が生成する。生成直後の再生繊維素膜はこれらの不純物が取り込まれているため不透明である。しかし、再生浴（硫酸第二浴）⑤中でさらに反応が進行し、かつ多硫化物を除去するための脱硫浴（硫化ソーダ浴）⑦を通過すると全体が透明になる。もっとよく観察すると、再生したフィルムの厚い部分と薄い部分によって、透明化のパターンがちがってみえる。オペレータはこれをインディケータとして調整ボルトを操作し厚みを調整する。セロファンの厚み精度は溶融押出法やカレンダー法による他の多くのプラスチックフィルムに較べると本質的に優れている。例えば、幅方向の厚みの公差はずいぶん前から既に平均値±2%程度のレベルには達していた。ところが、一般のプラスチックのフィルムでは最近になってやっとこのレベルをクリヤーするものがでてきた程度である。その理由としては、ビスコースは溶融プラスチックに較べると粘度がはるかに低く、定量輸送には安定性のあるギヤーポンプによる輸送が可能であること、同様低粘度であるためにホッパーリップにおける調整ボルトの応答がシャープであること、さらに吐出されたビスコースは化学反応によりほとんど瞬時に凝固してしまう点にあると考えられる。

　凝固、再生、脱硫の工程を経た再生繊維素膜は水を精一杯含んでいるので不測の応力がかかるとすぐに切断してしまう。したがって水洗⑥、漂白⑧、染色⑨等の処理を経て乾燥室⑪に至るいわゆるウェットパートにおける輸送は基本的には多数の駆動ロールによって行われる。乾燥は徐々にしかし高速度で行うために、図のように多数の表面塗装仕上げを施された金属ロール⑬に抱かせて行われるが、その前に、セロファンに所定の物性を持たせるため適度な水分（8～10%）を保たせ、かつ密着（業界用語で、ブロッキングまたは密着という、日本語を用いることとする）を

光成形シートの実際技術

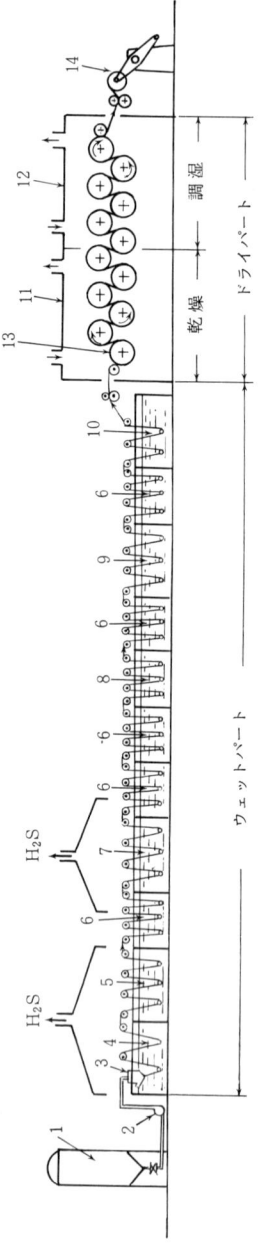

図 2・2 セロファン抄造機

1. ビスコース貯蔵タンク 2. ギヤーポンプ 3. ホッパー 4. 凝固浴(硫酸第一浴) 5. 再生浴(硫酸第二浴) 6. 水洗浴(実際はもっとパスが長いが省略した) 7. 脱硫浴(硫化ソーダ浴) 8. 漂白浴 9. 染色浴 10. 処理浴(柔軟剤, 密着防止剤) 11. 乾燥室 12. 調湿室 13. 乾燥ドラム(実際はもっと数が多い) 14. 巻取機

## 第2章 高分子フィルム・シートの製造方法

防止するために柔軟剤と密着防止剤の混合液を貯えた処理浴⑩をくぐらせて処理を行う。乾燥されたセロファンは巻取機⑭により巻き取られる。ウェットパートにおけるセロファンの輸送の問題，ドライパートにおける段階的にしかも幅方向に均一な乾燥を行わせるための乾燥調湿設備設計上の諸条件等，セロファンの製造設備はプラスチックフィルムの製造設備に較べると非常に複雑であり，技術的にもむずかしいものが要求される。

　既述のように，セロファンは防湿セロファンが徐々に主流になっていったのであるが，防湿セロファンにおいてもDu Pontはすばらしい技術力と開発力を発揮した。即ち，親水性のセロファンに疎水性のプラスチックを原料とした防湿膜を形成させるための基礎技術の確立とその展開応用である。特に両者の接着を可能にした塗料に関する研究は，接着に関する基礎研究そのものであり，理論的にも，実際の応用面でも今なお多方面において活用されている。しかし，筆者はそれらの基礎技術の確立もさることながら，問題となる包装対象に関する包装研究を徹底して行い，その包装対象によく合致した塗料を開発し，多品種の防湿セロファンを生み出したDu Pontのすばらしい開発力を強調しておきたい。セロファンと言う一つの素材を多様に生かすのに塗料の組成を自由に変えて対応したところが当時としては実に見事であり，さらにポリセロの出現とともに，セロファンは複合フィルムの基材の中心的存在となったわけである。また，自動包装化を容易にした理由の中で案外見落されているのはセロファンの熱可塑性でないと言う特徴である。したがって，基材が熱に溶けないから融着はコーティングされているプラスチックにまかせておけばよい。即ち，簡単なヒートシール機構を考えてやればよく，自動包装機の設計がしやすいと言うことになる。

　さて，この非常に優れた素材であったセロファンがプラスチックフィルムに徐々にその主役の座を明け渡さざるを得なくなったのは次の理由による。
(1) ポリプロピレン（二軸延伸）やポリエステルフィルムが年々改良され，かつコストも安くなり，防湿セロファンでないと使用できなかった自動包装機にも使用できるようになった。
(2) 一方，収縮包装のようにプラスチックの特徴を生かした全く新しい包装方法も開発された。
(3) 大気系，排水系に汚染源をもつセロファンの公害対策は非常に困難であり，それらに完全に対応するためには巨額の投資が必要で，コスト競争の面においても，益々不利な状況になってきた。

さらに製造設備もプラスチックの設備とちがってセロファンだけのものであり，他への応用は全くきかないと言うこともある。いずれにせよ，セロファンは過去のものとなりつつある。以前，セロファンの製造技術にかかわったことのある筆者としては誠に残念であるが，これもまた，栄枯盛衰のさだめというものであろうか。

## 3 ニトロセルロースとキャスティング法

　キャスティング法の歴史はセロファンよりもさらに古く，既に1889年にはニトロセルロースを用いて写真のフィルムが造られている[1]。そして，以降セルロースジアセテートが採用されるようになった1920年代の初期頃[2]迄はずっとそのままニトロセルロースが用いられてきた。

　また，ニトロセルロースは一方で玩具や下敷，筆箱等の文具類，その他日用雑貨品などの分野にも，そのシート（セルロイド）を加工した商品を生み出してきた。このセルロイドとして親しまれてきた素材についてはキャスティング法によるものではなくて，ニトロセルロースを可塑剤となる樟脳，さらに着色剤等の添加剤とともにエタノールを溶媒として捏和機でねり上げ，所定の型に入れてこれをブロックにしたものをスライスして板状にし，さらに乾燥してシートに仕上げたものである。この際，幾種類かの色に着色し分けた未乾燥のシートを積重ねプレスするとまたこれが一体化してブロック状になる。これを今度は積重ねた方向にスライスすると各色がストライプ状に入りまじった模様のあるシートができる。このような作業のことをセルロイドの加工では「組立て」と呼んでいる。この「組立て」を手変え品変え回を重ねて複雑にすると様々な色模様のあるシートができる。べっ甲そっくりの商品を時々見掛けるが，この「組立て」の技術を用いて造られたものである。このように模様の入ったセルロイドといえば年配の方々は多分小学生の頃のことを想起されるであろう。新学期には新しい模様の下敷や筆箱を買ってもらって嬉しい思いをしたものである。それが最近復活して売れている。材料はニトロセルロースだけでなく，セルロースアセテートプロピオネート樹脂ベースでもできるようになり[3]，小物入れのような日用品を百貨店で売っているのを見掛けたが，若い女性には結構人気があると聞いている。

　このようなセルロイドの生地を加工して，文具製品や日用品をつくり，そしてそれを販売することを業としてきた企業は，素材の代替にもうまく適応し，さらにニーズの多様化とともに活用できる素材を探し求めて徐々にその品種をふやしていった。そして，今ではこれらのルートで扱われているプラスチックのシートやプレートの素材としては，硬質塩化ビニル，ポリスチロール，ポリメチルメタアクリレート，ABS，ポリカーボネート，ポリプロピレン，ポリエチレン等に及んでいる。即ち，これらのプラスチックシートの活路を見つけ育くんできた企業主達のほとんどが，かつてはセルロイドによって生きてきた人達であった。筆者がフィルム分野におけるセロファンと対比して，セルロイドはまさにシート分野における先駆者である，とした由縁である。

　一方キャスティング法によって生産されてきた写真のフィルムの分野では1930年代の後半に至り，セルロースジアセテートからさらにセルローストリアセテートに代替が進んでいる[4]。現在ではポリエステルフィルムへの代替が一部行われつつある。

　キャスティング法はドープと称する水飴状の樹脂溶液を回転する金属支持体の表面に均一な厚

## 第2章 高分子フィルム・シートの製造方法

さに流延し、大部分の溶剤を揮発拡散せしめた後、シートを金属支持体より剥離しさらに後乾燥して溶剤を完全に除去し所定の寸法に裁断して製品化する方法である。その工程を図2・3に示す。またバンド式キャスティング装置の概要図を図2・4に示す。

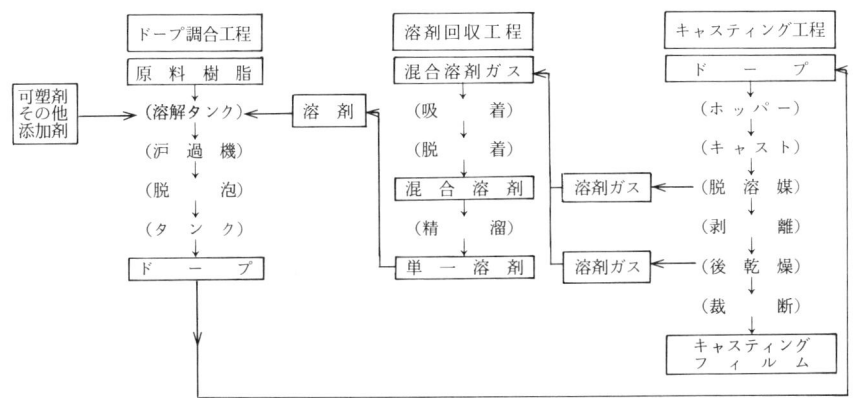

図2・3 キャスティング法工程図

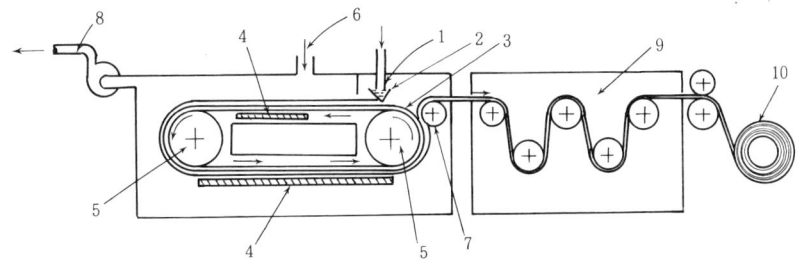

図2・4 バンド式溶液流延法（キャスティング法）

1. ドープ（樹脂液） 2. ホッパー 3. エンドレス金属バンド 4. ヒーティングパネル
5. 駆動ドラム 6. 熱風供給 7. 剥離ロール 8. 溶剤回収口 9. 乾燥ゾーン
10. 巻取フィルム

キャスティング法では樹脂溶液を原料とするために、それを調合する工程と、乾燥させる間に揮発拡散させた溶剤を回収し蒸溜して再使用できるようにするための工程が必要である。既述したセロファンの工程ほどではないとしても、他のプラスチックフィルム・シートの成形方法では不要の工程であり、当然コストアップの要素になる。しかし、熱に不安定なプラスチックであっ

*15*

たり，他の方法が可能だとしても，品質的にキャスティング法による製品でないと満足できないような場合には，多少コストが高くなってもこの方法で造られてきた。現在，この方法を適用されているプラスチックについては表2・1を参照されたい。

　まずドープの調合であるが，主原料となるプラスチックのフレークを可塑剤あるいは必要に応じその他の添加剤とともにそのプラスチックに適応した溶剤に溶解する。ドープは使用される前に濾過と脱泡が行われ，異物と気泡が完全に除去される。ドープの粘度が押出成形における溶融高分子のそれと較べ著しく低いことと，異物と気泡を時前にほぼ完全に除去できるということは，得られるシートの品質に関して極めて重要な意味を持っている（後述）。

　次にドープはホッパープレートより金属支持体上に流延されるが，ホッパープレートは特に幅方向の厚みむらと表面の均一性を規制する非常に重要な役割がある。シートの表面状態については，金属支持体に接する面はその金属表面の状態に支配されるが，接していない面はホッパープレートの先端がドープと離れる状態で決せられる。例えばこの部分にスラッグと称する異物が堆積しそれが原因で厚みの均一性が損なわれたりする。したがってそれを防止するようなホッパー周辺の改良が行われてきた[5]。また，溶剤の揮発拡散にともなう表面状態の乱れが原因で表面の均一性を損なわないような溶剤組成の研究改善も行われてきた。

　回転する金属支持体としては図2・4に示したような金属バンド方式もあれば金属ロール方式もある。いずれにせよ，この金属支持体の表面状態は得られるシートの表面状態を決定的に左右する。したがって，金属支持体に用いる材料についても種々のものが試みられている。例えばニッケル，クロム，銅およびステンレス等であり[6]，表面は必要とする仕上精度を保ちながら鏡面状態になるように充分に研磨したものが用いられる。

　キャスティング成形においては，ドープをこのような金属支持体の上に流延し成形を行うので，厚みの均一性，光沢性に優れかつ方向性の少ないシートが得られるのである。そしてこの場合水飴程度の低い粘度で成形していることが，上記の優れた性能付与を可能にしているばかりでなく，時前の濾過や脱泡を容易にする要因ともなり，得られるシートに異物や気泡を持ち込まない条件にもなっている。

　キャスティング法は以上のように非常に性能の優れたフィルム・シートが得られるので，写真のフィルムのように光学的な性質ばかりでなく寸法安定性，均一性に優れその上に異物の混入を絶対に許さないシートを必要とするような場合には最も適した成形方法であるが，それだけに他の成形方法の場合とちがって製造設備に多額の投資を必要とする。また，有機溶剤を使用する場合が多いのでそれを回収する必要がある。最近，ポリイミドのようなエンジニアリングプラスチックの成形にも用いられていると聞くが，キャスティング法が採用されるのは，多少コスト高になってもこの方法でないと素材の特性が生かせない，といった場合に限られるのではなかろうか。

## 4 硬質塩化ビニルとカレンダー法

カレンダー法は二本以上のロールの間で材料を圧延しながらシートにする成形方法で，古くからゴムに適用されてきたが，戦後は軟質塩化ビニルシートを成形する手段に利用された。その当時，対象となった製品はテーブルクロスや風呂敷などで，その後，市場に登場したポリエチレン製品などプラスチック製品はすべて「ビニール」と呼ばれるほどのブームになった。このブームを背景に従来のゴム用ではなくて，軟質塩化ビニルに適応した設備に改良され，大型化され，その後のタイルや農業用さらには雑貨用と用途を拡大していった。

また，硬質塩化ビニルのシートは透明性や加工性が優れているためにカレンダー法でも造られるようになり，特に生産性が高く押出法よりも安価に製造できるので，包装分野や雑貨分野に着実に用途を拡大していった。例えばたまごパックに代表されるような包装用の成形容器や，玩具，工具類などのブリスターパック用のシートなどである。また，特に添加物に対する規制のきびしい医薬（錠剤）のPTP（プレス スルー パック）用のシートもカレンダー法で製造されている。

カレンダー法によって生産される硬質塩化ビニルのシートは，プレートの素出し用としても用いられている。即ち，それを何枚か重ね合わせ，鏡面に仕上げた金属板に挟んでホットプレスすると，非常に光沢の優れた厚物シートないしはプレートにすることができる。この際，用いる金属プレートに絞（しぼ）をつけておくと，絞目のあるシートやプレートを造ることもできる。さらに間に印刷フィルムを挟んだり，場合によってはコストダウンをはかるために廉い材料を挟んだりしても，外観上はすばらしいシートやプレートを供することができる。本来，カレンダーから素出ししたシートは，厚みの精度は押出シートより若干優れているものの，フローマークが出やすく外観的には遜色があった。しかし，ホットプレスによりフローマークは完全にかくされてしまうばかりでなく，60 mm程度の厚物もできるので，この分野ではカレンダーとホットプレスは不離一体のもので，硬質塩化ビニルプレートは今後ともカレンダー・ホットプレス法による生産が主流を占めるだろう。

いずれにせよ，硬質塩化ビニル配合は既に述べたキャスティング法，次項で述べる溶融押出法にも適用されるので，薄肉のフィルムから厚肉のプレートに至るまで幅広い厚み範囲に亘る製品供給が可能だと言うことになる。しかも透明性に優れ着色自由，真空成形等の二次加工がしやすい，その上に安価である，等々となると，くどいようだがこれはセルロイドと決別せざるを得なくなった加工業の方々にとっては，まさに救世主のような存在になったに違いないと思うのである。

プロセスの方へ話を進めよう。図2・5はカレンダー加工工程図，図2・6はプラスチックシート生産用カレンダーラインの概要図である。

光成形シートの実際技術

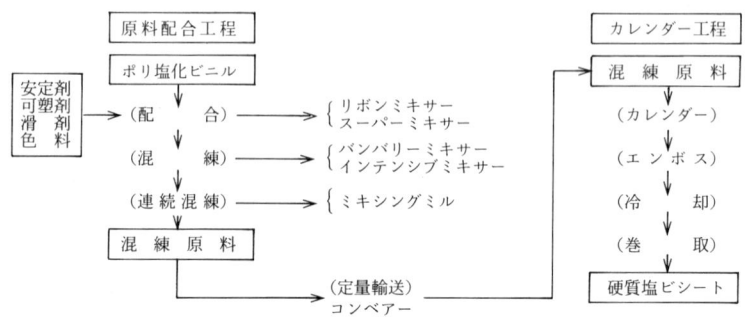

図2・5　カレンダー法工程図

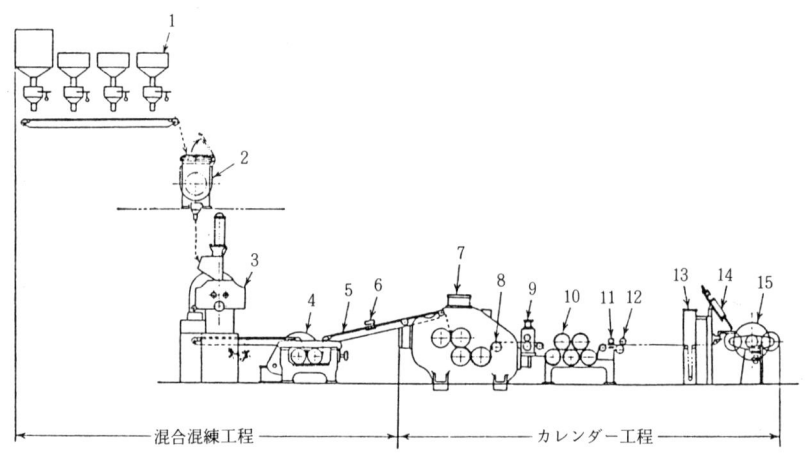

図2・6　プラスチックシート生産用カレンダーライン
1. ホッパー　2. リボンブレンダー　3. バンバリミキサー　4. ミキシングロール　5. コンベアー
6. メタルディテクター　7. Z型4本ロールカレンダー　8. 引取ロール　9. エンボス装置
10. 冷却ドラム　11. 厚み測定装置　12. 耳端トリマー　13. 速度調整用コンペンセーター
14. 切断巻替用カッター　15. ターレット式2軸巻取機

　配合は塩化ビニルにとっては不可欠のプロセスである。ここで主原料の塩化ビニルに対し可塑剤，安定剤，着色剤，充填剤，滑剤などが加えられ，リボンブレンダー②やスーパーミキサー(ヘンシェルミキサー)などによって均一に撹拌される。配合処方は全て製品の仕様に応じて決定される，言わば最もノウハウの凝集している部門である。配合されたコンパウンドはバンバリミキ

18

## 第2章 高分子フィルム・シートの製造方法

サー③によって混練りされる。さらにミキシングロール④によって混練りと同時に材料の流れを定量化しコンベアー⑤によってカレンダー工程へ送られる。⑥は金属性異物検出装置を示す。⑦は4本カレンダーでミキシングロールから送られた樹脂を規定厚みのシートに成形するカレンダーの言わば心臓部である。詳述は避けるが，カレンダーのロール配列には使用目的に応じて様々なタイプがあるが，このタイプはZ型と称せられているもので，厚みの精度が最も出しやすく，かつ作業性もよいと言うことで，硬質塩化ビニル用にはこのタイプのものが多い。

カレンダー法は以上のように予め混練りして溶融させたプラスチックをロールの間で圧延しながら徐々に薄肉化していく方法であり，その過程では非常に大きな圧延力を要する。そのロールにかかる荷重はまた厚さにも反比例して双曲線的に増加する[7]。したがって硬質塩化ビニルによる薄肉シート用のカレンダーなどの場合は，特にロールデザイン，温度調節装置，ロールギャップ調節装置と厚さの測定装置，ロールクラウンの補正装置等に配慮を要する。ロールクラウンと言うのは，圧延の際にロールにかかる負荷によって生ずるたわみを補正するため，ロールの胴部表面をクラウンカーブを持たせて研削することを指している。しかし，一つのタイプのクラウンカーブで実際面における複雑なロール荷重に対応させることは不可能である。このため，最近のカレンダーにはロールクラウンの補正装置がついている。例えば図2・7に示すように一対（つい）のロールを交差させてその角度を変えることによって結果的にバリアブルクラウンを持たせたと同じ効果を奏するもの，あるいは図2・8に示すように油圧シリンダーによってロールにベンディング機構を持たせたもの，等である[8]。なぜこのように厄介なことをしなければならないかと言うことになるが，これは止むを得ないことではあるが，溶融プラスチックの粘度が非常に高いからである。したがって粘度が高くなる条件，塩化ビニルの場合で言えば，軟質よりも硬質，厚肉より薄肉になるほどこれらの対策を厳密に講じなければならない（既述したセロファンの場合，キャスティング成形の場合を想起ねがいたい）。

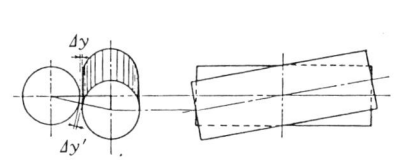

図2・7　ロールクロス装置(軸交差装置)の原理
　　　　（$\Delta y' > \Delta y$ なるためロール中央より両端
　　　　へ行くほどロールのギャップが広くなる）

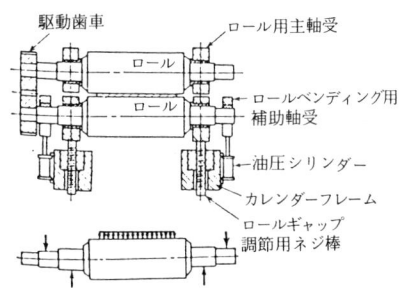

図2・8　ロールベンディング装置の原理

以下，再び設備の説明に戻るが，⑧は引取ロール，⑨はエンボス加工用のロール，⑩は冷却ドラム，⑪は厚み測定装置，⑫は耳端スリッター，⑬は速度検出用コンペンセーター，⑭は巻替え用カッター，⑮はターレット式二軸巻取機である。

カレンダー法は軟，硬質を問わずポリ塩化ビニルシートの生産には無くてはならぬ成形法である。特に硬質シートについてみると，押出成形に較べ安定剤処方が比較的楽なために静電防止剤などの練り込みも容易であるし，生産性が高いので低コストでシートができるが，設備費が高くつく。また，塩化ビニル以外に，ポリスチレン，セルロースアセテート，塩酸ゴム等のフィルムが生産可能だと言われても使用実態からするとごく稀であり，プロセスの融通性と小ロット多品種対応は不利と言う欠点もある。

## 5 溶融押出法

溶融押出法（エクストルージョン法）は多くの熱可塑性樹脂よりフィルム・シートを製造する方法としては最も普及してきた方法である。

押出機の歴史は古く，既に19世紀の中頃にはラム式の押出機があり，マカロニのようなデンプン質の食品の製造に用いられていた。スクリュー式の押出機が出現したのは1866年と言われており，フランスのDe Wolfeがゴムの電線被覆に使用した。プラスチックに押出機を用いたのは1924年で，ニトロセルロースが対象であった。ただし，その時は溶剤を用いたいわゆる湿式法であり，乾式押出が初めて行われたのは，それから10年後の1934年で対象は同じくニトロセルロースであった[9]。

溶融押出法でフィルムやシートを造る方法としては，大きく分けてTダイ法とインフレーション法がある。そして，これらの製造法の対象となり得るプラスチックについては表2・1に示した通りである。また，製造方法はいずれもコンパクトであり，製造工程と言うほどのこともないので工程図は省略する。両者で共通の部門は押出機である。また，あえて配合部門と言うことになると，カレンダー法の項でも述べた塩化ビニルを対象にした場合のみと考えても支障はない。

押出機は熱可塑性プラスチックのあゆみとともに発展してきたものであり，理論研究，応用研究ともにその奥行きも深く，今や様々なタイプがあるが，最も一般的な単軸スクリュー押出機を図2・9に示した。図に従って概略を説明すると，まず原料はホッパー①から投入される。投入された原料は筒状のバレル②の中に落ち込み，バレルの中で回転しているスクリュー⑤によって連続的に前方へ輸送される。原料の加熱はバンドヒーター⑦によってバレルを加熱することにより行われる。この際サーモカップル⑩によって温度を検出し調節する。バレルに入ってからの原料樹脂については図2・10に示したごく一般的なシングルスクリューの場合について説明する。原

第2章 高分子フィルム・シートの製造方法

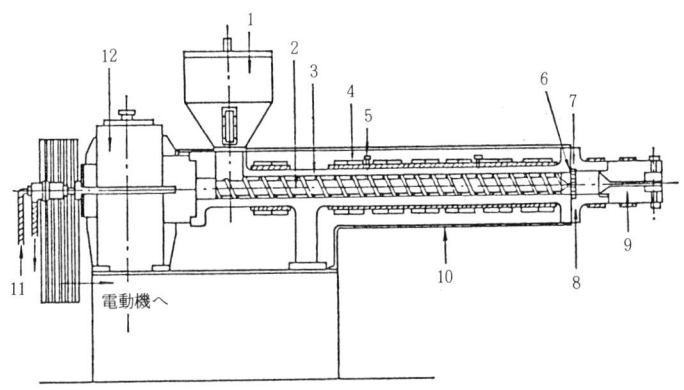

図2・9 単軸スクリュー押出機
1. ホッパー 2. スクリュー 3. バレル 4. バンドヒーター 5. サーモカップル
6. スクリーン 7. ブレーカープレート 8. アダプター 9. ダイ 10. カバー
11. スクリュー冷却水 12. ギヤー減速機

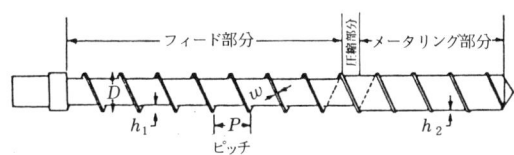

スクリュー寸法

| 直径($D$)in | ピッチ($P$)in | フィード部分の溝深さ($h_1$) in | メータリング部分の溝深さ($h_2$)in | ランドの幅($W$) in |
|---|---|---|---|---|
| 1½ | 1½ | 0.250 | 0.085 | 0.150 |
| 2 | 2 | 0.330 | 0.110 | 0.200 |
| 2½ | 2½ | 0.420 | 0.140 | 0.250 |
| 3¼ | 3¼ | 0.550 | 0.185 | 0.325 |
| 3½ | 3½ | 0.600 | 0.200 | 0.350 |
| 4½ | 4½ | 0.750 | 0.250 | 0.450 |

図2・10 ナイロンタイプスクリュー概略図
（PMMA樹脂用の寸法を示す）

料樹脂はホッパー下部に位置するスクリューのフィードゾーンによって前方へ輸送されるにともない，加熱により軟化し始める。次に圧縮ゾーンではスクリューの溝が急激に浅くなるので原料

樹脂は激しくせん断を受けて混練りが行われさらに摩擦熱も加わって完全に溶融する。計量化部分は通常数ピッチの一定溝深さの部分であるが、溶融樹脂はここで吐出量を定量化（安定化）され、ブレーカープレート⑧を通ってアダプター⑨に至る。ブレーカープレートの部分には溶融樹脂中の異物を濾過するために金網を入れ、状況に応じ取り替える。押出機と称する部分は以上の通りであり、アダプターの先に円形ダイをつけるとインフレーション法になり、Tダイをつけるとダイ法と言うことになる。

押出機についてはこれくらいにし、押出機以降の成形設備の方へ移りたい。

## 5.1 インフレーション法

インフレーション法によって早くから成形の行われてきたプラスチックはポリエチレンと塩化ビニルであるが、表2・1に示したように発泡スチロールペーパー（PSP）のような発泡体の成形にも適用されてきた。ごく一般的な方法は上向き空冷式（外部冷却法）であるが、現在では生産性や品質の向上を目的とした新しい発想の冷却方式をとり入れた各種タイプの機械がある。

図2・11に示したのは上向き空冷式である。まず押出機①によって充分に溶融混練りされた樹脂は所定の温度に保たれ円形ダイ②に送り込まれる。溶融樹脂は円形ダイの中で直角に方向を変えてダイ上部のスリットから吐出される。空気吹込みパイプ③より徐々に空気を送り込みながらスリットから吐出してくる樹脂をまとめて融着すると、空気の逃げ場がなくなるので風船（バブルと称している）ができる。この風船を手で引張り上げてテークアップロール⑧に誘導すると、円筒状のバブルはガイド板⑦によって折りたたまれるので、あとは巻取機⑨によって巻き取ればよい。最後に折径と厚みを所定の寸法に整えると最近の機械は自動化が進んでいるので、あとは無人で操業ができる。

金型については図2・12に二つの例を示した。(a)はマンドレルをブリッジで支えるタイプで、スパイダーダイと称せられ、(b)はマンドレルが外ダイとクロスして装着されるのでクロスヘッドダイと称されている。このタイプのダイで問題になるのは、ブリッジや、マンドレルと外ダイがクロスする部分、即ち溶融樹脂の流れに抵抗となる部分は、設計や仕上げに注意しても樹脂の流れが変わり、それがウエルドラインとしてフィルムに痕跡を残す点である。しかし、最近では金型の研究も一段と進み、ウエルドラインの発生しない、かつ高精度の厚みを発現しやすいものが製作されるようになった。図2・13に示したのはスパイラルダイと称せられるタイプで、ダイの構造とダイ内部における樹脂の流れを示してある。複数個の入口から流入してきた溶融樹脂はマンドレルにきざまれたスパイラルのマニホールドを移動するが、金型の先端へと移行するにつれ外ダイとマンドレルの間にわずかな間隙を設け、矢印で示すようなリークフローを生じさせるようにしてある。このようにすると、ウエルドラインは完全に消えてしまう。

第2章　高分子フィルム・シートの製造方法

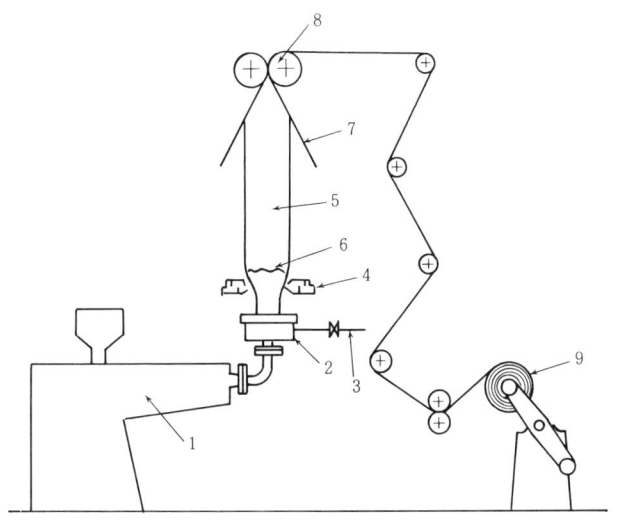

図2・11　インフレーション法概要図
1. 押出機　2. 円形ダイ　3. 空気吹込パイプ　4. 冷却リング　5. バブル
6. フロストライン　7. ガイド板　8. テークアップロール　9. 巻取装置

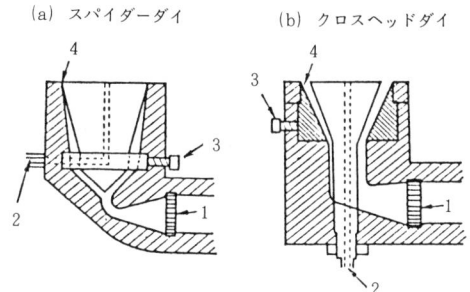

図2・12　円形ダイの一般例
1. 樹脂入口　2. 空気入口　3. 厚み調節ボルト　4. 押出スリット

光成形シートの実際技術

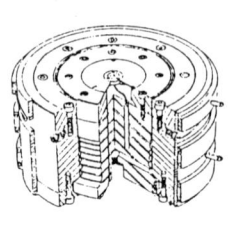
スパイラルダイ

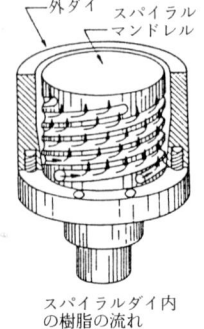
スパイラルダイ内
の樹脂の流れ

図2・13　スパイラルダイとダイ内の樹脂の流れ

　インフレーション法では，バブルの径と金型の径の比をブローアップレシオ（BUR）と言っている。両者の等しい場合の比は当然1であるが1より大きい場合をインフレ成形，1より小さい場合をデフレ成形と呼んでいる。インフレ成形の場合はバブルに機械方向に対し直角方向の延伸が与えられるので，得られるフィルムの抗張力，伸度，引裂強度等の物性値の縦方向，横方向のバランスがよくなるし，物性値そのものも向上する。その反対に，デフレ成形の場合は縦方向の抗張力は強くなるが横方向の引裂強度はより小さくなる。重量物や水物用の包装袋に供するような場合は物性値が問題になるのでインフレ成形（少なくとも2以上）が前提となる。また，小物包装用で内容物を早く取り出すために裂けやすい袋を要望されたり，結束用の紐やスプリットヤーン用の中間材料として使用する場合には，若干デフレ成形の方が好ましい。このようなことができるのはインフレーション法の最大の特徴であり，インフレーション法におけるBUR選択は非常に重要な要素になっている。

　今一つバブルの安定，ひいては円周方向の厚みのばらつきや偏肉（厚みのかたより）に大きな影響を及ぼすのは冷却リング④である。図2・11に示したのは空冷リングで，リングの内周のスリットから冷却された空気が吹き出し，それによってバブルを冷却する方法である。樹脂が冷却されると，⑥で示すようなフロストラインができるが，これは溶融状態の膜と固化した膜の透明度の差が大きいほどわかりやすい。

　金型のスリットから吐出された直後の樹脂はまだ溶融状態にあるので，その部分に応力が加わると製品に厚み不同が生じたり，外観を損なうおそれがある。さらにバブルが膨脹する段階で温度差が生じると，バブルが片ぶくれしたり，円周方向の厚みがかたよったり，フィルムが湾曲したりする。このような現象は，冷却リングの選択や調整のまずさに原因のある場合が多い。<u>インフレーション成形法は確かにすばらしい成形技法であるが，同時に欠点もインフレーションの部</u>

分にある。既に述べたセロファンの場合は，ホッパーリップからビスコースが吐出された瞬間に凝固するので，フロストラインは一線にそろう。ところが，バブルのフロストラインはそのようなわけにはいかない。つまり，フロストラインを一線にそろえることが極めて困難なために厚みが不揃いになりやすいのである。この辺がインフレーション成形法の泣きどころであろう。

しかし，このインフレーション法においても，近年になって種々の改良技術が出現してきた。まず一番問題となる冷却法であるが，図2・14[10]に示したように，それぞれ目的に応じた各種

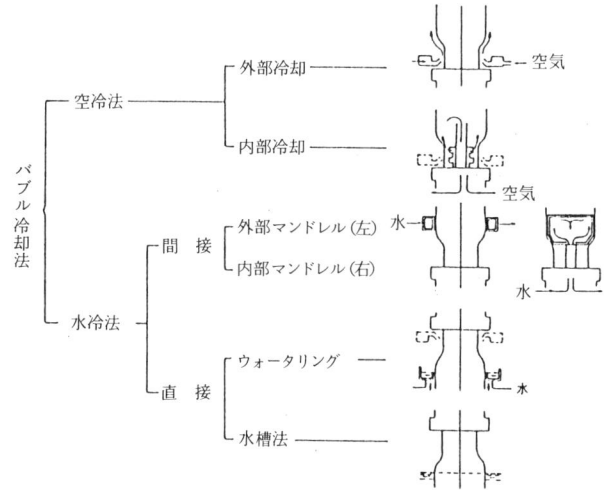

図2・14　インフレーションフィルム冷却法分類

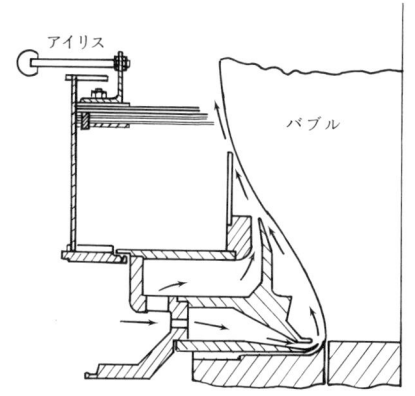

図2・15　バッテンフェルドグロセスター社の開発した二重リップ式エアーリング

の冷却法がある。大きく分けると空冷法と水冷法に分類される。また，空冷法においても外部冷却法（従来法）と内部冷却法がある。冷却リングの改良により，外部冷却法も随分と性能が向上してきたが，内部の空気が冷えないために，生産性の面では自ずと限界があった。ところが，この外部冷却法においても冷却リングの研究が進み，生産性向上の実績が上がりつつある。図2・15に示した例は，バッテンフェルド グロセスター社の開発したエアーリング（Polycool 800）の構造を示す断面図である[11]。このエアーリングの特徴は，まず二重リップの構造で，下方のリップから供給するエアー量を10％以下にしぼり残りを上方のリップから供給するようにすると，バブルが安定した状態で冷却効率が高まるので，例えばLLDPE（リニアー低密度ポリエチレン）の場合，通常のエアーリングの30％以上生産性を高めることができたという。今一つの特徴は，アイリス（バブルの"ふれ"を防止し安定化させるための機構）を用いていることで，これによってBURの調節を1.6～3.2の範囲で可能にしていることである。この冷却リングはバブルを安定させながら冷却効率を高めることができるので，特に溶融物性の小さいLLDPEフィルムやストレッチフィルムの生産には最適と言えるだろう。

外部冷却法の限界は，冷却リングの冷却効率をどれだけ高めても，内部の空気までは積極的に冷却するところまではいかないという点である。そこで登場してきたのが内部の空気まで積極的に冷却してやろうという発想であって，図2・16に示したのはその一例であるが，これによると従来の単なるエアーリングによる空冷方式に較べると約2.5倍の高速成形が可能だと言われている[12]。そればかりでなく，当然フロストラインが安定するために円周方向の厚み精度も著しく向上する。

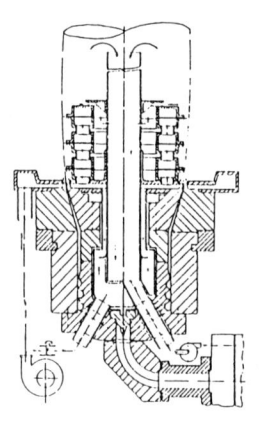

図2・16 内部空冷方式ダイおよびエアーリング法）

水冷法にも間接法と直接法があるが，直接法は水を直接冷媒として使用するために，フィルム表面に付着した水を除去する必要はあるが，フィルムを急冷できるので，透明度の要求されるポリプロピレンフィルムは，当初よりこの方式が採用されてきた。また，厚肉の重袋用ポリエチレンフィルムの生産性を高める方法としても採用されてきた。

インフレーション法の特徴を顕著に生かした今一つの改良技術に，チューブをゆっくりと回転させ円周方向の位置を変えて巻き取る方法がある。この方法には金型と冷却リングとを一諸にして回転（または反覆回転）させる方法と，図2・17に示すようにニップロールを反転させるやり方がある[13]。いずれにしても，このようにすると円周方向の厚みのばらつきはあっても，周期的に位置が変わって分散されてしまうので，巻取りロールは偏肉による凹凸の全くない美しい巻姿になる。確かに厚みのばらつきは内在していても，偏肉による凹凸がもたらす種々の不具合を考えれば非常に有効な改良技術といわざるを得ない。

第2章　高分子フィルム・シートの製造方法

筆者が始めてインフレーション成形法を情報として知ったのは，昭和30年代の前半であった。その頃はセロファンだけではなくて既に押出ラミネートに関する技術を体験していたから，ポリエチレンは肌に感ずる程度になじんでいた。それでも単に情報として聞いただけではそのプロセスの実態がよく理解できなかった。したがって，その設備が実際にフィルムを造っているのを見た時は正直言って吃驚した。フィルム化する過程があまりにもセロファンのそれとかけ離れていたからである。それから数年して，今度はその技術にどっぷりつからざるを得ない時がやってきた。どっぷりとつかってみると，今度はこの技術の欠点が見えてくる。逆に離別したセロファンのすばらしさ（苦労したことは忘れてしまって）ばかり思い出される。そして，セロファンの持つ良いところが基準となってその欠点を克服するための戦いが始まった。体験したものは，それがよいことか悪いことかは別として，どうしても比較してしまう。双方とも身近かなものでなくなった今は，ともにすばらしい技術であったという感慨を覚えるし，若い世代に属するインフレーションの方はまだまだ技術的に成長を遂げる可能性を秘めていると感じている。

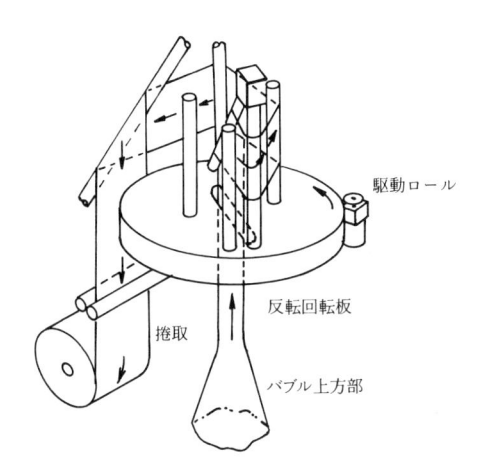

図2・17　ニップロールの360°オッシレーター

### 5.2　Tダイ法

Tダイ法は押出機の先に幅広のフラットなダイを装着してフィルムやシートさらにはプレートを成形する際に用いられる。アダプターから金型へ入る円柱状の流路と，流れを幅方向へ分配するためのマニホールドとがT字状に配置されるところから，この金型をTダイと呼び，このTダイを用いて成形する方法をTダイ法と呼んでいる。

Tダイ法は表2・1からもわかるように，熱可塑性樹脂の最も多くのものがフィルム状に成形される際に使用されている方法である。最近では，PSU，PES，PEEK等のエンジニアリングプラスチックもこの方法が用いられフィルム化が行われている。

PSU（ポリサルフォン）

$$\left[ O-\underset{}{\underset{}{\bigcirc}}-\underset{CH_3}{\overset{CH_3}{\underset{|}{\overset{|}{C}}}}-\underset{}{\underset{}{\bigcirc}}-O-\underset{}{\underset{}{\bigcirc}}-\underset{O}{\overset{O}{\underset{\|}{\overset{\|}{S}}}}-\underset{}{\underset{}{\bigcirc}}-O- \right]_n$$

PES（ポリエーテルサルフォン）

$$\left[ -\bigcirc-S-\bigcirc-O- \right]_n$$

PEEK（ポリエーテルエーテルケトン）

$$\left[ -O-\bigcirc-O-\bigcirc-\underset{O}{\overset{}{\underset{\|}{C}}}-\bigcirc- \right]_n$$

　Tダイ法によるフィルムやシート，プレートの製造設備を大きく分けると，押出機，金型（Tダイ），冷却機構を含む引取装置，そして巻取機または裁断集積装置の各部に分けられる。これらの各部の仕様については，勿論素姓の共通な樹脂群別にくくれる部分もあるが，樹脂の種類が全くちがったり，成形厚みが大幅（薄物フィルムから厚物プレートまで）に異なると随分ちがってくる。したがって，まず一般的なフィルム成形装置について概説し，さらにシート，プレートの場合における各部の相違点について述べてみたい。

　図2・18はTダイ法によるフィルム成形の概要を示したものである。押出機①より押出された溶融樹脂はアダプター②で方向を変えてTダイ③に向かう。Tダイの内部が幅方向に均一に分配され，スリット間隙から吐出されてくる溶融樹脂を冷却ロール④のほぼ接線上に流延せしめ，エアーナイフ⑤によってロール表面に密着させると，あとはロールの回転によって連続的に繰り出さ

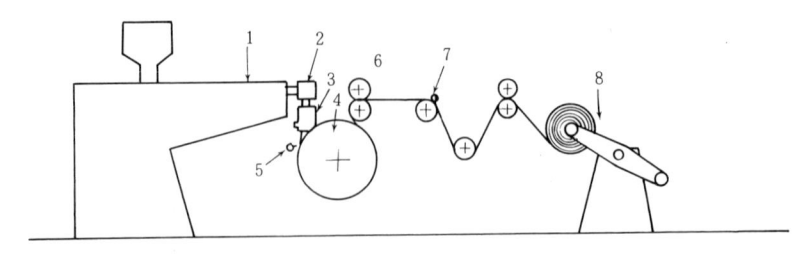

図2・18　Tダイ法フィルム成形装置概要図

1. 押出機　2. アダプター　3. Tダイ　4. 冷却ロール　5. エアーナイフ
6. 引取ロール　7. 耳端スリッター　8. 巻取機

第2章　高分子フィルム・シートの製造方法

れ冷却される。

　このように金属表面を利用して冷却する方法を，押出キャスティング法（または冷却ロール法）と言っている。

　当初Tダイ法によるポリエチレンフィルムの製造は，図2・19に示したような水槽方式が採用されていたが，この方法は溶融樹脂膜を直接水槽に導入するため冷却効率の面では有効であるが，薄肉フィルムや幅広のフィルムを製造する場合などにおいて，冷却水の安定化，冷却水温の均一化，フィルムの水切り等問題解決に限界があり，特殊なケースを除いて今ではあまり採用されていない。

　冷却ロールで冷却されたフィルムは引取りロール⑥によって送り出され，耳端スリッター⑦によって耳部をスリットされた後巻取機⑧によって巻取られる。この間，さらに充実した仕様では，コロナ放電処理装置，厚み測定装置，異物検出器，耳部回収装置，スクリーンオートチェンジャー等が追加される（図2・18では省略）。また，円形ダイの回転金型ほどの効用はないが，幅方向の厚みの不同を位置を変えて巻取るようにし，巻取りロールに偏肉による"コブ"を生じさせないようにするため，成形機を50～100 mm程度揺動させる機構も取込まれている。さらに幅方向および長手方向の厚みを検出して，金型の調節ボルトや押出機のスクリュー回転を自動的に操作調整するシステムも開発されている。このように最近は成形機の周辺技術が発達し，ニーズに応じた多様なオプションがあるので，金に糸目をつけなければ幾らでも性能の優れた機能が求められる時代でもある。

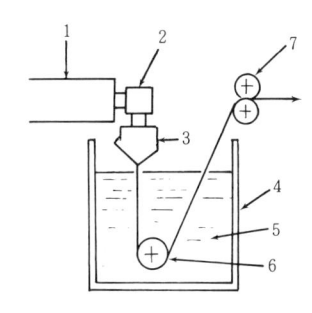

図2・19　冷却水槽法
1. 押出機　2. アダプター　3. Tダイ　4. 水槽
5. 冷却水　6. ガイドロール　7. 引取ロール

　Tダイの機能はアダプターから流入した溶融樹脂流を幅方向に均一に分配し，それを最終的にはリップ間隙より全幅に亘って均一な樹脂流として流延せしめる点にある。そのためには樹脂の温度にばらつきを与えてしまったり，滞留部分を生じさせたり，溶融樹脂のダイ内停滞時間に差を生じさせたりすることは極力避けなければならない。しかし，実際問題としては，樹脂の流動特性は様々であり，またそれが熱履歴により変化したり，熱分解しやすい樹脂を対象にせねばならない等，対象となる樹脂の個々の問題として取り上げざるを得なかった。したがって，溶融樹脂の幅方向への分配流路となるマニホールドの構造は，これまでにもいろいろなタイプのものが考案され実用化されてきた。図2・20はマニホールドのタイプにa），b），c）三種類を示したが，

a)をストレート・マニホールド，b)，c)をコートハンガー・マニホールドと呼んでいる。溶融樹脂流はa)→c)の順にスムースになる。例えば，ポリエチレンの場合などはストレートタイプでも充分使えるが，熱分解しやすい硬質塩化ビニルを成形する場合など，勿論コートハンガータイプが要望されるし，その上に滞留部分の少ない気を配った設計製作が求められる。

　冷却ロールの機能は金型から流延してきた溶融樹脂流をできるだけ急速に，かつ幅方向に温度むらを生じさせることなく均一に冷却することである。また，溶融樹脂が直接接触する金属面は得られるフィルムの表面状態を決定してしまう。表面の傷等は論外であるが，表面を鏡面にするか，マット状にするかによって得られるフィルムの透明度，光沢，滑り性等に微妙な影響を与える。また，冷却ロールの幅方向の温度むらについては，これを完全に無くすことはむずかしく，水の循環流路については種々の方法が考案され用いられてきた。一般的にはロールを二重壁構造にし，壁間にスパイラル型ないしは往復型の流路を設けたものが主流である。例えば往復型か，左右からダブルにパスを設けたダブルスパイラル型で，冷却水の水量を大きくして入口と出口の温度差を極力小さく（1℃〜2℃）するように設計されたものが理想的である。

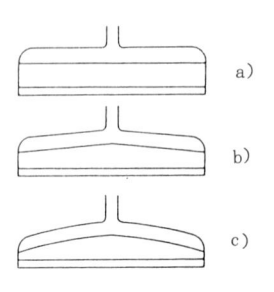

図2・20　Tダイのタイプ
a) ストレートマニホールドタイプ
b)，c) コートハンガーマニホールドタイプ

　Tダイより流延してきた溶融樹脂膜を冷却ロールの接線に近い位置関係でロールに接触せしめできるだけ効率よくその表面積を利用して溶融樹脂を冷却固化するのであるが，この場合，溶融樹脂を積極的にロール表面へ押しつける手だてを講じないと，ロール表面と樹脂膜の間に空気をまき込んだり，押圧不足による表面不良が発生する。つまり，キャスティング法（鋳造法）と言うからには，用いる金属ロールの表面性に期待して，それを全て写しとるような条件を与えてやることである。しかし，だからと言ってまだ充分冷却固化していない樹脂の表面に直接ゴムロールなどを押当てて圧着するわけにもいかない。そこで開発されたのがエアーナイフ方式である。エアーナイフ方式は清浄な空気を高圧送風機でスリット間隙より40〜80m/secの風速で噴出せしめることにより，溶融樹脂膜を非接触で，しかも接触点を一線上に揃えてロール表面に押圧することができるので，薄肉のフィルムからシートの領域まで広範な膜厚に適用することができる。Tダイ法は，円形ダイによるインフレーション法と比較すると，金型のリップ精度がだしやすく，かつ操作の応答性に優れていること，さらにエアーナイフと冷却ロールによってフロストラインを固定できるので，厚み精度の優れたものができる。

## 第2章　高分子フィルム・シートの製造方法

　エアーナイフ方式以外の非接触の圧着方法としてはエアーチャンバー，静電圧着等の方法がある。

　エアーチャンバー方式はフィルムがロールに接触する部分をチャンバーにしてその中へ空気を送り，空気の静圧を利用して溶融樹脂膜をロール表面に圧着させる装置で，エアーナイフ方式の直接空気を吹き付けることによる予期せぬ悪影響を緩和させる発想から生まれたものである。しかし，最近開発された静電圧着方式は溶融樹脂に金属ロールとは反対の電荷を与え，その強い引力を利用して両者を圧着させるので，空気の影響を受けることは全くない。しかし，フィルムは強く静電気を帯びているので，次工程でこれを除去してやる必要がある。

　Tダイ法はプラスチックフィルム，シート，プレート等すべての膜厚に対応できる製造方法であるが，冷却ロール以降の設備は違ったものになる。図2・21にそのあたりの違いを図示してみた。Aはフィルム成形の場合に用いられる方式で，大雑把に言えば100μ以下のフィルム，特に20μ前後の薄物フィルムの成形に適している。タッチロールは使用しない場合もあるが，薄物で高速成形の際には空気をまき込む可能性が高くなるので使用することが多い。この場合は表面を精密に仕上げた耐熱ゴムロールを使用する。ただし，ゴムロールに内部冷却機構を設ける，水切りロールを付けて表面の付着水のないようにした外部冷却機構にするか，いずれにせよゴムロールの冷却が必要である。ニップロール⑧は冷却ロールに析出する比較的低分子量の物質をフィルム表面に転写せしめ，常にクリヤーなロール表面を保つ効用がある。

　Bはシート成形の場合であって，厚みが100μ以上，せいぜい1,000μ（1mm）が上限のロール配列を示す。この程度の厚みになると，シートが冷却ロールに接触した直後のロール表面はまだ柔らかいのでタッチロールは使用できない。しかし，成形スピードがおそいのでエアーナイフまたは静電圧着の押圧だけですませている。特に静電圧着は溶融樹脂膜を冷却させないで金属面に押圧できるので，使用する樹脂の特性によっては有効な圧着手段と考えられる。

　Cはプレート成形の場合で1mm以上10mm程度までの成形が可能である。特にこのロール配列では1mm以下の成形は非常にむずかしくなる。溶融樹脂膜は自重で先に下部のロールに接触するので，膜厚が薄いと下記の表面が先に冷えてしまうからである。図からわかるように，これは溶融樹脂を冷却ロール⑤とプレスロール⑦の間に挟んで金属表面を完全に転写しようという両面キャスティングの発想である。したがって，この二つのロールの間，即ち冷却ロール⑤と溶融樹脂膜の間にはバンク（樹脂だまり）ができる。幅方向の厚みの調節機能は勿論金型にあるが，結果としての製品の厚み精度はロールの製作精度，ロールのギャップ調節にも大きく依存する。いずれにせよ，バンクの量はバンクの状態が常に安定に維持されることが前提で，最少をもって可とする。第1冷却ロール⑤と第2冷却ロール⑥のギャップは，冷却過程にある樹脂と第2冷却ロールの間に空気をまき込まない程度にプレスする。冷却と言っても，厚肉のプレートをロール

光成形シートの実際技術

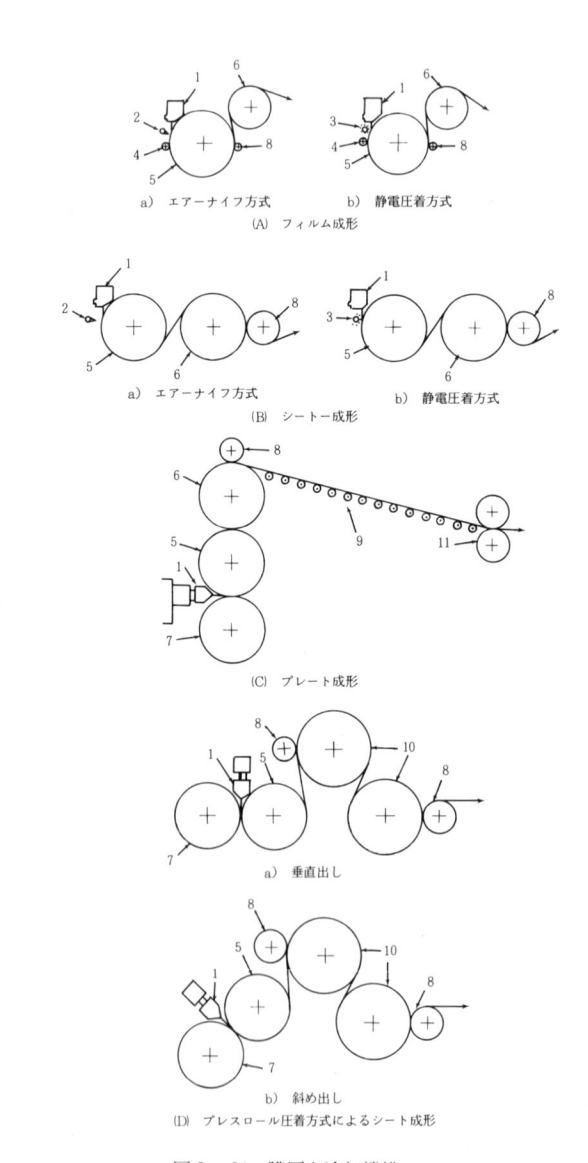

図2・21 膜厚と冷却機構

1.Tダイ 2.エアーナイフ 3.静電圧着装置 4.タッチロール 5.第1冷却ロール 6.第2冷却ロール
7.プレスロール 8.ニップロール 9.搬送ロール 10.アニーリングロール 11.引取ロール

に抱かせて常温まで冷却することではない。冷却過程にある樹脂が充分弾性変形の可能な状態でニップロール⑧を通過させることである。したがって，冷却温度は対象とする樹脂の熱的特性によって変わってくる。融点の高い樹脂であれば，冷媒に油を用い100 ℃以上の加熱を要する場合もある。常温迄の冷却パスはニップロール⑧を過ぎてからプレートが裁断されるまでの全工程といえるが，主体的にはニップロール⑧とテークアップロール⑪の間に設けられた搬送ロール群⑨を移動する間に行われる。プレートを平滑にするために，この間ではプレートに張力が与えられるが，成形後に歪を残さないためには過度に張力を与えることは避けなければならない。この方法で造られる代表的な製品に硬質塩化ビニルのプレートがあるが，カレンダー・プレスによるプレートには若干劣るとしても，両面が金属面を利用してキャスティングされているため美しい表面状態の製品が得られる。

　冷却された後は，表面性を売物にする高級プレートやシートはマスキング（紙やプラスチックフィルムによる表面保護）が施され，耳端も切り落される。最終の姿としては，巻取可能なフィルムの場合は概ね巻取機によってロール状に仕上げられるだろうし，シートやプレートとなると硬さにもよるが所定の寸法に裁断され自動的に積み上げられる。

　さて，造るものの厚みと成形方法には以上のような差があるが，表面性に焦点を当てると，シートの成形が非常にむずかしい位置関係にある。金型から吐出された状態の樹脂膜を観察すると，それはどきれいなものではない。つまり，硝子のようなわけにはいかない。フィルムのような薄物を造る場合は，リップ間隙も小さくしぼり，どちらかと言えば樹脂の溶融物性をあてにして樹脂を金型から引っぱり出す感じになるので膜の状態は比較的きれいである。しかも，薄物だからキャスティングされた平滑な金属表面が反対面にも反映される。したがって薄物フィルムの平滑性は比較的優れているのだと思う。ところが，リップ間隙をひろげて"ぼってり"と押出すと，溶融樹脂の表面はそれほど美しくない。プレートを造る場合は，その美しくない面を樹脂が柔らかいうちに金属面で押しつけるから両面とも美麗に仕上がるのである。プレート成形の場合この成形部分をポリシング装置と呼んでいるのもその故であろう。シートの厚みになるとプレートのように金属ロールの間に挟み込む方法はリスクが大きいので，既述した図2・21(B)の方法が一般的である。しかし，この方法では押出機から金型に至るまでの設備の状態や操業条件の設定がまずいと，フローマークが出たり，フィッシュアイが発生する。いずれにしても，とてもカレンダー・プレスのような表面状態の優れたシートを造ることはできない。

　(D)に示したのは，プレス製品なみの表面性を持ったシートを造るためにプレスロール⑦を用いた方法である。図のように冷却ロール⑤とプレスロール⑦の最も近接する部分に溶融樹脂膜を流延する。この際，樹脂が冷えないようにするために，金型と樹脂がロールと接する部分の距離（エアーギャップ）はできるだけ小さくすることである。それにしても，厚みが0.6 mm以下に

なると同じ両面キャスティング装置のあり方にも随分差がでてくるように思う。1985年，たまたま訪米の機会に恵まれた筆者は，光学グレードのポリカーボネートシートの市場ならびに技術動向を調査した。当時薄物のポリカーボネートシートの開発が一つの話題となっており，0.3 mmのシートが造れるのは米国ではGE社のみという話を聞いた。ロール配列は基本的には垂直出しのa）のようになるのではないかと思うが，この場合カレンダーのようにロールクラウンを施したり，ロールを樹脂の融点近くまで加熱する必要がある。

　b）は同じく訪米の際 Welding Engineers 社の技術屋さんが私見として図示してくれたロール配列である。この配列は1 mm前後のシートをやるには良いかもしれないが，薄物の場合にはa）の方が正解だと思う。いずれにせよ，このような薄物シートを造る機械は，カレンダーか圧延機でも造るつもりで取り組まないと単純なプラスチック成形機のイメージでは駄目である。

　以上のように表面性のよい薄物シート（特に0.5 mm以下）の成形は非常にむずかしい。これも結局はカレンダーの項でも指摘したように，粘度の非常に高い条件下での成形を余儀無くされる結果に他ならない。

## 5.3　複合材料成形技術への展開

　この項では，押出成形技術がいかにして複合材料の開発に応用されてきたかを眺めてみたい。セロファンという単一材料にプラスチックをコーティングした機能性豊かな防湿セロファンの発明は，その時点で複合化による機能性付与という歴とした技術分野を生み出したように思う。その後Tダイ法によるポリエチレンフィルムの成形技術が確立されると，この技術を応用して溶融押出コーティング，さらにはラミネートという素晴らしい複合技術が開発されたからである（基材の表面にのせる場合をコーティング，基材同志を貼り合わせる場合をラミネート称するようにする）。とくに防湿性付与というターゲットほどプラスチックに適合したものはない。最初最も目標とされた基材はクラフト紙を中心とする洋紙類，それにセロファンであった。クラフト紙については，これを用いた唯一の材料の複合紙がクラフトターポリン紙（クラフト紙をピッチでラミネートしたもの）であったが，ポリエチレンをコーティングしたクラフト紙は特にその性能の面でターポリン紙を完全に駆逐した。

　一方，セロファンにポリエチレンをコーティングした，いわゆるポリセロは，それまで煙草やキャラメルなどのオーバーラップを中心に用いられてきた防湿セロファンの需要分野をさらに拡大し，各種のスナック食品，漬物等の水物，塩，砂糖，小麦粉等の粉体の包装にも用いられるようになった。セロファンにコーティングされるポリエチレンの厚みは，通常20μ前後の場合が多かったが，防湿セロファンの両面にコーティングされる防湿被膜はせいぜい片面で1μ程度の厚みであり，ポリセロは防湿性やシール強度では，防湿セロファンのレベルを大きく上まわった。

第 2 章　高分子フィルム・シートの製造方法

その結果, 上記のような新たな需要分野を切り拓くことができたのである。

今では押出コーティング技術はさらに進歩し, 対象となる基材にも各種のプラスチックフィルム, アルミ箔が加わり, かつコーティング用の樹脂としてもポリプロピレン, EVA (エチレンビニルアセテート共重合体), EEA (エチレンエチルアクリレート共重合体), サーリンA等が用いられるようになり, 今や非常に広範な商品の包装用材料に供されるようになった (表 2・2)。

図 2・22 はセロファンやプラスチックフィルムに用いられる押出コーターの概要図を示したものである。1 は巻戻装置で, 繰り出されたシートは AC コーター装置 2 でアンカーコーティングされる。アンカーコーティングは用いる基材とポリエチレン等のコーティング剤との接着を良くするために行われるもので, セロファンの場合はアルキルチタネートやポリエチレンイミン, プラスチックの場合はポリウレタン系のアンカー剤が用いられる。基材はプレッシャーロール 5 と冷却ロール 7 の間に供給されるが, ここで押出機 3 を経て金型 4 より吐出された溶融樹脂膜と共にロール間で押圧されコーティングが完成する。この際, プレッシャーロール 5 は熱せられるため冷却ロール 6 によって冷却される。後はスリッター 8 によって耳端をスリットされ巻取機 9 によって巻取られる。

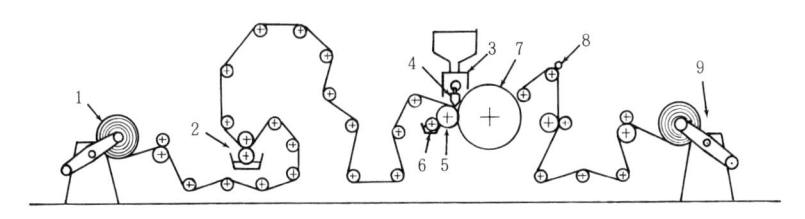

図 2・22　溶融押出コーティング装置概要図
1. 巻戻機　2. AC コーター装置　3. 押出機　4. 金型　5. プレッシャーロール
6. プレッシャーロール冷却装置　7. 冷却ロール　8. カッター　9. 巻取機

基本的には T ダイ法成形技術の応用であるが, それなりに異なるところもある。

まず, 基材が供給され, そして加工されて巻取られるまでの工程が, 直線上に並ぶので押出ラインはそれに対して直角に配列されることになる。したがって, 成形ラインか押出ラインかどちらかが移動して離脱できるようになっているので, 手順としてはまず押出ラインの方を整えてから合体し操業を始める。

次に, プレッシャーロール 5 と冷却ロール 6 によって形成される谷間に位置する金型は, 溶融樹脂膜の温度をできるだけ冷やさないようにするためにはエヤーギャップを小さくしたいので,

表2・2 ラミネートフィルムの特徴と用途
(ただし,構成例はごく代表的なものに過ぎない)

(注)( )はラミネート剤

| 構　　　成 | 特　　　徴 | 用　　　途 |
|---|---|---|
| 紙とアルミ箔と(ポリエチレン)<br>クラフト紙(晒,未晒)/(ポリエチレン) | 強じん,優れた防湿・防水性,ヒートシール可能,安価 | 重包装用(肥飼料,セメント,化学工業薬品,農薬,合成樹脂,穀粉,塩,砂糖,機械工具類)軽包装用(冷凍食品,農水産物,その他食料品,こん包材料) |
| (ポリエチレン)/クラフト紙/(ポリエチレン)<br>クラフト紙/(ポリエチレン)/クラフト紙 | 強じん,完全防湿・防水性,優れた耐薬品性,防気性,一般接着剤使用可能,美麗 | 重包装用(肥飼料,セメント,農薬,火薬,工業薬品,砂糖,塩,穀粉,繊維雑貨類) |
| 上質紙,純白ロール/(ポリエチレン) | 良好な防湿性,印刷効果,安価,ヒートシール可能,清潔 | 軽包装<簡易防湿包装>用(医薬品,菓子類,吸湿性食品,紛末嗜好品,インスタント食品) |
| グラシン紙/(ポリエチレン) | 充分な防湿性,優れた耐油脂性,耐薬品性,半透明,ヒートシール可能 | 軽包装用(油性食品,医薬品,菓子類,機械工業部品) |
| 白ボール,ライナー/(ポリエチレン) | 強じん,超防湿・防水性,優れた気密性,耐油脂性,ヒートシール可能 | 紙器材料(洗剤,紛乳製品,油性食品容器,菓子箱,寿司箱,弁当箱),こん包材料 |
| 純白ロール/アルミ箔/(ポリエチレン)<br>上質紙/アルミ箔/(ポリエチレン)<br>クラフト紙/アルミ箔/(ポリエチレン)<br>純白ロール/アルミ箔/(ポリエチレン)<br>上質紙/アルミ箔/(ポリエチレン) | 完全防湿,防気性,きわめて高い遮光性,保香性,美麗な外観,ヒートシール可能 | 軽包装用(吸湿性食品,洗剤,菓子類,感光紙,写真フィルム,香辛料,調味料,粉末嗜好品) |
| ポリエチレン/白ボール/(ポリエチレン)<br>ポリエチレン/白ボール/アルミ箔/(ポリエチレン) | 強じん,超防湿,耐水性,ガスバリヤー性,耐油性,ヒートシール可能 | 液体用紙器材料(牛乳,ジュース,酒,醤油,等) |
| セロファンとアルミ箔とポリエチレン(またはポリプロピレン)<br>セロファン(防湿・普通)/(ポリエチレン)<br>セロファン(防湿・普通)/(ポリプロピレン) | 優れた防湿・防水性,耐薬品性,充分な強度,ガス不透過,良好な印刷効果,包装適性,内容物透視可能,安価,ヒートシール可能 | 使用目的により各種グレードあり。<br>軽包装用(医薬品,菓子類,調味料,漬物,佃煮,食肉加工品,吸湿性食品,油性食品,インスタント食品,繊維雑貨類),一般真空包装用,ガス |

(つづく)

第2章 高分子フィルム・シートの製造方法

| 構　　成 | 特　　徴 | 用　　途 |
|---|---|---|
| セロファン/アルミ箔/(ポリエチレン)<br>セロファン/(ポリエチレン)/アルミ箔/(ポリエチレン)<br>セロファン/アルミ箔/(ポリプロピレン) | きわめて高い防湿・防気性，美麗，良好な印刷効果，優れた耐薬品性，遮光性，ヒートシール可能，自動充填包装好適 | 充填包装用（窒素ガス），加熱殺菌を伴う真空包装用，高速自動充填包装用<br>軽包装用（医薬品，菓子類，インスタント食品，吸湿性食品） |
| プラスチックフィルムと(ポリエチレン，ポリプロピレン，EVA，サーリン)<br>ポリプロピレン/(ポリエチレン) | 優れた耐熱性，耐油脂性，充分な防湿・防水性，美麗な外観，内容物透視可能，ヒートシール可能，良好な包装適性 | 軽包装用（医薬品，菓子類，油性食品，吸湿性食品，食塩，砂糖，漬物，佃煮，医薬材料，繊維雑貨類），加熱殺菌を伴う真空包装 |
| 延伸ポリプロピレン/(ポリエチレン)<br>ポリエステル/(ポリエチレン) | 強じん，高度の防湿・防水性，ガス不透過，優れた低温特性，内容物透視可能，美麗な外観，ヒートシール可能 | 軽包装（漬物，佃煮，食肉加工品，冷凍食品，医薬材料，即席調理食品），加熱を伴う真空包装，ガス充填包装 |
| 延伸ポリプロピレン/エバール/(ポリプロピレン)<br>サランコート延伸ポリプロピレン/(ポリプロピレン) | 高度の防湿，高度のガス不透過，自動充填包装好適，易開封性 | 軽包装（特にけずり節等のガス充填包装） |
| ナイロン/エバール/(EVA)<br>サランコートナイロン/(EVA) | 強じん，防水性，高度のガス不透過性 | 水物包装（特に味噌，漬物用） |
| ナイロン/エバール/(ポリエチレン)<br>サランコートナイロン/(ポリエチレン)<br>ナイロン/(サーリン)<br>サランコートナイロン/(サーリン) | 強じん，防水性，高度のガスバリヤー性，真空包装適性 | チルドビーフ，加工肉の真空包装 |
| ポリエステル/アルミ箔/(エチレン，プロピレンコポリマー) | 強じん，防水性，高度のガスバリヤー性，耐熱性，ヒートシール強度 | 各種レトルト食品用 |

先の尖った形状にしなければならない。また，基材に合わせてダイのリップ幅を調整する必要があるためディッケルを設けている。金型はサイドフィードのLダイとTダイがある。Lダイのメリットもあるが，現在はTダイを用いるケースの方が多い。

Tダイの構造は通常コートハンガーマニホールド型を基本とし，厚み調整の仕方によって種々のタイプがあるが，ディッケルの部分も含めその一例を図2・23に示す。

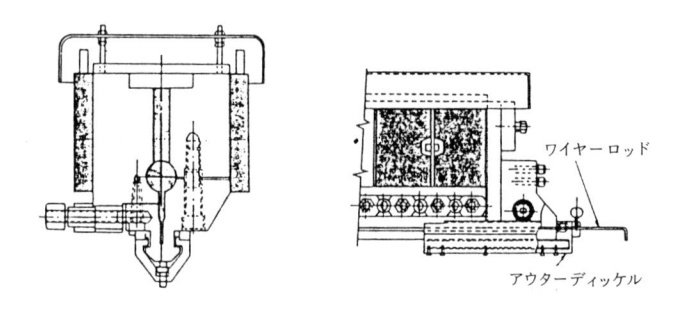

図2・23　ダイ幅調整方式

コーティングに用いられる樹脂は，例えばポリエチレンにしてもフィルム成形に用いられるポリエチレンとは特性を異にする。まず基材との接着にかかわる条件としては，高温にして粘度を下げ流動性を良くしてやることが必要である。洋紙類の場合は，それが繊維のからみ合った凹凸の中へ溶融樹脂が入り込みやすくして物理的に接着性を向上せしめる要因になるし，セロファンやプラスチックフィルムの場合は，高温にすることによって樹脂膜表面の酸化を促進し，ひいてはアンカーコート剤との親和性を高め接着性を向上する要因になる。高速加工を容易にし耳部のロスを小さくするためには，ドローダウン性が良くてネックインの小さい原料が要望される。

また，図2・22はセロファンやプラスチックフィルムに用いられるフィルムベースのコーティング装置を示したが，当然紙ベースの場合と装置の設計諸元や使用原料の要求特性が若干違う。紙の場合ACコーターが不要であるし，一般に広幅（1,400～2,400 mm）である。また，薄物（0.01～0.02 mm）が多いので高速加工（200～500 m/min）が要求される。樹脂も当然流れの良いメルトインデックスの高いもの（7～20）が好ましい。フィルムベースの装置は800～1,200 mm幅で，比較的厚物（0.04 mm）も行われるので，スピードも100～200 m/minのものが多い。

厚みの調整は高温成形で樹脂の温度を高くし，粘度を下げて行うのでTダイの場合よりも応答性が良く，その限りではやりやすい。

第2章　高分子フィルム・シートの製造方法

　しかし，コーティングの場合はそれと厚み精度の問題は別である。基材によっては厚み精度の良くないものもあるし，部分的に印刷が施されているような場合もある。このような場合，全体としての厚みのばらつきをできるだけ小さくなるように操作しないと，ロールの巻き姿が悪くなり好ましくない。

　現在押出コーターやラミネーターは複合フィルムの製造に最も広く用いられているが，当初の機械と比較すると，機能面や性能面で，著しく進歩してきている。図2・22に示したのは最もシンプルなコーティングマシンの例であるが，まずこの装置に巻戻機を追加し，別の基材を冷却ロール7のもう一方の側より供給すると，三層構造の複合フィルムができる。即ち，コーティングマシンがラミネータになる。また押出機をもう一台追加しタンデムラミネータと称して製作されているケースもあるし，共押出（後述）ヘッドを使用し，一挙に多層の高機能フィルムを製造できるような装置も実際に作られている。しかし，このような装置は当然高額になるし，一挙に多層となると小回りが効かない。したがって対象となる製品の品種が極めて少なく，しかも継続して受注できる背景のはっきりしているものに限られるのではないかと思う。

　溶融押出成形法に基礎を置いた今一つの複合化技術に共押出法がある。これは，既述したコーティングやラミネートのように，基材となるものがあり，それに加工を行うというものではなくて，押出装置の中で複合化を完成させるやり方である。したがって，フィルム・シートに限らず，インジェクションやブローモールディングにも応用されている。この場合の複合化というのは，それぞれ特性なり役割の異なる樹脂を最も適当な場所で互いに隣接せしめ，それぞれの層を形成させることであるが，これを行う場所としては，通常押出機から金型の間までしか考えられない（ただしAlkor社の円形ダイは例外）。現実には，押出機から金型にいたる流路に当たる，いわゆるアダプターの部分と金型のマニホールド内ということになる。前者のアダプターの部分で合流させる方法をフィードブロック法，後者をマルチマニホールド法と呼んでいる。

　最初に実用化が始められたのはマルチマニホールド法であった。図2・24は最も単純な2層インフレの金型の例，図2・25はAmerican Can社の3層マニホールドダイの例を示す。図2・24の中央に示したDu Pont社の特許は，ダイの内部で樹脂を合流させるタイプであり，右に示した例はAlkor社のダイ外合流法である。Alkor社の場合，二つの樹脂の間に接着面を活性化させ両者の接着強度を向上させるためガスを封入している。図2・25に示したAmerican Can社のTダイの例は，それぞれの樹脂の流路にチョウカーバーをつけて，各層の厚みの制御が相互に影響し会うことなく独立して行えるので，各層の厚みの精度が確保しやすいという長所をもっている。

　次にフィードブロック法であるが，図2・26にクローレン氏の基本特許[14]を示す。中央に可動ベイン（翼）を持っており，これにより流れを調整する。さらに図2・27はクローレンフィードブロックの断面概要図である。

光成形シートの実際技術

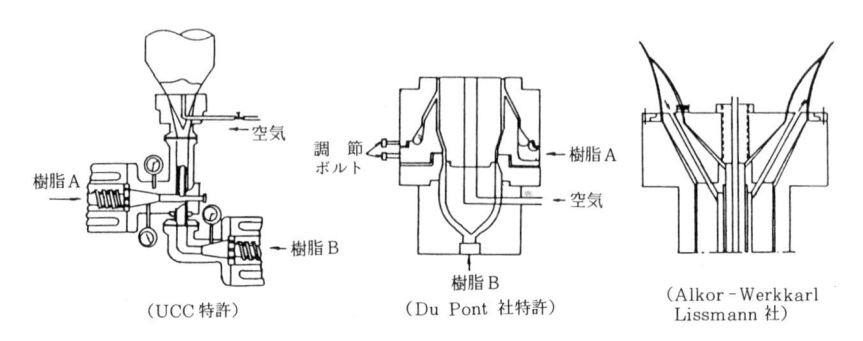

(UCC 特許)　　　(Du Pont 社特許)　　　(Alkor-Werkkarl Lissmann 社)

図 2・24　多層インフレフィルム成形法

　共押出法においては，いずれの方式を採用するかによらず，使用する樹脂の種類だけの押出機は入用である。したがってこれらの樹脂を一箇所に集中せねばならず，押出機は金型の中央部に向かって放射状に配置される。図2・28は4層のシート製造装置の例を示したが，共押出による多層シート・フィルム成形の場合にはTダイ法にしろインフレーション法にしろ相当に大きな据付面積を確保する必要がある。
　さて，共押出技術は米国で開発され，発展してき

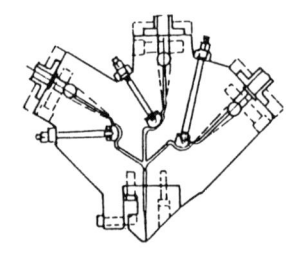

図 2・25　American Can 社の 3 層マニホールドダイ

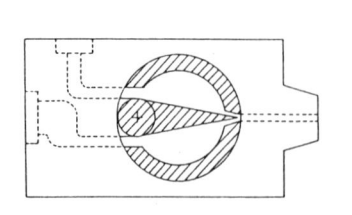

図 2・26　クローレンの基本特許

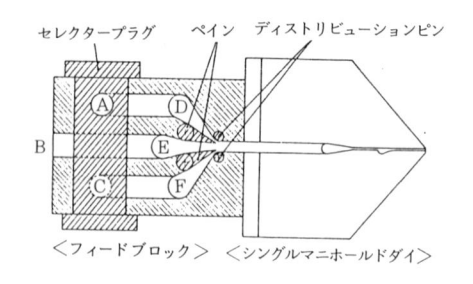

図 2・27　クローレン・フィードブロックの断面概要図

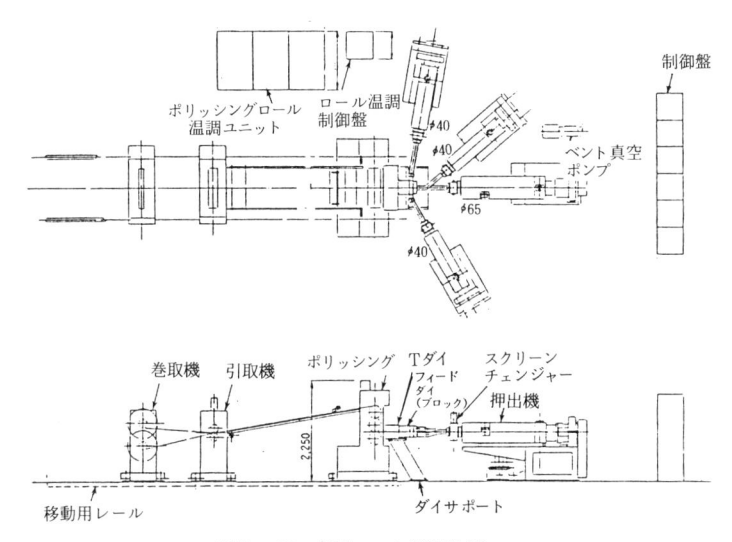

第2章　高分子フィルム・シートの製造方法

図2・28　多層シート製造装置

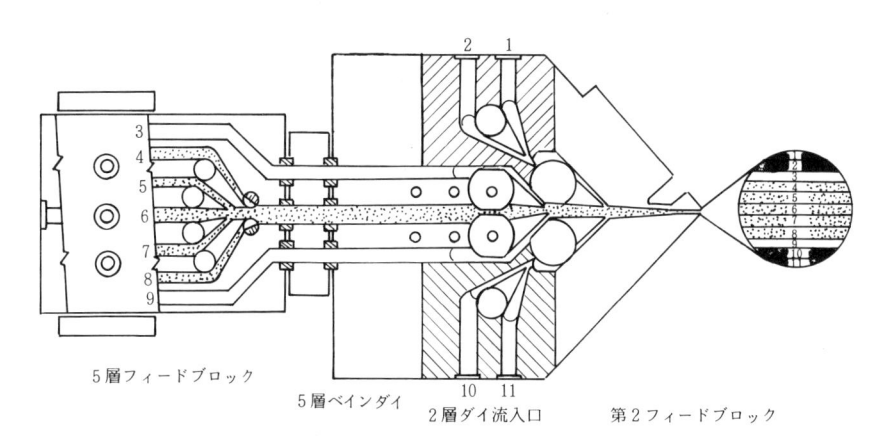

図2・29　クローレン社の11層ダイ

光成形シートの実際技術

たが、最近はプラスチックキャンやオーブナブルな容器への応用展開を目指し、益々多層化の傾向にある。即ち、これらの容器には当然耐熱性、高バリヤー性、高耐衝撃性等が要求され、とても単一なプラスチックの性能だけでは賄いきれないし、また、相性の異なるプラスチックの間には接着層の介入も要するからである。また、Tダイ共押出法の場合、欠点の一つであった耳端部の回収などについても回収原料層を設けて対応するなど、原料、設備両面からの研究改善の成果もみられる。それらの成果を結集した例として、図2・29および図2・30にTダイ法とインフレーション法の例を示しこの項を終わりたい。図2・29は5層のフィードブロックの先に、2層の第2フィードブロックを埋めこんだ5層のベインダイで、合計11層構造を実現したCloren社の例である[15]。また、図2・30はダイのクリーニングを迅速に行えるようにしセットアップ時間を大幅に節減することを可能にしたといわれるFilmaster社の5層円形ダイの例である[16]。

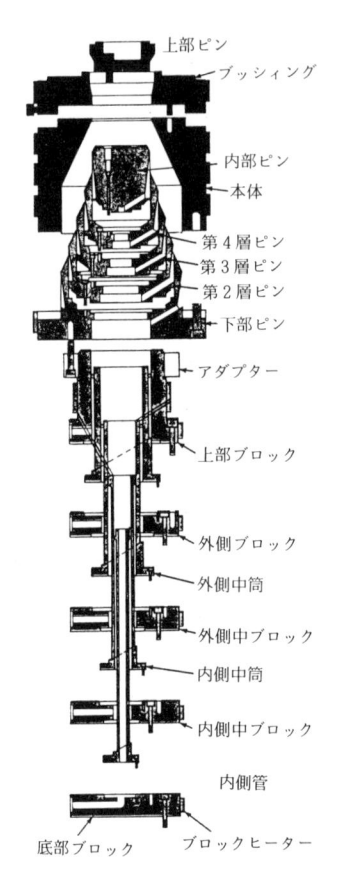

図2・30 フィルマスター社の5層円形ダイ
（解体手順をわかりやすくした図）

この5層ダイのデザインは、ダイの掃除の際の手早い解体、組立てを容易にしてくれる。図はダイの各部がどの様に分離され、解体、組立てができるかを示してある。

## 6 延伸法

表2・1に掲げた各種の成形法のうちで、延伸法については予め何らかの方法で製造されたフィルムを再加工して、より性能の優れたフィルムを得るための手段であり、その点で他の成形方法とは意味がちがう。本稿では、特に光成形シート製造方法の開発との関連で、本来の成形技術の部分に焦点を当て展望してきたので、延伸法についてはざっとその概要を述べるに止めたい。

まず延伸法を分類すると、表2・3に示したように、一軸延伸（Uniaxal Orientation）と二軸

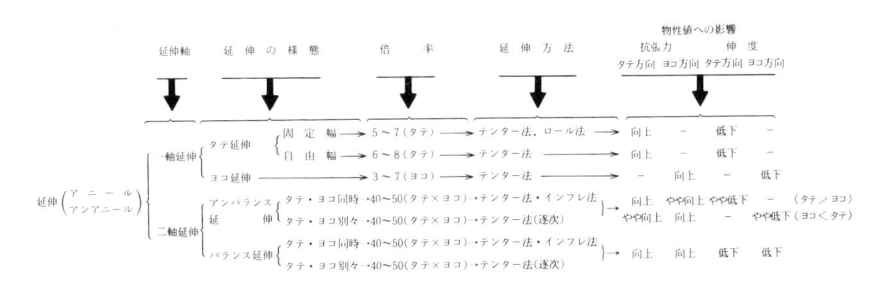

第2章 高分子フィルム・シートの製造方法

表2・3 延伸法の分類と特徴

| 延伸軸 | | 延伸の様態 | 倍率 | 延伸方法 | 物性値への影響 | | | |
|---|---|---|---|---|---|---|---|---|
| | | | | | 抗張力 | | 伸度 | |
| | | | | | タテ方向 | ヨコ方向 | タテ方向 | ヨコ方向 |
| 延伸(アニール/アンアニール) | 一軸延伸 | タテ延伸 固定幅 | 5〜7(タテ) | テンター法,ロール法 | 向上 | − | 低下 | − |
| | | 自由幅 | 6〜8(タテ) | ロール法 | 向上 | − | 低下 | − |
| | | ヨコ延伸 | 3〜7(ヨコ) | テンター法 | − | 向上 | − | 低下 |
| | 二軸延伸 | アンバランス延伸 タテ・ヨコ同時・40〜50(タテ×ヨコ)・テンター法・インフレ法 | | | 向上 | やや向上 | やや低下 | −(タテ〉ヨコ) |
| | | タテ・ヨコ別々・40〜50(タテ×ヨコ)・テンター法(逐次) | | | やや向上 | 向上 | − | やや低下(ヨコ<タテ) |
| | | バランス延伸 タテ・ヨコ同時・40〜50(タテ×ヨコ)・テンター法・インフレ法 | | | 向上 | 向上 | 低下 | 低下 |
| | | タテ・ヨコ別々・40〜50(タテ×ヨコ)・テンター法(逐次) | | | | | | |

延伸(Biaxal Orientation)に分けられる。一軸延伸には,長手方向のみに行う場合と,幅方向のみに行う場合がある。また二軸延伸には,縦と横を等しい倍率にしたりバランスを崩して行う場合がある。さらに縦と横を別々に行う方法もある。

熱可塑性樹脂フィルムを融点以下二次転移点以上の温度で延伸すると,分子が延伸方向に配向し,抗張力が著しく向上し,伸度が低下する。また,延伸してすぐに冷却すると歪が残ったままになるので,そのフィルムを加熱すると収縮し,元の寸法に復元してしまう。この特徴を生かしたのが,収縮包装である。物性値の向上だけを生かしたい場合には,延伸後二次転移点より少し高い温度でアニーリングしてやれば良い。

未延伸フィルムの製造方法は,溶液流延法,カレンダー法,インフレーション法などで,これらの設備に延伸装置がインラインで組み込まれている。

延伸フィルムとそれを造る延伸方法との関係については,再び表2・1を参照願いたい。

## 6.1 テンター法

テンター法は,プラスチックフィルムを二軸に延伸するために開発された技術である。縦方向の延伸は,例えば加熱された多段式のロールにプラスチックを抱かせ,逐次周速を上げてフィルムに延伸をかけてやれば良いが,横方向に引っ張るとなるとそう簡単にはいかない。フィルムの端を摑んで引っ張りながら幅を広げて行く,つまりテンター設備が必要になる。図2・31はロール方式の延伸装置を示した。

テンター法の二軸延伸方式には二つのタイプがあって,フィルムの縦方向と横方向を別々に延伸する方法と,同時にする方法とがある。図2・32の右に示したのは,逐次延伸法で縦と横を別別に行う方法である。即ち,図2・31で示したようなロール延伸装置で,まず縦方向に延伸した

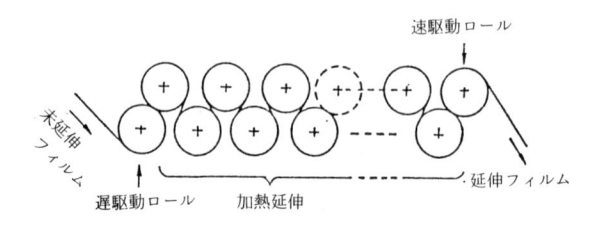

光成形シートの実際技術

速駆動ロール

未延伸フィルム

遅駆動ロール　加熱延伸　　延伸フィルム

連続延伸方法

図2・31　ロール延伸方式

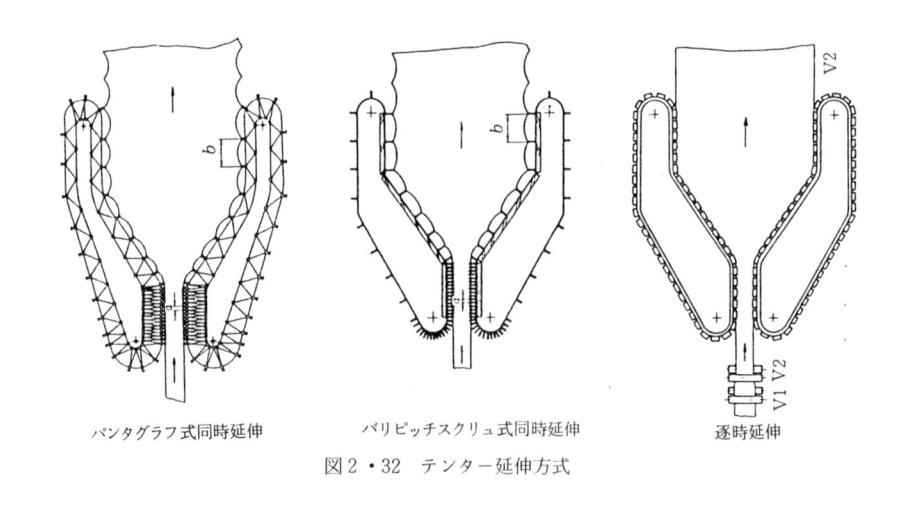

パンタグラフ式同時延伸　　バリピッチスクリュ式同時延伸　　逐時延伸

図2・32　テンター延伸方式

　フィルムをテンターに供給し，平行部分で予熱してから横方向へ逐次延ばしていく．それに対し，図の左側の二つの例は，同時二軸延伸の例で未延伸のフィルムをそのまま供給し，平行部で予熱した後はそれぞれに特殊なクリップの保持リンク機構により，フィルムを縦横同時に延ばしていく．

　また，二軸延伸は延伸パターンを変えられるようになっており，それによって，縦横の延伸倍率のちがうアンバランス延伸ができるようになっている．

　テンター法により製造されている延伸フィルムの代表的なものに，OPPとポリエステルがある．両者の共通点は，包装用材料という大量消費材としての確固たる地盤を持っていることである．さ

らにポリエステルについては,磁気材料や,写真用のフィルムなどハイテク産業向けの用途にも対応してきた。また品質面においても,汎用樹脂フィルムの中では最も優れており,中でもわが国は世界一の水準を誇っている。これはテンター法が延伸フィルムの製造プロセスとしていかに優れ,またそれを優秀な技術者たちがいかに苦労して磨き上げてきたかを物語るものではなかろうか。

## 6.2 ロール法

ロール法は先に述べたように,テンター法における逐次二軸延伸の前段で行われる一軸延伸に利用されている方法である。この方法は,まず前段で未延伸フィルムを予熱し所定の延伸温度に維持するためのロール群と,周速度を一段で,あるいは多段で徐々に変え延伸を行うためのロール群と,周速度を一段で,あるいは多段で徐々に変え延伸を行うためのロール群と,アニーリングしそして冷却固定するためのロール群からなっている。一番問題になるのは延伸ロールで,ロール間の距離を大きくとってそこで延伸を行う場合,延伸はやりやすいが,どうしても幅詰まりが起こり幅方向の配向が弛緩してしまう。ロール間のギャップを思いきり詰めると,延伸される部分が短くなるので幅詰まりは小さくなるが,一度に大きな倍率を与えるとフィルムが切断しやすくなり操業が不安定になる。したがってこの場合は,二段あるいはそれ以上の周速比をかえたロールを設置して徐々に延伸をやらなければならない。設備は大掛かりになるが,安定した一軸延伸フィルムが得られる。

ロール延伸の部分だけを独立させて,一軸延伸フィルムを製造することも行われている。この場合は,それによって造られる製品の目的に応じ装置の仕様も変ってくる。例えば,粘着テープや,電気絶縁材等に供される外観特性や精度を要求されるフィルムの場合は幅詰まりの起こら

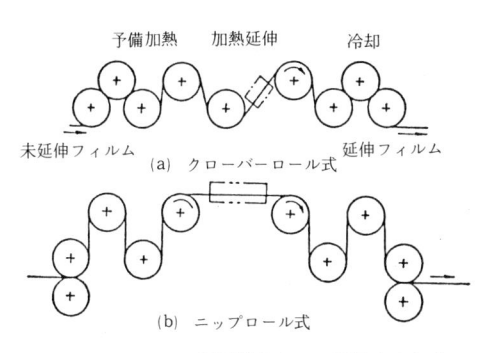

図2・33 ロール間距離をとって延伸する方式

ないロール配列が望まれるし，熱収縮性を利用しない場合はアニーリングロールも必要になる。また，用途がフラットヤーンで，熱板延伸法では満足できず幅詰まりをなるべく小さくしたい程度であれば，図2・33のようにロールを簡素化し，加熱ロールと延伸ロールの間で延伸を行うような場合もある。

### 6.3　チューブラーフィルム延伸法

　チューブラーフィルム延伸法は，インフレーション成形法のラインに直結して行われる二軸延伸法である。一つの例としてICIの特許を図2・34[17)]に示した。即ち，円形ダイから溶融樹脂をチューブ状に押出し，冷却槽で急冷した後，再び赤外線で加熱し，内部に空気を吹き込んで圧力をかけるか（あるいは外部を減圧にするか）してチューブを膨ませ，縦横同時に延伸する。延伸歪を残しておいて熱収縮性を持たせる場合はそのまま折りたたむか，切り開いてフィルム状にして巻き上げればよい。また，熱安定性を持たせたければさらに図のように再度チューブを膨ませてアニーリングを行う。

　以上に示したICI法以外の方法として，空気で膨ませる代わりに延伸コアーに添わせてチューブを延伸する方法もある。この場合はコアーの下方でチューブを切り開き二枚にして別々に巻き取る。

　いずれの方法にしろチューブラー延伸法は，テンター法に比べると，明らかにやり方が簡単であり当然設備費も安くできる。また，耳のロスができないという有利な点もある。しかし，厚みの精度や，生産性の面ではテンター法には及ばない。なお，チューブラー法で造られる代表的なフィルムとしては，ポリプロピレン，硬質塩化ビニル，ポリ塩化ビニリデン等で，いずれも包装用がおもな用途である。

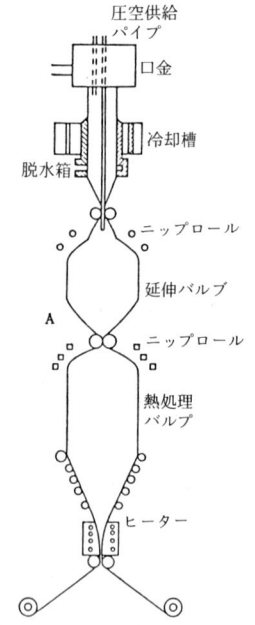

図2・34　チューブ法による二軸延伸ポリエステルフィルム

### 6.4　熱板延伸法

　熱板延伸法は，最も簡単な一軸延伸法である。図3・35にその概要を示したが，多くは設備費の安いインフレーション成形設備が前段にあり，いったん冷却固定化したフィルムを再び予熱し，

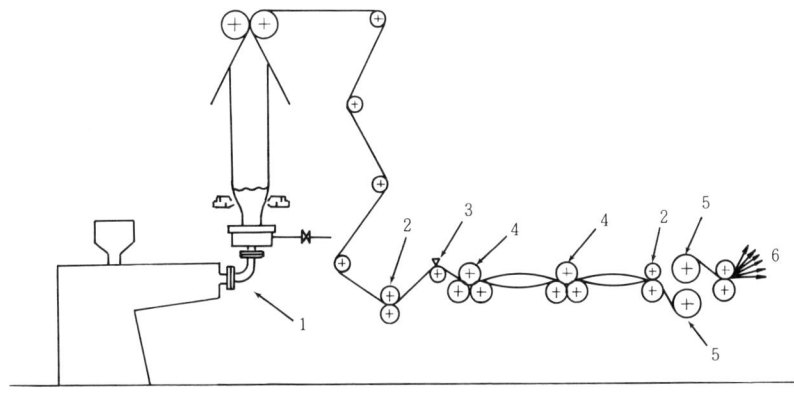

第2章 高分子フィルム・シートの製造方法

図2・35 熱板延伸法概要図
① インフレーション成形設備 ② ニップロール ③ スリッター ④ クローバーロール
⑤ 冷却ロール ⑥ 巻取機へ

一組のニップロールの間に熱板を配置してそれに添わせるようにして加熱しながら延伸をかける。そしてアニリングを行いヒートセットしてやれば簡単に一軸延伸フィルムができる。

この方法で，未延伸のチューブを，予め切り開いてフィルム状にしておくことも，あるいは，スリットして，別けて供給することもできる。また，熱板の代わりに熱風を使ったり，湿式法と称して，熱湯の中を潜らせて延伸する方法も行われている。

これらの一軸延伸法においては，延伸に伴いフィルムの幅方向は自由に縮むので高倍率延伸が可能となり，縦方向の抗張力は極めて強くなるが同時に縦方向に対し極めて引き裂きやすい状態にもなる。したがって，これらの方法で造られた製品は，むしろその特徴を生かしたスプリットヤーンだとか，フラットヤーン，あるいは結束紐等がおもな用途となっている。

## 7 コーティング・ラミネート技術

表2・1に掲げたような様々な成形方法で造られるフィルムに対し，さらに価値を与えるための各種のコーティング・ラミネート技術がある。これらの技術は紙とともに発展してきたものであり，そういう意味では非常に古くから発展し利用されてきた技術といってもよい。現在では紙以外に木材，繊維，鋼板，金属箔，プラスチックフィルム等その内容も多様化し，あらゆるところで利用されている。また，新しいコーティング・ラミネート剤の発展によってもプロセスの多様化が進行し，いま限られた紙面でその全容を述べることはとても困難である。したがって，ここでは代表的なコーティングやラミネート技術に関し，その特徴なり応用分野を表2・4にまと

表2・4 代表的なラミネー

| ラミネート法<br>コーティング法 | ラミネート剤<br>コーティング剤 | 主たる基材 |
|---|---|---|
| 溶融押出ラミネート<br>(コーティング) | アンカーコーティング剤<br>　アルキルチタネート<br>　ポリエチレンイミン（水物用）<br>　ポリウレタン系（水物用）<br>コーティング（ラミネート）剤<br>　LDPE, PP, EVA, サーリンA, PS（対PSP, OPS） | 紙，セロファン，アルミ箔，布，各種プラスチックフィルム（OPP, PET, OPA, CPP, CPA, PE, PVC, PSP, OPS, PC, EVOH, アイオノマー等） |
| ホットメルトラミネート(コーティング) | ホットメルト接着剤<br>○ベースレジン（EVA, EEA, PVAc, ポリアミド，ポリエステル，PP等）<br>○粘着性付与剤（ロジンとその誘導体，テルペン樹脂，フェノール樹脂，クマロン-インデン樹脂等）<br>○ワックス類（ミクロクリスタルワックス，パラフィンワックス等）<br>○酸化防止剤（パラクロールフェノール，パラオクチルフェノール，ジラウリルチオジプロピオネート等）<br>○その他可塑剤，充填剤等を加えることもある。 | 紙，アルミ箔，各種プラスチックフィルム（OPP, PET, OPS, CPP等） |
| ドライラミネート | 熱可塑タイプの接着剤<br>　ビニール系，セルロース系，エポキシ系の樹脂を溶剤にとかしたもの<br>反応型（含無溶剤型）接着剤<br>　1液タイプと2液タイプあり，いずれもウレタン系 | プラスチックフィルム（OPP, PET, OPA, CPP, CPA, EVOH, PVC, HDPE, PE, アイオノマー等），セロファン，金属箔（Al, Fe）紙 |

第2章 高分子フィルム・シートの製造方法

ト・コーティング方式

| 応 用 分 野 | プ ロ セ ス の 特 徴 |
|---|---|
| 重包装用（肥飼料，セメント，農薬，合成樹脂，穀類，食品），軽包装用（食品小袋，医薬品，菓子類），一般真空包装，ガス充填包装，ボイルインパック，etc<br>なお詳細は表2・2参照。 | 設備は図2・23参照<br>1. 生産性大，2. 経済的，3. 広範な基材に適用可，4. 無溶剤（ただし，アンカーコーティングは溶剤を使用），5. 多層化が可能（タンデムラミネーター），6. 瞬間接着 7. 無毒性　8. ヒートシール強度大　9. 薄肉化に限界（10μが下限） |
| Al/紙，Al/プラスチックフィルム，紙/プラスチックフィルム，Al/プラスチックフィルム，等の構成で，コーティングだけの場合もある。菓子類等の軽包装用が主体。 | ホットメルト樹脂を加熱溶融し，コーティングユニットに供給するためのアプリケーターが必要。アプリケータと下記コーティングユニットを接続する。1. 瞬間的に接着できる，2. 経済的，3. 溶剤を使わない，等のメリットもあるが，4. 耐熱性に限界，5. 接着力がそれ程強くない等の欠点もある。 |
| プラスチックフィルム同士の接着によく用いられる。<br>例：OPP/CPP，OPP/PE … スナック，菓子類<br>　　OPP/EVOH/PE … けずり節ガス充填包装<br>　　PVC/PE，CPA/アイオノマー … スライスハム等の成形包装<br>　　OPA/Al/CPP，OPA/Al/HDPE … レトルト包装，　etc | 乾燥炉　基材B　基材A　コーティングユニット<br>基材Aに接着剤をぬり，溶剤を乾燥させてから基材Bと加熱圧着するのが原型，しかし，反応型接着剤（ウレタン系）の出現，さらに無溶剤タイプの出現等で従来とは状況が変わってきている。1. 薄肉の接着剤で強固な接着　2. 反応型はエージングを要す。 |

(つづく)

| ラミネート剤<br>コーティング剤 | ラミネート剤<br>コーティング剤 | 主 た る 基 材 |
|---|---|---|
| ウエットラミネーター | <u>水性タイプの接着剤</u><br>　酢酸ビニル<br>　アクリル酸エステル　等のエマルジョン<br>　EVA<br>　天然ゴム　　　　　　　　　　　　　等の<br>　エチレンブタジエン共重合体 } ラテックス<br><u>水溶性タイプの接着剤</u><br>　澱粉系<br>　にかわ等の蛋白系<br>　CMC等のセルロース系<br>　ポリビニルアルコール等の高分子系 | 紙，糸，アルミ箔，プラスチックフィルム，セロファン |
| コーティング方式<br>a) グラビヤロールコーター | 印刷インキ, 低粘度の溶液あるいはエマルジョン, 感光性樹脂液, ホットメルト樹脂等 | 紙，アルミ箔，セロファン，その他あらゆるプラスチックに適用できる。 |
| b) リバースロールコーター | 低粘度の水溶系, 溶剤系, エマルジョン系, 感光性樹脂液, ホットメルト樹脂等 | 同　　上 |
| c) コンマコーター | 中高粘度の水溶系, 溶剤系, 感光性樹脂液等ホットメルト樹脂も可 | 同　　上 |

第 2 章　高分子フィルム・シートの製造方法

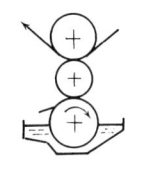

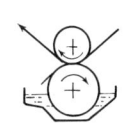

| 応　用　分　野 | プロセスの特徴 |
|---|---|
| 基本的には，紙/糸（繊維），紙/紙，紙/板，紙/アルミ箔，紙/プラスチックフィルム，セロファン/アルミ箔等の構成である。<br>例：印刷・Al/Ad/上質紙 … ビスケットの菓子類<br>　　Al/Ad/模造紙 … タバコ内装<br>　　Al/Ad/クラフト紙/Ad/ボール紙 … コンポジット罐<br>　印刷・紙/Ad/Al/PE … ガム包装紙<br>　印刷・Al/Ad/カップ原紙 … 紙カップ<br>　　　　　　　　　　　　　　　　等々 | 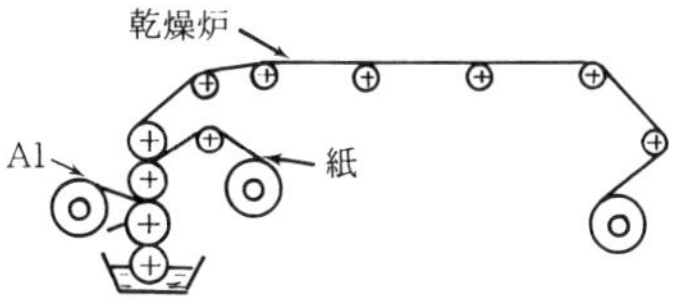 （乾燥炉／Al／紙の図）<br>基材の一つが紙や不織布等ウエットな状態で後乾燥できることが前提。1. 紙と他の基材をラミネートする最も安価な方法，2. ロール配置を考慮すればドライラミネートとの兼用も可能。 |
| 印刷，アンカーコート，その他あらゆるコーティングに適用可，2～40g/m$^2$（Wet）程度の厚みによい。 | グラビヤオフセット　　グラビヤリバース<br>塗工量の調整は溶液濃度とセルの容量によってきまる。安定した塗工量を得。 |
| 磁気材料，防湿加工，耐擦傷性コーティング等，あらゆる分野に適用可。 | 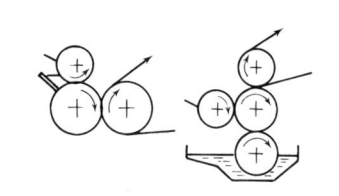 トップフィード　　　　ボトムフィード<br>リバースコーター　　　リバースコーター |
| 粘着剤，床材，壁紙等比較的高粘度で厚みの厚いもの30μ（Wet）以上のコーティングに適している。 | コンマダイレクトコーター　コンマリバースコーター<br>最高の塗面が得られる。厚物に適している。 |

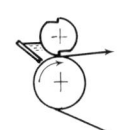

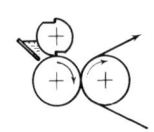

めてみた。そして，詳しくは幸いにも本シーエムシー社から「高機能コーティングの実際技術」[18]と題して，斯界の諸先生方からそれぞれに角度を変えた立派な報文が掲載されているのでそれを参照願えればありがたい。

　いずれにせよ，これ等のコーティングやラミネート技術の神髄は，極僅かな量の機能材料によって，基材に対し様々な付加価値を与えるところであり，新シート製造方法の発想を得るに際し非常に大きな要素の一つであったことを最後に指摘しておきたい。

## 文　　献

1) プラスチックフィルム研究会，プラスチックフィルム ― 加工と応用 ― ，技報堂出版，p.257
2) 同上，p.259
3) 特開昭 63-42821（筒中プラスチック）
4) プラスチックフィルム研究会，プラスチックフィルム ― 加工と応用 ― ，技報堂出版，p.259
5) 同上，p.41〜43
6) 同上，p.41
7) 日刊工業新聞社，プラスチック加工技術便覧，p.334
8) 同上，p.337
9) 同上，p.213
10) 村上健吉監修，押出成形（No.2, 1965），プラスチック エージ，p.221
11) Plastics Technology, Sept., 1988, p.33〜37
12) 村上健吉監修，押出成形（No.2, 1965），プラスチック エージ，p.221
13) Plastics Technology, Sept., 1988, p.57
14) USP 4,152,387，クローレン（1979）
15) Plastics Technology, Dec., 1985, p.53
16) Plastics Technology, Feb., 1988, p.56
17) 特公昭 38-2337（ICI）
18) 赤松 清監修，高機能コーティングの実際技術，シーエムシー，1984

# 第3章　光成形シート製造方法の開発

藤本健郎＊

## 1　従来方法から学ぶもの

「温故知新」をそれほど強く意識していたとは思わないが，何か新しいフィルム・シートの成形法はないものかと密かに考え始めたころから，従来技術についてもそれとなく復習してきたことは確かである。第2章は，そういった意味で従来技術をたずねる，つまり「温故」をやってみたのであるが，「知新」となるとそれぞれのプロセスの優れているところ，問題となるところを掘り下げなければならない。そういった部分には予めアンダーラインを引いておいたが，この章ではそれらのことがどのようにして「知新」へと結びついていったかを述べてみたい。

### 1.1　高粘度からのエスケープ

筆者が最初に，高粘度がいかにフィルムやシートの成形を難しくするかと言うことを体験したのは，押出ラミネートをやり始めた頃で，それまでセロファンのホッパーリップの調節ボルトをいじって厚みを調節していたオペレーターが，初めてTダイの調節ボルトを操作し，いくらやってもセロファンと同じ厚み精度が出ない，と言って嘆いたときであった。

セロファンのところで，「セロファンの厚み精度は溶融押出法やカレンダー法による他の多くのプラスチックフィルムに比べると本質的に優れている」そして，「厚みの公差は随分前から既に平均値±2％程度のレベルには達していた」と指摘したのは，上記の体験に基づいたものである。ビスコースの粘度が溶融プラスチックのそれと比べると遥かに低く，しかも常温成形で，温度のコントロールが正確にできるからである（図3・1）。

その次にまた痛切に体験することになったのは，第2章5.2項のTダイ法のところで述べたが，両面キャスティング法で極薄物のシートを成形したときである。ここでは，薄物シートの成形は非常に難しいとしたうえで，結局は，これも「粘度の非常に高い条件下での成形を余儀なくされる結果に他ならない」，と結んだ。

この頃は既に光成形シートのテーマを追いかけていたが，キャスティング成形のアイディアは持っていたものの，金属表面に接していない側の平滑性をどのようにして実現するかについては

---

＊　Takeo Fujimoto　積水成型工業(株)

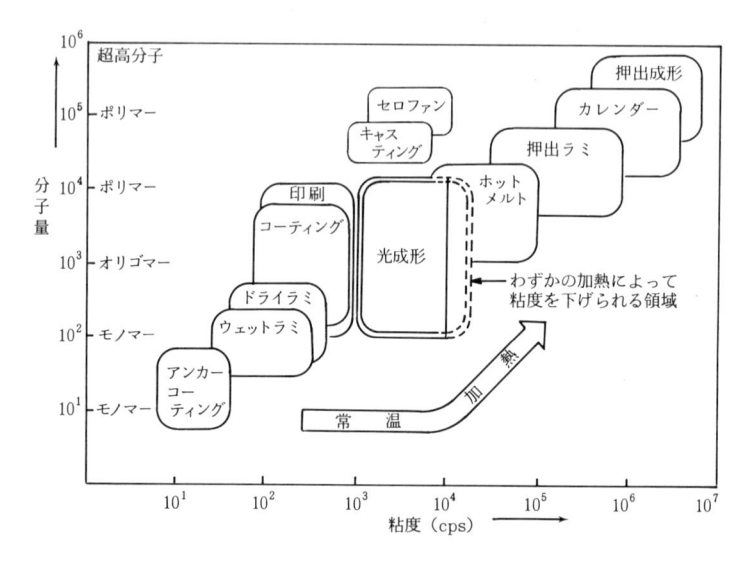

図3・1　フィルム・シート成形方法と成形時の材料粘度

まだ満足できるアイディアを持っていなかった。したがって，薄物シートの難しさを考えながら，感光性樹脂の場合は粘度が低いから楽だなぁ！と思った途端に光成形シートの場合にも両面キャスティングが適用できるのだと言う発想を得た。あえていえばこれを「知新」とでも言えるのだろうか？

第2章4節のカレンダー法のところでは，ロールクラウンとその補正機構について指摘した。そして，「なぜこのように厄介なことをしなければならないか」を問うた。

以上は，いずれも溶融プラスチックなるが故の高粘度に悩まされた例であるが，旧くしてよき技術をたずねた結果，また行く先を教えられたような気がする。先の薄物シートのケースと相前後するが，第2章3節で紹介したキャスティング成形法である。筆者にはキャスティング成形技術に関与した体験は全くないが，この成形法を勉強するうちに，確かに問題点もあるけれどもこれこそ最も参考にすべき技術ではないかと直感した。第2章3節ではその点について，「キャスティング成形においては，ドープをこのような金属支持体の上に流延し，成形を行うので，厚みの均一性，光沢性に優れかつ，方向性の少ないシートが得られるのである。そしてこの場合水飴程度の低い粘度で成形していることが，上記の優れた性能付与を可能にしているばかりでなく，事前の濾過や脱泡を容易にする要因ともなり，得られるシートに異物や気泡を持ち込まない条件と

## 第3章 光成形シート製造方法の開発

もなっている」と指摘した。押出成形においては溶融プラスチックの粘度が高いことにも絡んで，原料から押出機の選択，成形諸条件の吟味等，細心の注意を払っても，フィッシュアイ（樹脂の溶融斑の一つで点状，粒状の異常部分で魚の目玉のようにみえる）や異物混入をゼロレベルに押さえ込むことは至難のわざである。だから，もし写真のフィルムを通常の押出成形で造ったとしたら，たぶんクレームが続出するのではなかろうか？この事からも，キャスティング法は本質的に優れたフィルムを造れるプロセスと考えてもよいだろう。

以上，筆者のフィルム・シート成形における体験の中では，成形時の材料粘度というものが特別な意味をもって見えてくる。図3・1に今まで述べてきたフィルム・シートの成形方法における材料粘度の様相をかなり大胆にまとめてみた。縦軸に材料の分子量とそれに対応する分子状態を，横軸に粘度を示した。ホットメルトから右側はポリマーになるので，加熱溶融を要し，粘度も加熱溶融時のものである。また，押出ラミとホットメルトはいずれも基材に対しラミネートしたりコーティングするプロセスであるため，ポリマーの分子量はより低く粘度もより小さい。セロファンよりも左側はポリマーないしオリゴマーであっても，溶媒に溶けた状態か，または分散された状態にある。さらに印刷よりも左側はコーティングやラミネートのプロセスであり，粘度はぐんと小さくなり押出成形と比べると$10^4 \sim 10^6$ cps ほどの差がある。

キャスティング成形で要求されるドープの粘性特性は，一言で言えば水飴状である。つまり自然に流れてくれて流れ過ぎない粘性，とでも言おうか。光成形シートをキャスティング成形法で造るつもりなら，材料粘度の位置ずけは，当然図に示したところになければならない。即ち$10^3$ cps オーダーのところである。また光硬化組成物の選択範囲を広げるために，ポリマーとの配合系まで考えることもいいし，その結果の粘度上昇はある程度の（例えば80℃以下ぐらいのマイルドな）加熱で対応してもよい。図で説明すれば，点線で示した粘度領域は，加熱によって$10^3$ cps レベルまで下げてやればよい。

以上のように考えると，光成形シート成形法の着想は組成物の粘度特性を軸にしてキャスティング法とTダイによる薄物シート成形法から生まれてきたと言うことができる。

### 1.2 エネルギー消費型過大設備に対する疑問

石油が今にも枯渇するかのように言われ，パニックを起こしてから早15年以上の歳月が経過した。世界を駆け巡ったオーバーな報道が，過激なアクションを引き起こした結果である。その後パニックは嘘のように沈静してしまったが，だからと言って石油が何時かは枯渇する，と言う実態には何ら変わりはない。それこそ人類の英知をしぼり，できるだけ細く永く使うようにしたほうがよいにきまっている。だが，パニックのもたらした波及効果と言うものも確かにあった。省エネルギーに対する取り組みが，それこそ真剣になり非常に活性化したことである。例えばわ

が国においても通産省は1978年には省エネ技術研究開発（ムーンライト計画）を発足させ，国の試験研究所，産業界，大学の力を結集し，省エネに対して総合的，かつ計画的に推進することを決めた。その後の状況を見ると，単にそれが省エネと言う名目だけに止まらず，コスト競争力を高めるという名目にも作用して，産業界においては非常に大きな成果を上げてきたのではないかと思われる。現在ではさらに一歩進んで石油代替エネルギー研究開発の段階に入り，幾つものプロジェクトが，これも国を挙げての支援のもとに発足し活動している。こうなると石油は単なるエネルギー資源として使っていたのではもう駄目だ，その部分は他に代替させ，本当に有効な資源としてのみに生かしていこう，と言う考え方にならざるを得ない。

さて，こう考えるとプラスチックはまさに石油そのものと言えるほど石油に頼り切っている物質である。原料は勿論であるが，重合してそれをプラスチックにし，さらにそれを溶かしてフィルムやシートにするためのエネルギーは原子力以外はすべて石油によって賄われていると考えてもよい。表3・1に，各種のプラスチック成形設備でフィルムやシートを造った場合の電力原単位を，ポリマー化の段階からフィルム・シート成形に至る全段階に亙って示した。いずれも概略数値であるが，代表的なフィルム・シート製造設備の規模と使用電力の実態を比較して眺めることができる。表からもわかるように，キャスティング法は確かに優れたフィルムを提供する製造方法であるが，乾燥（溶剤の蒸発）と溶剤回収工程で，非常に大きなエネルギーを消費する。したがって，電力原単位は非常に大きな値になる。また，二軸延伸フィルムも延伸工程で，再度材料を加熱し，延伸するためのエネルギーが加算されるので，電力原単位は一般のフィルム・シートよりもかなり高くなっている。

また，同じく表3・1にそれぞれの設備の生産性と概算の設備費を示したが，特に二軸延伸フィルムと溶液流延法はその生産性も高いが，その設備費はいかにも高価である。非常に高度な性能が要求される上に，PETもOPPも旺盛な需要に支えられているフィルムだけに理解できなくもないが，これだけ巨大な設備となると，小ロット多品種の生産は非常に難しくなるだろうし，無理に対応すればロスの発生が多くなりコストが上昇する。そうなると，ちょっと言い過ぎかも知れないが，わがままで巨大な怪物が石油を貪り食っているような姿さえ思い浮かんでくる。

カレンダー法のイメージもどちらかと言えば大量生産型プロセスのイメージを持っている。巨大なロールが高速度で回転する様は実に豪快そのものだが，そのロールから放出される熱と原料から発する臭気で工場の環境は厳しいものになってしまう。

キャスティング法は最近の設備が生産性を上げるためにバンド方式になっていることもあって，さらに溶剤回収を加えると，表3・1にも示したようにこれもまた高額な設備となる。その上に，いくら溶剤は回収するからと言っても，多量の溶剤の使用は大気を汚染する。

セロファンについては，既に過去のプロセスとなりつつあるので表3・1にもあげなかったが，

第3章 光成形シート製造方法の開発

表3・1 各種フィルム・シート生産設備の概略規模と推定電力原単位

| フィルム・シート生産設備<br>概 要 仕 様<br>（対 象 製 品）<br>（厚 み × 幅） | 生産性 | | 電力原単位 kWh/kg | | | | 合計 | 概算設備費（億円）<br>A 成形機本体<br>B 周辺設備<br>C 合計 | |
|---|---|---|---|---|---|---|---|---|---|
| | | | 原料製造工程 | フィルム・シート加工工程 | | | | | |
| | kg/h | m/min | ポリマー化 | 製品効率 | ポリマー分 | 製膜化 | | | |
| 1 Tダイ薄物シート成形設備<br>ポリカーボネート（グレージング用）<br>0.5～3mm×1500mm | 200～250 | 0.5～4.0 | 0.65 | 90 | 0.72 | 0.65 | 1.37 | A<br>B<br>C | 3<br>2<br>5 |
| 2 二軸延伸フィルム製造設備<br>ポリエステルフィルム（磁気テープ等）<br>2～200μ×6,000mm | 300～5,000 | 50～350 | 0.40 | 90 | 0.44 | 1.10 | 1.54 | A<br>B<br>C | 15<br>35<br>50 |
| 3 二軸延伸フィルム製造設備<br>ポリプロピレンフィルム（包装用）<br>20～50μ×6,000mm | 500～2,000 | 100～200 | 0.45 | 95 | 0.47 | 1.05 | 1.52 | A<br>B<br>C | 10<br>20<br>30 |
| 4 カレンダー法成形設備<br>硬質ポリ塩化ビニル（包装用）<br>0.1mm×1.000mm | 1,000 | 25～30 | 0.20 | 95 | 0.21 | 0.80 | 1.01 | A<br>B<br>C | 7<br>13<br>20 |
| 5 溶液流延法シート成形設備<br>セルローストリアセテート（写真フィルム）<br>0.14mm×1,000mm | 60～120 | 5～10 | 0.24 | 95 | 0.25 | 5.00 | 5.25 | A<br>B<br>C | 25<br>15<br>50 |
| 6 光成形シート成形設備<br>ウレタンアクリレート/HEMA<br>50 : 50<br>0.5～1mm×1.000mm | 360<br>(比重1.2) | 5～10 | 0.10 | 90 | 0.11 | — | 0.11 | A<br>B<br>C | 1<br>? |

既に述べたように公害発生型のプロセスであり，それらに対する諸施設を加えると，膨大な投資額になるのではなかろうか。それで生産できるのは，セロファンだけと言うことになると，いくらそれが優れた素材であっても今からそれをやろうと言う人は決して出てこない。

以上のように，従来の製造方法は概してエネルギー消費型大量生産方式である。その上にセロファンのような公害型もある。だから，今後の石油事情によっては，問題になる生産方式も出てくるのではなかろうか。最近微生物の生理作用を利用して，ポリエステルを造る研究などが報じられるようになった。実用化はまだまだ先のこととは思うが，これらの中から後世になって人類のすばらしい英知のなせるわざと称えられるような発明が出てくるかも知れない。

## 1.3 コーティング技術の反映

光成形シートの製造方法はキャスティング法をモデルにしたので，第2章でふれたコンマコーターのようなコーティングユニットを適用することができる。少し違うのは，コーティングの場合は通常基材の上に極薄い被膜を形成させるのが目的なので，液の粘度は図3・1で示したようにやや低い位置にくる。ところが，光成形の場合はシートを形成するのが目的だから粘度をそれよりやや高くしないと成形できない。

コーティング・ラミネート技術の項の最後のところで述べたように，「コーティングやラミネ

ート技術の神髄は、ごく僅かな機能材料によって、基材に対し様々な付加価値を与えるところ」にあり、新シート製造方法にもこの神髄を充分にいかせるものと思う。また稿を改めて述べるが、この方法はコーティング剤と同じような自由度を持つ感光性樹脂組成物を片っ端からシート化していこうと言うことなので、むしろこの技術を取り込めるところが新シート製造方法の最も大きな特徴になるのかもしれない。

## 2 紫外線硬化キャスティング法

### 2.1 発想のモデル

1950年の春、就職に失敗した筆者は、そのまま学校の研究室に残ることになった。京都工芸繊維大学繊維学部浜村研究室である。在学中、筆者は今は亡き浜村保次先生から有機化学と生物化学を学んだ。すらりとした、今風に言えばスリムな体型の頂上にロマンスグレーの頭髪、その下に何時もややはにかんだ微笑みを湛えられた先生の端整なお顔があった。その頃の学生たちにとって、高分子化学の講座は最も魅力のある存在であり誰もがそちらの方へ惹かれて当然なのであるが、筆者は浜村先生の講座、とくに生物化学が楽しくて仕方がなかった。それほどの先生であったから、誠に不埒な心情と言わざるを得ないが、筆者はどこかで就職に失敗したことを喜んでいた節がある。

在学中から既に先生の教室の雰囲気は知っていたが、それは先生の人柄がそのまま反映されたもので、だれもが出入りし、そして議論をたたかわすことのできる自由闊達な独特の雰囲気をもったサロンであった。先生は基本的に優しい方で、どんな過激な意見にも、一風変わった見解にもよく耳を傾けられたが、時として誠に厳しい批判を下されることもあった。だがそれは決して頭ごなしのお説教ではなくて、どちらかといえばむしろ遠慮がちに訥々とはにかみながら話されるのである。そのお言葉の中に教室に出入りする人達は多くのことを学び取り、本当の教育とは何たるかを知ったに違いない。

その頃、先生は「蚕はなぜ桑だけしか食べないのか」ということに疑問を抱かれ、それを解明するための研究に没頭しておられた。裏返せば、蚕の食性に関する基礎研究と言うことになるのだろうが、その後この研究は先生の愛弟子、林屋慶三先生（京都工芸繊維大学・名誉教授）によって見事に花開き、蚕の人工餌による飼育が可能になった。この世界的な研究成果は、当時としては昆虫生化学の基礎的な研究に関する素晴しい成果を示すものであり、さらに学問的な成果だけに止まらず、人工餌を通じての絹糸の生産、さらには蚕の無菌飼育等、養蚕の現場にも応用されるようになった。

このような雰囲気の中にいたために、筆者の周りにはいつも蚕がおり、また蚕の話題が絶えな

## 第3章 光成形シート製造方法の開発

かった。そんなある日，先生が筆者に向かって呟かれた言葉が，その後も忘れられないものになった。それは「なあ，健チャン，みんな合成，合成言うけれども，蚕はいとも簡単に高分子を造っとるやんか」と言うものであった。繊維化学を専攻するからには誰もが合成繊維に憧れた時代であったから，多少の皮肉もこもっていたかもしれないが，常に蚕を見つめてこられた先生ならではの鋭いお言葉であったと思う。それは同時にもっと自然から学び取れと言う教えでもあった，と思う。それ以来高分子を考える度に，「蚕のように」というキーワードが筆者の頭の中にインプットされてしまったようだ。

少し道草を食う格好になるが，ここで蚕の営みを見てみたい。

蚕は卵から孵化してから4回眠り4回脱皮して5令になる。桑葉に含まれるタンパク質は乾重量にして約25％であるが，これが蚕の消化管で分泌されるプロテアーゼによってアミノ酸まで分解され，体内で再びタンパク質に合成される。合成されたタンパク質はもっぱら4令期までは体質の造成に費やされる。ところが5令期のわずか4～5日の間に内容物が急速に増え始め，やがて塾蚕と呼ばれる段階に達すると体が透けて見えるようになる。この内容物の増える時期に，絹糸腺では旺盛なタンパク質の合成が行われているのである。

絹糸腺は左右一対の細長い腺で，前部，中部，後部の三つの部位に区分されている。先ず，絹糸の中心部を形成するフィブロインが後部絹糸腺で分泌され，次第に粘度を増しながら中部絹糸腺に送られる。フィブロインはそこで蓄えられるのだが，それだけではなくて，同時に，分泌されてくる液状のセリシンが半固体ゲル状のフィブロインの表面を被覆する。中部絹糸腺は内容物の移動方向に対しさらに三つの部位に分かれており，部位によってそれぞれ異なるセリシンや色素が分泌されるので，内容物は前部絹糸腺に近づくにつれセリシン層が増加し，前部絹糸腺に近い部位ではほぼ三層をなしている。前部絹糸腺ではもはや絹質物の分泌は行われず，それは吐糸の際の導管の役割を演ずるものと思われる。

吐糸直前の絹糸腺内容物は，約70％の水分を含む極めて粘稠なコロイド状を呈しているが，前部糸腺で引き伸ばされ，左右の糸腺が合一するところで一本になり，吐糸管を経て吐糸口から張力をかけながら吐糸される。吐糸された液状絹は水分を離脱し，その途端に変性して繊維化されるのである。

さてそこで本題に戻り，上記した「蚕のように」高分子を造る条件とはどんなものかを考えてみると，次のようなことになるのではなかろうか。

1) 常温でできること
2) 強烈な化学的刺激を受けないこと
3) 吐出しやすい適度の粘性を有すること
4) 吐出した途端に凝固すること

等であろう。「蚕のように」を前提として，従来技術を眺めてみると，すでに述べてきたように上記の四つの条件を満足するような成形技術はいまだかつてない。したがって少しでもこのような条件を満たし得る成形技術が確立できれば，それによって生産される製品も今までとは違った可能性を秘めたものになるに違いない。

　すなわち1)と2)の二つの条件を満たすことができれば，まず熱に強いものをブレンドしたりラミネートすることができる。さらには化学的刺激に弱い生命体をも取り込むことができる。3)の条件は従来技術のなかから選べばキャスティング法がぴったりである。したがって，すでに述べたように平滑性に優れ，厚み精度の優れたシート成形を可能にしてくれる。また，コンパクトディスクのように微細な溝でも大きな圧力を要せずにシートの表面にエンボスすることが可能になる。いずれにせよ「蚕のように」やることは文句なしに良い事のようである。問題は，蚕のようにやれるかどうかであって，一番難しいのは1)，2)，3)の諸条件を満たしたうえで 4)のの条件を満たすような方法があるかどうかである。セロファンはビスコースが硫酸浴で瞬時に凝固して皮膜を形成するが，強酸と強アルカリとの強烈な中和反応の結果再生する繊維素皮膜であって2)の条件は完全に欠落している。また，熱可塑性プラスチックの成形においてはまず加熱して溶かさないことには成形ができないのだから，1)の条件はまったく満たすことができない。さらに4)を完全に満たしているとも言いがたい。

　まことに，自然は素晴らしいことを演出しているものである。まだ当分の間「蚕のように」はできそうもない。そこでいろいろと考えた末，まず1)，2)，3)の三つの条件をある程度満足さすことのできる手段として感光性樹脂の応用を，4)については考えてみると結局は良いものにするための一つの条件にすぎないから，他の手段に置き換えることができる，すなわちこの場合も 3)の条件を満たしてくれるキャスティング法を取り入れるのが最も適切なのではないかと言う結論に達した。

## 2.2　感光性樹脂による製膜技術の現状

　感光性樹脂組成物をキャスティング法で成形してみようと言う発想までは漕ぎつけたが，では実際それを用いて製膜する技術の現状とはどんなものなのか，何か参考にできるようなものはないか，等について調べてみた。

　感光性樹脂のうち，主流を占めるアクリル系はラジカル重合によって硬化するので，空気（酸素）の存在下では硬化が促進されにくいと言う特徴を持っている[1]。そのためか，感光性樹脂の応用の実態を調べてみると，この欠点をいかにして克服したかと言うものが多い。大きく分けると下記の通りである。

　1)　炭酸ガスや窒素ガスのような不活性ガスで雰囲気をシールして照射する[2]。

## 第3章　光成形シート製造方法の開発

2) 透明フィルムでシールして空気を遮断し照射する[3]。

あとは，波長の短い，エネルギーレベルの高い紫外線を放出するランプをうまく選ぶ[4]とか感光性樹脂の選択（嫌気性の鈍感なもの）[5]を用いる，あるいはそれらの策を併用することによって行われているようである。

不活性ガスの雰囲気中で，UV照射すると酸素による阻害を受けないので，通常の2～4倍硬化速度が早くなると言われている。図3・2は照射雰囲気中の酸素濃度と乾燥時間の関係をオフセット印刷インキの例で示したもので，酸素濃度の増加と共に硬化の遅くなる様子がよくわかる[6]。また，不活性ガスの雰囲気の中で硬化した場合，表面が滑らかになり光沢が出やすいとも言われている[7]。不活性ガスの使用は，どうしてもコストアップにつながるので，実用されるケースは比較的少ないようであるが，メリットもあるのでガスの使用をできるだけ絞りコストダウンを目指した出願も見られる[8]（第6章，関連特許のところで紹介する）。

また，フィルムシールをして空気を遮断し，硬化膜を形成せしめている実用例としては，新聞の製版などに用いられている感光性樹脂凸版がある[9]。図3・3にそれを示す。このような感光性樹脂凸版を作る方法としては，まず硝子の上にネガフィルムを置きその上を保護フィルム（10～30μ）で覆うようにする。その上から感光性樹脂液をコーティングし，その液面を気泡

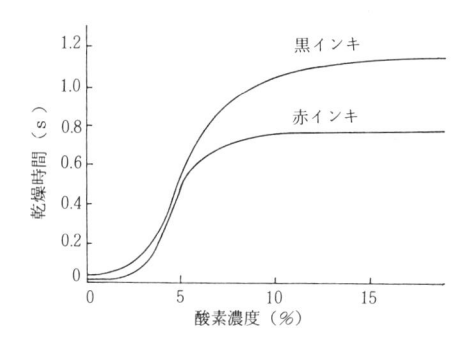

図3・2　酸素濃度とUV硬化樹脂の乾燥性
照射条件／ランプ：80W/cm（オゾンなし Hg×1）.
コンベヤー速度：140 m/min.

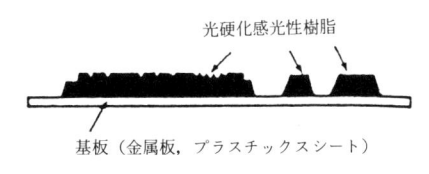

図3・3　感光性樹脂凸版

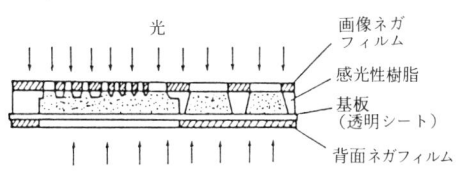

図3・4　感光性樹脂凸版の作り方

が入らないようにして透明なプラスチックのシートで覆う。そして硝子の下方より露光すると透明で光を通す部分のみ硬化するので，後，水洗すれば硬化しない部分は水に溶け去り基板（最後に被せたプラスチックシート）の上には図3・3のような樹脂凸版が形成される。樹脂板にあたる部分の厚みはおよそ0.5〜0.7mm程度である。この場合基盤樹脂台（感光性樹脂が硬化して基板に接合し大陸棚のように形成されている部分）はしっかりしていなければならないし，また細かい画像の形成はその樹脂基盤の上に行われるので，背面ネガフィルムを用い，両面から照射する場合もある。図3・4はその例を示してある。

他の変わった例としては，感光性樹脂を用いたバイオリアクター膜の製法がある[10]。これは感光性樹脂と，酵素・菌体懸濁液との混合液を帯芯に相当する補強用ネットと共に，上下より繰り出された二枚のフィルムの間に供給し，直ちに二枚のフィルムの両端をシールしてフィルムの上下より紫外線を照射し硬化させる方法である。硬化が完了すると，上下二枚のフィルムははぎ取り，補強用ネットに支えられたバイオリアクター膜を取り出す。図3・5はその装置の概要を示したものである。その他の関連特許情報については第6章を参照願いたい。

以上，後述する特許情報も含めて総括すると，感光性樹脂を用いた製膜の実態はすべて何らかの基材を伴ったものであり，その基材の上に硬化膜を形成させるか，基材がサンドイッチされて補強材の役割を演じているかのいずれかであり，単独でフィルムやシートを形成させるような例は見当たらなかったようだ。

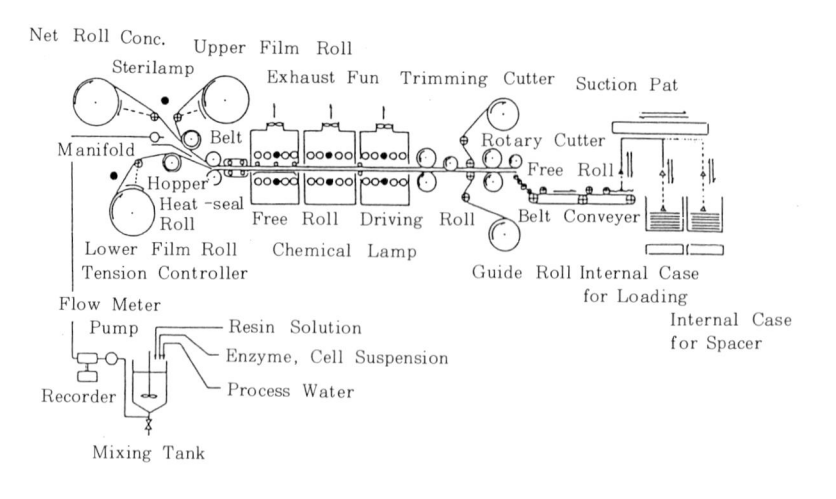

図3・5　膜状固定化装置のプロセスフローダイヤグラム

第3章 光成形シート製造方法の開発

## 2.3 テストマシンの作製

　さて，キャスティング法でやろうと言うところまではよかったのであるが，なかなかモデルマシンを造る気になれなかったのは，やはり一般的な感光性樹脂の持っている本質的な特徴である硬化時の嫌気性をどう克服すればよいかと言う問題であった。前項で述べた製膜技術の実態から学ぶとすれば，プラスチックフィルムでシールするか，不活性ガス雰囲気中で硬化させるよりほかない。

　プラスチックフィルムでシールする方法は実験室ではしばしば行われている方法であり，体験された方はご理解頂けると思うが，硬

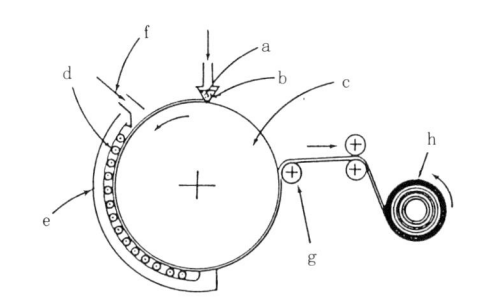

図3・6　片面キャスティング（不活性ガス使用）

a．ドープ（感光性樹脂液）
b．ホッパー，またはコンマコーター
c．キャスティングロール
d．紫外線照射ランプ
e．不活性ガス封鎖フード
f．不活性ガス供給口
g．剥離ロール
h．巻取シート

化に伴う発熱と，樹脂の収縮によってどうしてもフィルムと接している面に笑窪ができて平滑性が損なわれることである。これが出ないようにするにはよほど厚いフィルムを使わなければならない。また何よりも，用いたフィルム表面よりも優れた表面性を有するフィルムを得ることはできないと言うことになる。

　不活性ガス雰囲気中で硬化させる方法は，前述したようにコストアップにもつながるし，塗膜の表面がコーターリップの状態いかんで決定されると言うリスクを持っている。しかし，無溶剤組成であるために，通常のキャスティングの場合のように溶剤の揮発蒸散による塗膜の乱れのような現象はおこらないだろう。また適当に流れてくれて，表面が矯正できる粘度領域でもある。また，不活性ガスの雰囲気で硬化させた塗膜は，表面光沢が優れている，と言った見方もあって，最初に考えたモデルマシンの構想は図3・6に示したようなものであった。

　しかし，それでもなおモデルマシンの製作に踏み切れなかったのは，不活性ガスの利用や高圧水銀灯の適用等，いずれも公知の技術の応用にすぎないからであった。そんなことで時日が経過するうちに，やっとこれでやってみようと言う発想を得たのは1.1項で既に述べたように，そのころ両面キャスティングによる薄物シートの成形で難渋していたオペレーターたちの苦労に思いを馳せた時であった。そしてその時直感的に思いついたのが，別々にやればよいではないか，と

光成形シートの実際技術

言うことであった。即ち，アクリロイル基を官能基とする感光性モノマーの酸素（空気）による光重合阻害を利用して両面を別々に金属面に当てて光硬化する方法である。このような発想は従来の感光性樹脂の光硬化には用いられていない。

我々の逆点発想も，当然ながら実際にモデルマシンの作製に踏み切るにはいろいろの問題があった。例えば，金属ロールの上に感光性樹脂を斑なく塗布するためのコーティング方式の決定，流動中の樹脂の光反応がどのようになるか，金属面に対する樹脂の接着，金属面上の樹脂を片側から露光した場合の樹脂の硬化パターン，さらに硬化収縮とそれに伴う成形歪みの発生など，多くの技術的な問題点を一つ一つ実験によって解明する必要があった。

まず金属光択面上に流延した感光性樹脂は都合よく光硬化してくれるのか，光硬化のパターンはどうなるのか，光硬化に伴う樹脂の収縮は金属面上ではどうなるのか，それが成形歪の原因になりはしないか，一体，金属面から思惑通り半硬化のシートが剥がれてくれるだろうかなどの検討を行うことにした。

金属に接する面が期待通りの早さでうまく硬化してくれるかどうかを見るために次のような実験をした。写真印画紙の仕上げに用いるハードクロームフェロータイプ板を用いて，その上に一

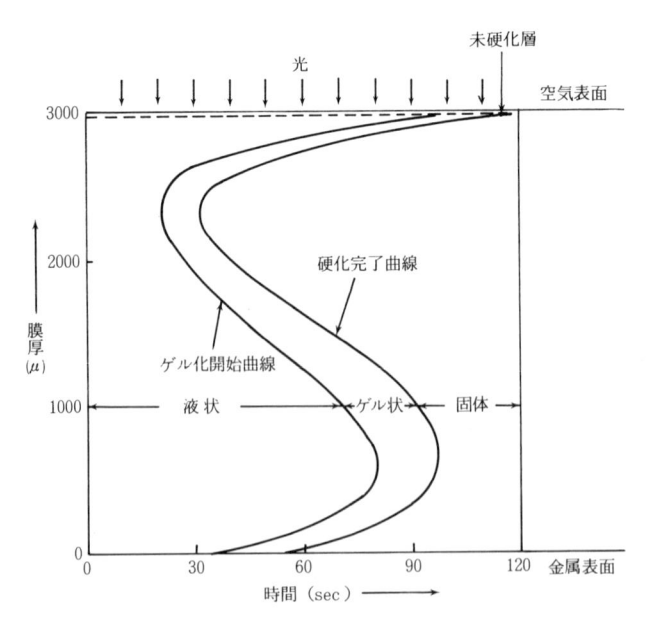

図 3・7　感光性樹脂の金属光択面における硬化パターン

64

## 第3章　光成形シート製造方法の開発

辺が5mmの硝子の角材で5cm四方の堰を作り液が漏れないように下部をダブルタックテープで固定した。その中へ感光性樹脂液を硬化後の高さが3mmになるように注ぎ、100V, 20W, 60Hz ケミカルランプ下にランプの中心から床面までの距離80mmで照射した。同様のサンプルを数個用意し、それぞれ時間を変えて照射を行い、サンプルを取り出して時間ごとの硬化の状態を定性的に調べ、そのおよその容態を示したのが図3・7である。図において、横軸は時間の経過を示し縦軸は厚みを示しているが、同時にこの説明図は感光性樹脂液を金属板上に流したときの断面図でもあり、液の上方は空気、下方は金属板である。曲線は光硬化の始まる点と終了する点を連ねたものである。したがって、時間の経過とともに縦軸、つまり層間の硬化のパターンがどう移り変わっていくかを示しており、左側の曲線がゲル化の始まる時間、右側の曲線が硬化の完了する時間と見ていただければよい。ゲル化開始曲線の左側が液状、硬化完了曲線の右側が固体、両曲線の間がゲル状と言うことになる。この実験の場合は、20秒後表面よりやや下、およそ0.6mm付近よりゲル化が始まり上下へと広がっていくが、40秒後には金属表面からのゲル化そして硬化が始まる。これは明らかに金属表面からの反射光の影響を受けたものと思われる。120秒後樹脂は表面の未硬化層を残して硬化した。この実験から、シートの厚み方向に対し照射エネルギーは相当減衰するものと思われるが、金属表面の状態いかんでは反射光の寄与を充分期待できることがわかった。また、金属表面と樹脂の接着性については、金属の種類、メッキの種類をいろいろ変えてテストしてみたが、これらによって接着の様相に随分と差のあることもわかった。予想通りあまり楽観は許せないが、一応最もよかったものを選びあとは今後の検討課題として、とにかくモデルマシンを作製することにした。図3・8に示したのがそれである。なお図3・9は最初に閃いたモデルで、言わば発想の原形である。図3・8のやり方の方が応用範囲が広いのでこれを選ぶことにした。図3・9によって説明すると、ロール $c_1$ の頂上に設けられたコーティングヘッドbより均一厚みでロール表面に流延された感光性樹脂液は紫外線照射装置 $d_1$ によって硬化されるが、その表面は樹脂の嫌気性によって未硬化のままロール間隙へ送り込まれる。金属表面に接している部分は硬化が終わっているので、ロール $c_1$ より樹脂を剥がし反転してロール $c_2$ へと抱かせてやればよい。今度は未硬化面がロール $c_2$ の表面に密着しエアーシールされるので、紫外線照射装置 $d_2$ によって硬化する。これで、両面キャスティングの素晴らしいシートができるはずである。図3・8は実際に製作したモデルマシンの概要図であるが、コーティングヘッドを二基にして左右から合掌させるようにすると（図3・8(A)）、厚物にしたり、左右の組成を変えたり、上方より基材hを下ろし基材をはさみこんでラミネートを行ったりすることができる。また、ランプの位置を変えて図3・9を横に寝かせたようなS字型の造り方（図3・8(B)）もできる。など、使い勝手の自由度が大きいのでこの方式にしたわけである。さて、実際にこのモデルマシンを使ってシートを造ってみたが、やはり当初の思惑通り簡単にはいかなかった。最

光成形シートの実際技術

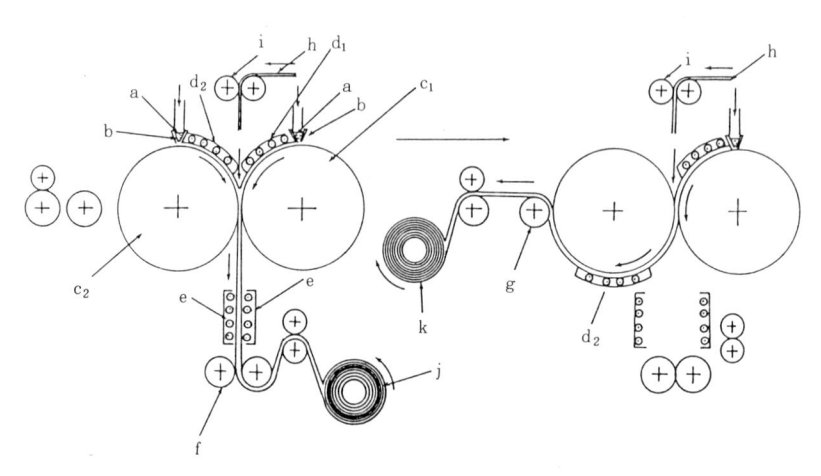

(A) 未硬化面貼合わせ　　　(B) 両面キャスティングの基本型

図3・8　テストマシンの概略図

a．ドープ（感光性樹脂液），b．ホッパーまたはコンマコーター，$c_1$，$c_2$　キャスティングロール，$d_1$，$d_2$　紫外線照射ランプ（Bの場合は$d_2$を移設する），e．紫外線照射ランプ，f．引取ピンチロール，g．剥離ロール（Bの場合に使用），h．ラミネート用基材，i．同上供給ロール，j．巻取シート（A），k．巻取シート（B）

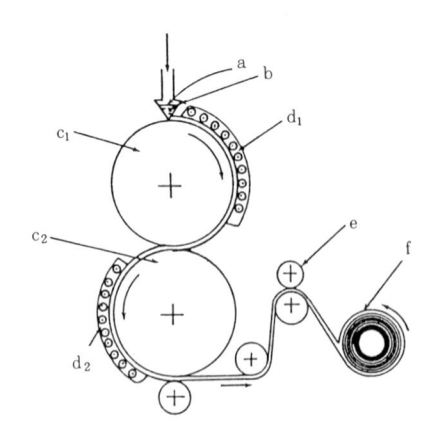

a．ドープ（感光性樹脂液）
b．ホッパーまたはコンマコーター
$c_1$，$c_2$．キャスティングロール
$d_1$，$d_2$．紫外線照射装置
e．引取ピンチロール
f．巻取シート

図3・9　両面キャスティングの基本型

第3章 光成形シート製造方法の開発

も苦労したのは半硬化のシートを第一ロールから剥がすときの剥離抵抗の問題であった。用いる樹脂の性質によってもロールに対する接着力が変わるし，シートが柔らかなものであったり，薄いものであると剥離するときに伸びてうまくいかなかったりして，とにかく散々の状態であった。今は，配合組成についてもノウハウを積み上げてきたし，設備も要所に改善を加え，安定した運転ができるようになった。今後はさらに工学的な検討を加えて，光成形シート成形装置の「あるべき姿」を追及していきたい。

## 2.4　光成形シート成形方法の可能性

感光性樹脂を用いキャスティング法でシートを造る方法における顕著な特徴は，既に一部触れたが再度整理すると次のようになる。

1) ほとんど常温に近い温度で成形できる（反応熱は強制的に除去できる）。
2) 約数千センチポアズと言う低い粘度で行う。
3) よく研磨された金属表面上に精度よく樹脂液を流延して行う。
4) 樹脂液は紫外線によって硬化されるが，感光性樹脂の特徴として，空気に接する面が固まりにくい。
5) 上記の特徴を利用して，未硬化面を第2ロールに接触させて硬化させるのでシートの両面をキャスティングの状態にすることができる。
6) 材料を加熱溶融する必要がない。また，無溶剤のため乾燥や溶剤回収工程が不要である。その結果，設備がコンパクトで投資が少額ですみ，かつ小ロット多品種対応がやりやすい。その上に省エネ操業ができる（表3・1参照）。

以上のような特徴は，製造装置に種々の可能性をももたらすことができる。

### 文　　献

1) 加藤清視，中原正二，UV硬化技術入門，p.19～20（新高分子文庫）
2) 特開昭 60-235793（C.H.ゴールドシュミット アクチェン）
3) 特開昭 60-197270（凸版印刷）
4) 山岡亜夫，感光性樹脂（共立社）；赤松 清監修，新・感光性樹脂の実際技術（シーエムシー）
5) 同上
6) 加藤清視，紫外線硬化システム，総合技術センター，p.348
7) 加藤清視，中原正二，UV硬化技術入門，p.19（新高分子文庫）
8) 特開昭 60-235793（C.H.ゴールドシュミット アクチェン）

9) 赤松 清監修,新・感光性樹脂の実際技術,p.150(シーエムシー)
10) 同上,p.263
11) 同上

# 第4章　光成形シートに使用される感光性樹脂

赤松　清＊

## 1　はじめに

　感光性の樹脂には，光によって分解するもの，重合するもの，溶解性の変化するものなどいろいろの種類があるが，光成形シートの製造に使用されるものは光重合系の樹脂で，常温液体の樹脂を主体として，シートの用途，必要とされる物性に合わせていろいろの樹脂が選定され配合される。

　樹脂の選定配合の基準は，光成形後に合目的な物性が具現できること，安価であること，樹脂の配合が容易であること，光成形機械の運転条件に適した粘度，光硬化速度などが得られること，光成形の工程中に樹脂が変形したり，切断するなど工程不適応がないこと，樹脂と機械との接触部に樹脂が硬化接着しないこと，環境衛生上無害で，常温で気化し難く，不快臭がなく，付着した樹脂の洗浄除去が容易であることなどである。

　具体的に使用されている樹脂の例を挙げれば，2－ヒドロキシエチルメタクリレート，ポリエチレングリコールやポリプロピレングリコールのアクリレート，メタクリレート，アクリルアミド誘導体などがあり，比較的安価で入手が用意であるためよく使用されている。しかし，これらの樹脂は，成形機械に使用するためには一般に，粘度が低く，光硬化の過程の強度も不十分で，生産工程中に光硬化途中の半製品が変形したり，切断したりすることがあり，機械の円滑な運転，効率よい生産は困難である。したがってこれらの樹脂にウレタン系，セルロース系，ナイロン系樹脂，あるいはそれらのポリマーにアクリロイル基を付加したものなどを配合して製造過程の粘度や物性を調整し，また光硬化シートの最終物性を合目的なものに仕上げる。

　配合組成の具体的な一例を示すと，

　　ウレタンアクリレート　　M 7000（日本合成）　　70 重量部

　　ヒドロキシエチルメタクリレート　　30 重量部

　　開始剤　＃1173（メルク社）　　1 重量部

がある。この配合樹脂は80C°に加温して混合すると相溶して無色透明の液体になり，光成形機を用いて円滑に長尺シートの製造を行うことができる。

　光成形シートは無色透明で200 kg /cm² 程度の引張り強度と100％前後の引張り伸びを示す。

---

＊　Kiyoshi Akamatsu　（財）生産開発科学研究所

いろいろの光成形シートのサンプルが別に添付してあるので，実際に現物を見て光成形シートを理解して載けると思うが，簡単に自分で試作の体験をしてみるのであれば，実験室にある一般的な光反応の開始剤，例えばベンゾインエチルエーテルを1％程度，アクリロイル基を有するモノマーに添加して，その樹脂をポリエステルフィルムなど透明フィルムで挟み，二枚のガラス板の間で圧着してシート状に圧延し，太陽光で照らして光硬化せしめるとシート状の光成形品を作ることができる。

アクリロイル基を有するモノマーは一般に皮膚障害性があるので，実験の途中，終了後には手を十分に洗う注意が必要である。一般的に言えばアクリレートよりメタクリレートの方が皮膚障害が少ない。

光成形法によって樹脂シートを製造する方法は加熱も加圧も必要とせず，樹脂の重合精製工程，エクストルーダーやペレタイザーなどによる配合熔融混合工程も不要で，直接簡便に樹脂の配合と重合，シートの作製を一工程で完了するものであり，従来の樹脂の製造方法や成形加工法の常識を全く逸脱したものということができる。

光成形シートの製造に使用する基本的な樹脂の構造，配合組成，成形したシートの基本的は性質などについて以下に説明する。

## 2　光成形シート製造に使用する樹脂の構造

光成形シートの作製に使用される樹脂は前記のようにアクリル系の感光性樹脂といわれているもので，分子中にアクリロイル基を有する樹脂である。アクリロイル基を1個有するものから数個有するものまでいろいろのものがあるが，多く使用されるものはアクリロイル基が1個，2個，3個の比較的分子量の低いモノマーである。

種類は非常に多く，分子内にヒドロキシル基を有するもの，カルボキシル基を有するもの，ベンゼン環を有するものなど多種多様である。物性も親水性，疎水性，常温で固体のもの，液体のもの，粘度が高いもの，低いもの，相互に溶解するもの，しないものなどいろいろである。

以下に，具体的に樹脂の構造特徴，メーカーなどを示す。

### 2.1　分子中にアクリロイル基を1個有する樹脂

感光性を有する基本的なモノマーであり，多種類のものが市販されている。

単官能であるからこの樹脂のみを用いた光成形シートは，弱い，脆い，表面粘着性があるなどの欠点（特徴）を示す。一般的にメタクリレートを使用すると光成形シートは脆くなる傾向がありアクリレートを使用するとシートは軟質で弱く，粘着性があるものになる傾向を示す。

## 第4章 光成形シートに使用される感光性樹脂

分子中にヒドロキシル基，カルボキシル基など親水基を有するものは吸湿性があり，雨天多湿時に粘着性を示す。アクリルアミドの誘導体も吸湿性が大きい。

$$CH_2=CCOOCH_2CH_2OH$$
$$\quad\quad |$$
$$\quad CH_3$$

2-ヒドロキシエチルメタクリレート（2-HEMA）

商品名：2-HEMA（三菱レイヨン）

商品名：ライトエステルHO（共栄社油脂）

粘　度：10以下

溶解性：水に溶ける

＜特　徴＞

低粘度で，水に溶け，また皮膚刺激も少ない。安価で一般的によく使用される。

$$CH_2=C-COOCH_2-CH-CH_3$$
$$\quad\quad |\quad\quad\quad\quad\quad\quad |$$
$$\quad CH_3\quad\quad\quad\quad\quad OH$$

2-ヒドロキシプロピルメタアクリレート

商品名：ライトエステルHOP（共栄社油脂）

商品名：2-HPMA（三菱レイヨン）

粘　度：10 cps 以下

溶解性：水に溶ける。

$$CH_2=CHCOOCH_2CH_2OH$$

2-ヒドロキシエチルアクリレート

商品名：ライトエステルHOA（共栄社油脂）

粘　度：10 cps 以下

溶解性：水に溶ける

＜特　徴＞

希釈剤の他，合成原料として使用されている。2-ヒドロキシエチルメタクリレートを使用した場合に比較するとより柔軟な物性となる。

$$CH_2=\underset{\underset{CH_3}{|}}{C}-CO(OCH_2CH_2)_4-OCH_3 \quad \text{(新中村化学工業)}$$

メトキシテトラエチレングリコールメタクリレート

商品名：NKエステルM-40G

粘　度：8 cps

＜特　徴＞　水に溶ける。

$$CH_2=\underset{\underset{CH_3}{|}}{C}-CO(OCH_2CH_2)_9OCH_3 \quad \text{(新中村化学)}$$

メトキシポリエチレングリコール#400メタクリレート

商品名：NKエステル90G

粘　度：23 cps（at 25℃）

＜特　徴＞　水に溶ける。

$$CH_2=\underset{\underset{CH_3}{|}}{C}CO(OCH_2CH_2)_{23}OCH_3 \quad \text{(新中村化学)}$$

メトキシポリエチレングリコール#1000メタクリレート

商品名：NKエステル230G

外　観：固体

＜特　徴＞　水に溶ける。

$$CH_2=CHCO-(OCH_2CH_2)_3OCH_3$$

メトキシトリエチレングリコールアクリレート　　　　　　　（新中村化学）

商品名：NKエステルAM-30G

$$CH_2=\underset{\underset{CH_3}{|}}{C}-COO(CH_2CH_2O)_nH$$

ポリエチレングリコールモノメタクリレート

商品名：ブレンマーPE（日本油脂）

＜特　徴＞

他の感光性樹脂と併用して，ポリマー分子中にポリエチレングリコール側鎖を導入することができる。これにより，親水性，帯電防止性が付与でき，さらに末端ヒドロキシルキは，イソシア

# 第4章 光成形シートに使用される感光性樹脂

ナート基,メラミン,エポキシ基,カルボキシル基と反応して架橋することができる。

$$CH_2=\overset{CH_3}{\underset{|}{C}}COO(CH_2\overset{CH_3}{\underset{|}{C}}HO)_nH$$

ポリプロピレングリコールモノメタクリレート

商品名:ブレンマーPP(日本油脂(株))

<特　徴>

　ブレンマーPPは,ブレンマーPEと同様,分子内にビニル基とヒドロキシル基をもつ2官性モノマーで,ポリマー内にポリプロピレン基を容易に導入できる。末端ヒドロキシル基は他の官能基と反応して容易に架橋し,ポリマーに優れた柔軟性を付与することができる。

$CH_2=CHCOO(CH_2)_4OH$　　　(B.A.S.F.)

ブタンジオールモノアクリレート

<特　徴>　ポリマーへの親水基の導入,密着向上剤として使用される。

$CH_2=CHCOOCH_3$　　　(日本触媒その他)

アクリル酸メチル

$CH_2=CHCOOC_2H_5$　　　(日本触媒その他)

アクリル酸エチル

$CH_2=CHCOOC_4H_9$　　　(日本触媒その他)

アクリル酸ブチル

$CH_2=CHCOOCH_2CH(CH_3)_2$　　　(日本触媒その他)

アクリル酸イソブチル

$T_g$:$-40\,°C$

$$CH_2=CHCOOCH_2\underset{\underset{C_2H_5}{|}}{C}H(CH_2)_3CH_3\quad (日本触媒その他)$$

アクリル酸2-エチルヘキシル

外　観:透明液体

$T_g$ : $-85\ ℃$
用　途：ウレタンアクリレートの反応性希釈剤，ポリマーに柔軟性を与える。

$CH_2=CHCOOC_8H_{17}$　　　（日本触媒その他）
　アクリル酸オクチル
＜特　徴＞　ポリマーに柔軟性を与える。単独での紫外線照射での硬化速度は遅い。

$CH_2=CHCOO(CH_2)_5CH(CH_3)_2$　　　（日本触媒その他）
　イソオクチルアクリレート
＜特　徴＞　アクリル酸オクチルと同様。

$CH_2=CHCOO(CH_2)_6CH(CH_3)_2$　　　（日本触媒その他）
　イソノニルアクリレート
＜特　徴＞　アクリル酸オクチルと同様。

$CH_2=CHCOOCH_2(CH_2)_{10}CH_3$　　　（共栄社油脂その他）
　ラウリルアクリレート
＜特　徴＞　硬化物に柔軟性を付与する。紫外線での硬化速度は遅い。

$$CH_2=CH-\underset{O}{\overset{\|}{C}}-N-\underset{CH_3}{\overset{CH_3}{\underset{|}{C}}}-CH_2-\underset{O}{\overset{\|}{C}}-CH_3$$ 　　　（協和発酵工業）

　ダイアセトンアクリルアミド（DAAM）
　分子量：169
　融　点：57℃
　溶解度：水，有機溶剤ともによく溶ける。
　外　観：淡黄色結晶
＜特　徴＞
　常温固体で，水，有機溶剤にもよく溶け，毒性，皮膚刺激が低く，取り扱いがしやすい。他の水溶性ポリマー等と共に使用し，水あるいは石鹸で現像可能なPS板あるいはスタンプを作ることができる。

## 第4章 光成形シートに使用される感光性樹脂

CH₂＝CHCONHCH₂OH　　　　　　　（綜研化学）

　*N*－メチロールアクリルアミド

　略　　称：*N*‐MAM

＜特　徴＞

　分子内に重合性のビニル基と，縮合性の*N*－メチロール基を有しているため条件を適当に選べば別々に反応させることができるモノマーとしてよく知られている。感光性素材としては，印刷版，フォトレジスト用感光性樹脂用に使用される。

　常温で固体，また，吸湿性があり水によく溶ける（196g/100g水）。


CH₂＝CHCONHCH₃　　　　　　　　（興人）

　*N*－メチルアクリルアミド

　分子量：85.11

　外　　観：無色透明液体

　粘　　度：9 cps（at 20℃）

　溶解性：水，アルコール，アセトン，クロロホルム，酢エチ等の有機溶剤に可溶。


$$\mathrm{CH_2=CHC-N\begin{smallmatrix}CH_3\\CH_3\end{smallmatrix}}\quad\text{(O上)}$$

CH₂＝CHC(=O)－N(CH₃)₂　　　　　（興人）

　*N*,*N*－ジメチルアクリルアミド

　分子量：99.13

　外　　観：無色透明液体

　粘　　度：2.7 cps（at 20℃）

　溶解性：水，通常の有機溶剤に可溶

＜特　徴＞

　親水性の高いモノマーで，ポリマーになっても水，メタノール，メチルセロソルブ，MEK，ジオキサン等に溶解する。大気中でも吸湿し，65％R.H.で放置すると含水率40％に達する。

　硬化速度がアクリル酸エステルと同等である。


CH₂＝CHCONHCH₂CH₂CH₂N(CH₃)(CH₃)　　（興人）

　*N*,*N*－ジメチルアミノプロピルアクリルアミド

分子量：156.22

粘　度：56 cps（at 20 ℃）

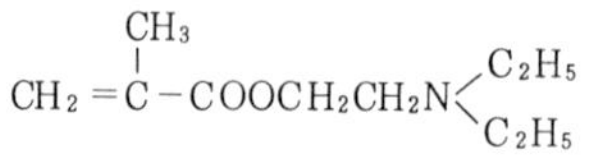

$$CH_2=\underset{\underset{CH_3}{|}}{C}-COOCH_2CH_2N\underset{C_2H_5}{\overset{C_2H_5}{<}}$$

ジエチルアミノエチルメタクリレート

商品名：DE（共栄社油脂）

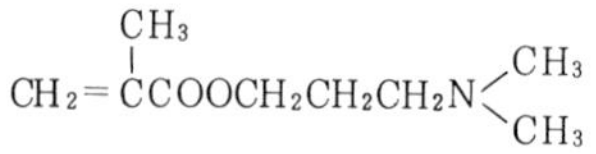

$$CH_2=\underset{\underset{CH_3}{|}}{C}COOCH_2CH_2N\underset{CH_3}{\overset{CH_3}{<}}$$

ジメチルアミノエチルメタクリレート

商品名：DM（共栄社油脂）

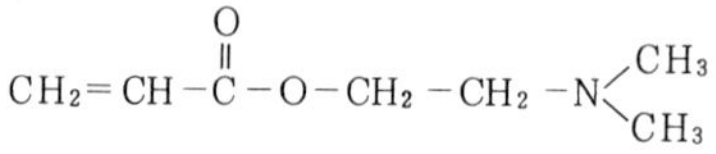

$$CH_2=CH-\overset{O}{\underset{\|}{C}}-O-CH_2-CH_2-N\underset{CH_3}{\overset{CH_3}{<}} \quad（興人）$$

$N,N$-ジメチルアミノエチルアクリレート

分子量：143.18

粘　度：1.3 cps

溶解性：24g／100g　水，通常の有機溶媒に可溶

＜特　徴＞

親水性を利用した紫外線硬化水溶性コーティング剤，水溶性パッケージング剤，感光プレート剤等に用途がある。

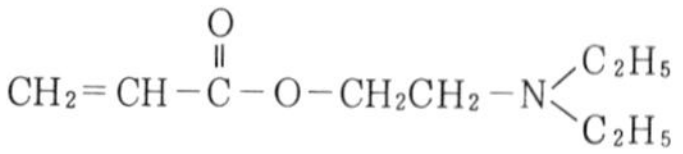

$$CH_2=CH-\overset{O}{\underset{\|}{C}}-O-CH_2CH_2-N\underset{C_2H_5}{\overset{C_2H_5}{<}} \quad（B.A.S.F.）$$

ジエチルアミノエチルアクリレート

分子量：171.2

接着性改善に用途がある。

第4章　光成形シートに使用される感光性樹脂

$$CH_2=CH-\underset{O}{\overset{\parallel}{C}}-O-CH_2-\underset{CH_3}{\overset{CH_3}{\underset{|}{C}}}-CH_2-N\underset{CH_3}{\overset{CH_3}{\diagdown}}\qquad (B.A.S.F.)$$

*N, N*-ジメチルアミノネオペンチルアクリレート

分子量：185

用　途：特徴等は同上

$$CH_2=CHCOOCH_2-\underset{OH}{\underset{|}{C}HCH_2O}-\phenyl$$

2-ヒドロキシ　3-フェノキシプロピルアクリレート

商品名：アロニックス M-5700（東亜合成），エポキシエステル M-600A（共栄社油脂）

粘　度：100～300 cps（at. 25℃）

〈特　徴〉

　水酸基を有していると言うより，他の感光性樹脂に混ぜて，硬化物全体に柔軟性，伸びを与えるために使用されている。単独硬化物の伸びは 200～300％ である。

$$CH_2=CHCO(OC_3H_6)_nO-\phenyl-C_9H_{19}$$

商品名：アロニックス M-117

〈特　徴〉

　硬化物に柔軟性を与えるのに使用される。直鎖状のアルキルエステルアクリレートに比較すれば硬化速度は大きく，また皮膚刺激性が低い。

$$CH_2=CHCO(OC_2H_4)_nO-\phenyl\qquad (東亜合成化学)$$
$$n=4$$

商品名：アロニックス M-102

〈特　徴〉　硬化物に柔軟性を与える。

$$CH_2=CHCO(OC_2H_4)_n-O-\phenyl-C_9H_{19}\qquad (東亜合成化学)$$

商品名：アロニックス M-111

〈特　徴〉　硬化物に柔軟性を付与するのに用いると良い。硬化物 $T_g$：$-8℃$

$CH_2=CHCO-(OC_2H_4)_nO-\langle\bigcirc\rangle-C_9H_{19}$ 　　　　（東亜合成化学）

　　商品名：アロニックス M-113

＜特　徴＞

　　M-111と同様の構造であるが，硬化物に対する柔軟性の与え方が異なる。

　　硬化物 $T_g$：$-43\,°C$

$$CH_2=\overset{CH_3}{\underset{|}{C}}COOCH_2CH_2OCO-\langle\bigcirc\rangle-COOH$$

　　β-メタクリロイルオキシエチルハイドロゲンフタレート

　　商品名：NKエステル-CB-1　　　　（新中村化学）

　　粘　度：3,200 cps（at 25°C）

$$CH_2=CHCOOCH_2\overset{CH_3}{\underset{|}{C}}HOCO-\langle\bigcirc\rangle-COOH$$

　　商品名：NKエステル ACB-200　　　　（新中村化学）

　　粘　度：8,000 cps（at 25°C）

$CH_2=CHCOOC_2H_4OOC-\langle\bigcirc\rangle-COOH$ 　　　　（東亜合成，新中村化学）

　　商品名：アロニックス M-5400, NKエステル ACB-100

　　粘　度：4,000〜6,000 cps（at 25°C）

　　硬化時引張り強度：400 kg/cm²

　　伸　び：0〜5%

$CH_2=CHCOOC_2H_4OOCCH_2CH_2COOH$ 　　　　（東亜合成，新中村化学）

　　商品名：アロニックス M-5500, NKエステル A-SA

　　粘　度：100〜300 cps（at 25°C）

　　引張り強度：3〜5 kg/cm²

　　伸　び：40〜60%

# 第4章 光成形シートに使用される感光性樹脂

$$CH_2=CH-CON\text{(morpholine ring)}$$　　　　　（興人）

アクリロイルモルホリン

分子量：141.2

融　点：$-35\,°C$ 以下

外　観：無色透明液体

粘　度：34 cps（at $20\,°C$）

＜特　徴＞

ポリマーは，水，DMFに可溶，ベンゼン，トルエン，アルコール不溶，皮膚刺激性が少なく，pH値が0.5である。アクリル酸エステルと同程度の硬化速度があり，各種プレポリマー，多官能アクリレートとの相溶性に優れている。

## 2.2 分子中にアクリロイル基を2個有する樹脂

　この樹脂の代表的なものはポリエチレングリコール，ポリプロピレングリコールの両端にアクリロイル基を付加したものである。ポリエチレングリコールを使用したものには親水性があり，光成形シートは水膨潤が激しく，ポリプロピレングリコールを使用したものは水膨潤が少ない。

　アクリロイル基を2個有するために，二カ所で光架橋（光重合）が可能である。これらの樹脂を多量に使用した光成形シートは，一般に引裂き強度の低いものが多い。

$CH_2=CHCOO(CH_2CH_2O)_3COCH=CH_2$　　　　　（共栄社油脂，B.A.S.F.，その他）
　トリエチレングリコールジアクリレート
　＜特　徴＞　希釈効果大きく，硬化速度も大きい。

$CH_2=CHCOO(CH_2CH_2O)_4COCH=CH_2$　　　　　（共栄社油脂，その他）
　テトラエチレングリコールジアクリレート
　＜特　徴＞　柔軟性付与

$CH_2=CHCOO(CH_2CH_2O)_9COCH=CH_2$　　　　　（共栄社油脂，その他）
　PEG#400 ジアクリレート
　＜特　徴＞　可撓性付与

$CH_2=CHCOO(CH_2)_6OCOCH=CH_2$　　　　　（共栄社油脂，その他）

1,6-ヘキサンジオールジアクリレート

＜特　徴＞　希釈効果大きい。柔軟性付与。

$CH_2=CHCOO(CH_2)_4OCOCH=CH_2$ 　　　（B.A.S.F. その他）

ブタンジオールジアクリレート

＜特　徴＞　反応性希釈剤，密着向上剤。

$CH_2=CHCOO(\overset{CH_3}{\underset{|}{C}}HCH_2O)_3COCH=CH_2$ 　　　（B.A.S.F.）

トリプロピレングリコールジアクリレート

＜特　徴＞　反応性希釈剤，密着向上剤。

$CH_2=\overset{CH_3}{\underset{|}{C}}-CO-(OCH_2CH_2)_9O\overset{CH_3}{\underset{|}{C}}OC=CH_2$

ポリエチレングリコール＃400ジメタクリレート

商品名：NKエステル9G

粘　度：35cps（at 25℃）

＜特　徴＞　水に溶ける。

$CH_2=\overset{CH_3}{\underset{|}{C}}-CO-(OCH_2CH_2)_{14}O\overset{CH_3}{\underset{|}{C}}OC=CH_2$ 　　　（新中村化学）

ポリエチレングリコール＃600ジメタクリレート

商品名：NKエステル−14G

粘　度：64cps（at 25℃）

＜特　徴＞　水に溶ける

$CH_2=\overset{CH_3}{\underset{|}{C}}CO-(OCH_2CH_2)_{23}O\overset{CH_3}{\underset{|}{C}}OC=CH_2$ 　　　（新中村化学）

ポリエチレングリコール＃1000ジメタクリレート

商品名：NKエステル−23G

外　観：白色ワックス

## 第4章 光成形シートに使用される感光性樹脂

$$CH_2=CHCOO(CH_2)_2-\overset{CH_3}{\underset{|}{CH}}(CH_2)_2-OCOCH=CH_2 \qquad (B.A.S.F.)$$

3-メチルペンタンジオールジアクリレート

$$CH_2=CHCOOCH_2-\overset{CH_3}{\underset{\underset{CH_3}{|}}{\overset{|}{C}}}-CH_2OCOCH=CH_2 \qquad (共栄社油脂,その他)$$

ネオペンチルグリコールジアクリレート

＜特　徴＞　硬化物に耐引掻き性，耐摩耗性を与える。

$$CH_2=CHCOOCH_2\underset{\underset{OH}{|}}{CH}CH_2-O$$
$$\qquad\qquad\qquad\qquad\underset{\underset{HC-OH}{\underset{\underset{CH_2}{|}}{|}}}{\overset{|}{CH_2}}$$
$$CH_2=CHCOOCH_2\underset{\underset{OH}{|}}{CH}CH_2-O$$

商品名：エポキシエステル80MFA　（共栄社油脂）

粘　度：9,000〜13,000 cps（at 25℃）

＜特　徴＞

1分子内に水酸基が3個あり，親水性が強い。他の親水性感光性樹脂と併用して，水あるいは石ケンで現像可能なPS板を作ることができる。

$$\underset{}{CH_2=\overset{CH_3}{\underset{|}{C}}COOCH_2\underset{\underset{OH}{|}}{CH}CH_2-O}\underset{\underset{}{C_2H_4}}{|}$$
$$CH_2=\overset{CH_3}{\underset{|}{C}}COOCH_2\underset{\underset{OH}{|}}{CH}CH_2-O \qquad (共栄社油脂)$$

商品名：エポキシエステル40EM

粘　度：350〜650 cps（at 25℃）

$$CH_2=CHCOOCH_2 \cdot CHCH_2-O$$
$$\qquad\qquad\qquad\quad OH\quad\ \ \ CH_2$$
$$\qquad\qquad\qquad\quad H_3C-\underset{|}{\overset{|}{C}}-CH_3 \qquad (共栄社油脂)$$
$$\qquad\qquad\qquad\qquad\quad CH_2$$
$$CH_2=CHCOOCH_2 \cdot CHCH_2-O$$
$$\qquad\qquad\qquad\quad OH$$

　商品名：エポキシエステル70 PA

　粘　度：1,000〜1,400 cps（at 25℃）

$$CH_2=\underset{|}{\overset{CH_3}{C}}-CO-(OCH_2CH_2)_m-O-\underset{CH_3}{\overset{CH_3}{\bigcirc\!\!\!-C-\!\!\!\bigcirc}}-O-(CH_2CH_2O)_nCO-\underset{|}{\overset{CH_3}{C}}=CH_2$$

$m+n=30$ 　　（新中村化学）

　商品名：NKエステル－BPE 1300

　粘　度：550 cps（at 25℃）

＜特　徴＞ 水に溶ける。

$$CH_2=CHCOO(CH_2CH_2O)_4-\bigcirc\!\!\!-\underset{CH_3}{\overset{CH_3}{C}}-\!\!\!\bigcirc-O-(CH_2CH_2O)_4COCH=CH_2 \quad (共栄社油脂)$$

　商品名：BP-4EA

＜特　徴＞

硬化速度を上げる目的で使われる。粘度低下にはあまり効果がないが，硬化物が強靭になる。

$$CH_2=CHCOOCH_2CCH_2OCH_2CHCH_2-O$$
$$\qquad\qquad\qquad OH\qquad\quad CH_3$$
$$\qquad\qquad\qquad\qquad\qquad\qquad H_3C-\underset{|}{\overset{|}{C}}-CH_3$$
$$CH_2=CHCOOCH_2CCH_2OCH_2CHCH_2-O$$
$$\qquad\qquad\qquad OH\qquad\quad CH_3$$

　商品名：エポキシエステル3002A　（共栄社油脂）

第4章　光成形シートに使用される感光性樹脂

粘　度：40,000〜60,000 cps（at 25 ℃）
＜特　徴＞
　水酸基を有してはいるが，親水性に対する寄与は少ない。ベース樹脂の1つとして使用されることがある。同系列の商品にメタクリレートの3002Mがある。

$$HOCH_2CH_2-N\underset{\underset{CH_2CH_2COOCH=CH_2}{N}}{\overset{\overset{O}{\|}}{\underset{\|}{C}}\underset{O}{\underset{\|}{C}}}\overset{CH_2CH_2COOCH=CH_2}{N}$$

アロニックス M-215
粘　度：5,000〜15,000
外　観：淡色透明液体
＜特　徴＞
　耐熱性の硬化物に用いるが，2官能であるため，3官能のものに比べれば，脆くなる程度が，少ないようである。

$$\begin{matrix}CH_2=CHCONH\\CH_2=CHCONH\end{matrix}\Big\rangle CH_2 \qquad (日東化学)$$

$N,N'$-メチレンビスアクリルアミド
分子量：154.17
融　点：185 ℃
溶解度：3.5 g / 水 100 g

写真製版用の感光剤として，多くの多官能モノマーの一つとしてよく利用される。

$$CH_2\!:\!\underset{\underset{OH}{|}}{\overset{\overset{CH_3}{|}}{C}}-CH_2-CH-CH_2-O-\underset{\underset{O}{\|}}{C}-CH_2-\underset{\underset{\underset{OH}{|}}{C:O}}{\overset{\overset{OH_3}{|}}{C}}-CH_2-\underset{\underset{O}{\|}}{C}-O\!\!\left[\!\!\begin{matrix}CH_2\\CH_2\\O\end{matrix}\!\!\right]$$

$$CH_2\!:\!\underset{\underset{OH}{|}}{\overset{\overset{CH_3}{|}}{C}}-CH_2-CH-CH_2-O-\underset{\underset{O}{\|}}{C}-CH_2-\underset{\underset{\underset{OH}{|}}{C:O}}{\overset{\overset{OH}{|}}{C}}-CH_2-C\!\!-\!\!\Big]_n$$

ポリエチレングリコールのクエン酸エステルにアクリロイル基を付加したもの。水溶性で水を混合しても光硬化する。

水現像の感光性スタンプ用樹脂などに使用される。光成形後の吸水性は室温浸水24時間後で25％前後であり、水性インキの転移性が良好である。

$$\begin{array}{l}
\text{CH}_2\text{=CH-CO-CH}_2\text{-CH-CH}_2\text{-O-C-CH}_2\text{-C-CH}_2\text{-C-O} \\
\qquad\qquad\qquad\qquad \text{OH} \quad\ \text{O} \quad\ \text{C:O} \quad \text{O} \\
\qquad\qquad\qquad\qquad\qquad\qquad\qquad\qquad \text{OH}
\end{array}$$

(構造式)

ポリプロピレングリコールのクエン酸エステルにアクリロイル基を付加したもの。前記のポリエチレングリコールを使用したものより耐水性がある。

光成形シートの吸水性は室温浸水24時間後で10％前後である。

### 2.3 分子中にアクリロイル基を3個有する樹脂

この樹脂は光反応で三次元構造をつくるので、硬く、脆くなる傾向がある。また一般に液体のモノマーが光硬化によって固体化するときの硬化による収縮が大きい。したがって硬化時の内部応力歪みが製品に影響を与え、経時変化、温度変化によって湾曲したり、引裂き強度の弱い部分ができたり、亀裂が発生する場合がある。また微生物を包埋した場合、樹脂の光硬化収縮により微生物が圧縮されて検鏡によって視認できず、消滅したような状態になることもある。

$(CH_2=CHCOOCH_2)_3CCH_2OH$

 ペンタエリスリトールトリアクリレート  （共栄社油脂）（日本触媒）

 粘　度：600～1,000 cps（at 25℃）

 注　意：　ゲル化しやすいので、冷暗所に保存するのが好ましい。

$CH_3CH_2C(CH_2OCOCH=CH_2)_3$  （共栄社油脂、新中村化学、日本触媒、他）

 トリメチロールプロパントリアクリレート

 粘　度：80 cps（at 25℃）

第4章 光成形シートに使用される感光性樹脂

$$CH_2=CHCOOCH_2CH_2-N\underset{\underset{CH_2CH_2COOCH=CH_2}{|}}{\overset{O}{\underset{\|}{C}}}\overset{}{\underset{N}{\diagdown}}N-CH_2CH_2COOCH=CH_2$$

トリス（2-アクリロキシエチル）イソシアヌレート

商品名：アロニックス M-315　　　　　　（東亜合成化学工業）

粘　度：300 cps（at 60°C）

融　点：30～55 °C

外　観：白色ろう状固体

＜特　徴＞

他の感光性樹脂と共に用い，硬化物の耐熱性を上げることができるが，あまり多く配合すると硬化物全体が脆くなってしまう。

$$CH_2=CHCOOCH_2CH_2-N\underset{\underset{CH_2CH_2OCO(CH_2)_5OCOCH=CH_2}{|}}{\overset{O}{\underset{\|}{C}}}\overset{}{\underset{N}{\diagdown}}N-CH_2CH_2COOCH=CH_2$$

アロニックス M-325

粘　度：4,000 cps（at 25°C）

外　観：透明液体

＜特　徴＞

アロニックス M-315 と同じく耐熱性の硬化物を得る目的で他の感光性樹脂と共に用いることができる。やはり，多く用いると硬化物は硬く，脆くなる。

## 2.4　その他の光成形原料樹脂

アクリロイル基の数で原料樹脂を分類して代表的な構造式を示したが，その他に分類されるものにはアクリロイル基を4個以上有する樹脂とアクリロイル基を分子中に持たない全ての樹脂ということになる。種類も多く膨大な数になるが，光成形シート作製の原料としてよく使用されるものについて，その例を挙げておく。

$(CH_2=CH \cdot COO \cdot CH_2)_4C$　　　　（B.A.S.F.，新中村化学）
ペンタエリスリトールテトラアクリレート


$C-(CH_2-OCO-CH=CH_2)_4$　　　（新中村化学）
テトラメチロールメタンテトラアクリレート
NKエステルA-TMMT
外　観：淡黄色ワックス
粘　度：159 cps（at 40℃）


$\{(CH_2=CHCOCH_2)_3CCH_2\}_2O$　　　（日本触媒）
　　　　　　‖
　　　　　　O
ジペンタエリスリトールヘキサアクリレート
粘　度：6,700 cps（at 25℃）
用　途：ハードコート用材料として使用される。


＜一般構造式＞

$(CH_2=\overset{R_1}{C}-COO)_nR_2-O-\overset{O}{\overset{\|}{C}}-NH-R_3-NH-\overset{O}{\overset{\|}{C}}-O-R_2-(OCO-\overset{R_1}{C}=CH_2)_m$

　　　$R_1$：H or $CH_3$　　　$R_2$：アルコール残基　　　$R_3$：イソシアナート残基
　　　$n+m:2\sim6$

ウレタンアクリレート

イソシアナートとアルコールに何を使用するかによっていろいろの性質をもったウレタンアクリレートができる。

　アルコールとしてエチレングリコールやプロピレングリコールが使用され，イソシアナートとしてトリレンジイソシアナート，ジフェニルメタン-4,4′-ジイソシアナートを使用したものが多種類市販されている。

　市販品の多くは水に不溶であり，配合することにより光硬化後のシートに強靱性を与えるものが多い。


$+(CH_2)_5-\overset{H}{\overset{|}{N}}-\overset{O}{\overset{\|}{C}}+_n$　　　⟶　　　$+(CH_2)_5-\overset{O}{\overset{\|}{N-C}}+_n$
　　　　　　　　　　　　　　　　　　　　　　　　　　　$\overset{|}{CH_2-O-CH_3}$

## 第4章 光成形シートに使用される感光性樹脂

**$N$-メトキシメチル化ナイロン**

ナイロン樹脂のアミド結合（〜NHCO〜）の水素をメトキシメチル基で置換したもの。

置換率20％前後〜30％前後でいろいろのものが市販されている。アルコール（主としてメタノール）に溶解する。

感光性モノマーの2-ヒドロキシエチルメタクリレート，$N$-メチルアクリルアミドに可溶，溶液として他のモノマーと混合し，吸湿性のある無色透明の光成形シートをつくることができる。吸湿性は配合組成によってことなる（次項の配合例参照）。

**セルロース誘導体**

R は H, CH₃, $-(C_2H_4O)_m-H$, $-(C_3H_6-O)_n-H$ などがある。

感光性樹脂には溶解し難く，半透明，白濁するものが多い。

アクリロイル基を付加したものは感光性モノマーに溶解する。

**キトサン**

キトサンはキチン（カニ，エビなど甲殻類の外骨格を形成する多糖類）を脱アセチル化したものであり，酸に可溶である。

アクリル変成も試みられている。

**バイオエステル**

ヒドロキシ酪酸とヒドロキシ吉草酸の共重合体，融点165℃，分解温度285℃（融点，分解

温度は $n$, $m$ の比率，作り方などで異なる)。

## 3 樹脂の配合

　感光性モノマーの多くは相互に混合できるが，光硬化すると白化するものがある。したがってあらかじめ少量の樹脂を配合して光硬化してみる配慮が必要である。ポリマーの場合は相溶しないことが多く，溶解するモノマーを配合して混合する。

　溶剤や低分子の樹脂，例えばアルコールやエチレングリコール，プロピレングリコール，グリセリンなどの配合も目的に合わせて行われているが一般に，光成形シートの腰がなくなり，べたつく傾向がある。

　モノマーやポリマーの配合について，基本的な具体例を示して説明する。

　2-ヒドロキシエチルメタクリレートは多くのモノマーと相溶性があり，ポリマーもよく溶解し，安価で皮膚障害性も少なく，よく使用されている。メトキシメチル化ナイロン，セルロースのアクリル誘導体などもよく溶解する。

　ジメチルアクリルアミドも多くのモノマーと相溶性を示し，ポリマーも溶解して，ポリウレタンやセルロースのアクリル誘導体を溶解する。

　2-ヒドロキシエチルメタクリレート，ジメチルアクリルアミドは親水性であり，水を混入しても無色透明の光成形シートが得られる。またこれらのモノマーは吸湿性であるから多量に配合すると，その光成形シートも吸湿性を示し，浸水すると膨潤する。ジメチルアクリルアミドのみで作製した光成形シートは水に溶解する。

　2-ヒドロキシエチルメタクリレート，ジメチルアクリルアミドのみを光硬化したシートは脆くて吸湿性が大きく実用にならないが，2-ヒドロキシエチルメタクリレートにメトキシメチル化ナイロンを溶解し，20%の溶液として光硬化せしめた光成形シートは引張強度 130 kg/cm，伸度 130%，浸水24時間の吸水率 50% を示し，硝子や鏡に水張りできる防曇シートになる。

　ジメチルアクリルアミド100重量部に対してセルロースのアクリル誘導体を20重量部溶解し，ウレタンアクリレートを50重量部配合した光成形シートは無色透明で，引張強度 300 kg/cm$^2$，伸度 60%，24時間浸水後の吸水率 40% で感触の良い腰のあるセロファン様の無色透明のシートである。

　2-ヒドロキシエチルメタクリレートやジメチルアクリルアミドの吸水性と光硬化後の脆さを改善する一例を示せば，配合することにより柔軟性と耐水性を与える特性をもつ 2-ヒドロキシ-3-フェノキシプロピルアクリレートを配合すると吸水性が防止され，脆さも改善されたシートを作ることができる。配合比と吸水性の変化の一例を図4・1〜図4・3に示す。

# 第4章 光成形シートに使用される感光性樹脂

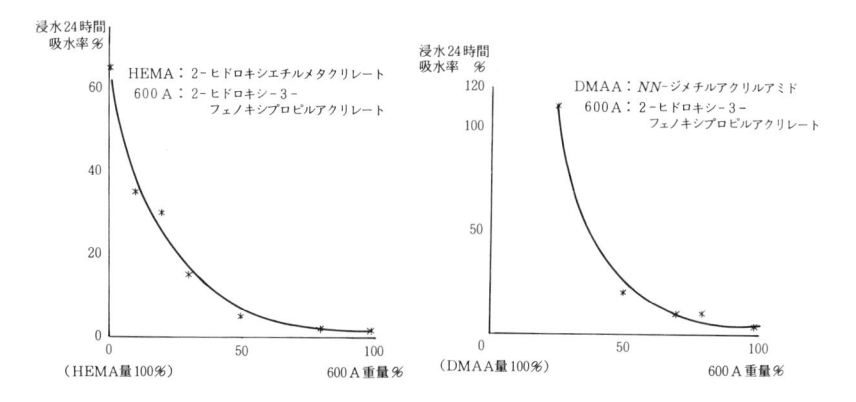

図4・1 HEMA / 600A 配合吸水率

（グラフ：縦軸 浸水24時間吸水率%、横軸 600A重量%（HEMA量100%から100まで））
HEMA：2-ヒドロキシエチルメタクリレート
600A：2-ヒドロキシ-3-フェノキシプロピルアクリレート

図4・2 DMAA / 600A 配合吸水率

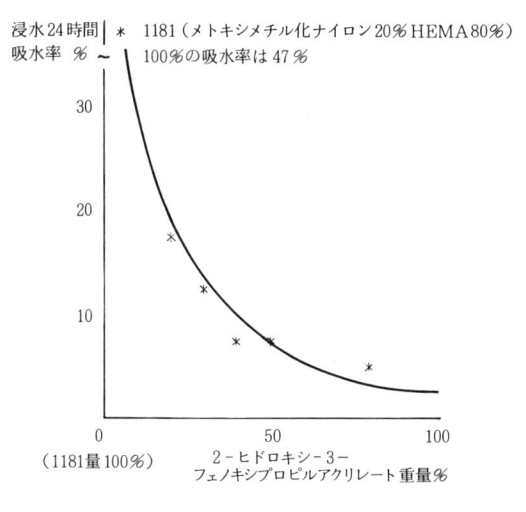

（グラフ：縦軸 浸水24時間吸水率%、横軸 600A重量%（DMAA量100%から100まで））
DMAA：*NN*-ジメチルアクリルアミド
600A：2-ヒドロキシ-3-フェノキシプロピルアクリレート

図4・3 1181 / 2-ヒドロキシ-3-フェノキシプロピルアクリレート配合吸水率変化

（グラフ：縦軸 浸水24時間吸水率%、横軸 2-ヒドロキシ-3-フェノキシプロピルアクリレート重量%（1181量100%から100まで））
1181（メトキシメチル化ナイロン20% HEMA80%）
100%の吸水率は47%

## 4 樹脂の比重と屈折率

光成形シートの製造法は，液体の感光性樹脂を流して紫外光を照射し光硬化せしめる方法である。したがって，液体から固体に変わるために体積が収縮し比重が変化する。

この体積収縮は，シートにいろいろの歪みを与える原因となり，シートの波打ち，表面凹凸，湾曲，透過光のチラツキ，失透，白化，亀裂などが発生する。

それらの現象を軽減するために，製造方法においては前記のように金属のドラムの上に感光性樹脂を流し，紫外線蛍光燈を用いて，全面均一に光を照射して，均一な光硬化を行うように配慮している。その結果，後記の物性の説明に記述されているように，光成形シートの製造時の流れ方向に対し，縦方向と横方向にそれぞれ切り出した試験片の強伸度曲線（S-S カーブ）が一致するような方向性のないシートが得ることが可能である。

樹脂の側からは，液体樹脂が光硬化して固体になるときの硬化収縮の少ない，すなわち，比重変化の少ない樹脂を選定することが求められる。

多くの液体の感光性樹脂の比重は，1.0 前後から 1.3 程度の間にあり，光硬化して固体になった場合の比重は，1.0 から 1.6 程度の間である。したがって多くの樹脂は液体から固体になる場合に 0.1～0.3 程度の比重差があり，その比重差分の体積収縮がある。比重差が 0.1 以下の場合は，光成形シートに目立つほどの歪みや大きな物性斑は発生しないようである。

いろいろのモノマーおよび配合樹脂について測定した比重の一例を示すと表4・1，表4・2のようである。

測定値は比重瓶を用いて室温（約20℃）で測定した数値である。

光硬化による樹脂の収縮はシートの変形や物性の斑の原因になるのみでなく，シート中に酵母，菌体など微生物を包埋する場合には微生物の死滅を招く場合がある。筆者の経験では光硬化時の収縮が激しいと添加した菌体が圧縮されて，

表4・1 感光性樹脂，光硬化前後の比重

| 樹　脂　名 | 光硬化前 | 光硬化後 |
|---|---|---|
| n-ブチルメタクリレート | 0.89 | 1.02 |
| エチルメタクリレート | 0.91 | 1.04 |
| メチルメタクリレート | 0.94 | 1.20 |
| ジメチルアクリルアミド | 0.96 | 1.13 |
| ネオペンチルグリコールジメタクリレート | 1.00 | 1.28 |
| 1,10-デカンジオールメタクリレート | 1.00 | 1.10 |
| PPG 200 ジアクリレート | 1.03 | 1.19 |
| 9PPG ジメタクリレート | 1.03 | 1.21 |
| 2-ヒドロキシエチルメタクリレート | 1.07 | 1.21 |
| 2-ヒドロキシエチルアクリレート | 1.10 | 1.14 |
| 9PEG ジアクリレート | 1.14 | 1.23 |
| PPG 200 ジ 2-ヒドロキシプロピルアクリレート | 1.15 | 1.19 |
| PEG 350 アクリレート | 1.15 | 1.21 |
| 2-ヒドロキシ-3-フェノキシプロピルアクリレート | 1.17 | 1.30 |
| トリス（2-アクリロキシエチル）イソシアヌレート | 1.30 | 1.45 |

## 第4章 光成形シートに使用される感光性樹脂

表4・2 感光性樹脂組成物,光硬化前後の比重

| 組成比 | | | 硬化前 | 硬化後 |
|---|---|---|---|---|
| 2-HEMA : 2-ヒドロキシ-3-フェノキシプロピルアクリレート | | | | |
| 3 | : | 7 | 1.13 | 1.28 |
| 5 | : | 5 | 1.11 | 1.26 |
| 7 | : | 3 | 1.09 | 1.23 |
| 2-HEMA : トリメチロールプロパントリアクリレート | | | | |
| 3 | : | 7 | 1.10 | 1.26 |
| 5 | : | 5 | 1.09 | 1.23 |
| 7 | : | 3 | 1.08 | 1.22 |
| 2-HEMA : ウレタンアクリレート | | | | |
| 3 | : | 7 | 1.10 | 1.24 |
| 5 | : | 5 | 1.09 | 1.23 |
| 7 | : | 3 | 1.08 | 1.22 |
| ウレタンアクリレート : 2-ヒドロキシ-3-フェノキシプロピルアクリレート | | | | |
| 3 | : | 7 | 1.15 | 1.28 |
| 5 | : | 5 | 1.13 | 1.27 |
| 7 | : | 3 | 1.12 | 1.25 |
| 2-HEMA : トリプロピレングリコールジアクリレート | | | | |
| 3 | : | 7 | 1.04 | 1.20 |
| 5 | : | 5 | 1.05 | 1.21 |
| 7 | : | 3 | 1.06 | 1.21 |
| 2-HEMA : PEG 400-ジアクリレート | | | | |
| 3 | : | 7 | 1.15 | 1.32 |
| 5 | : | 5 | 1.12 | 1.27 |
| 7 | : | 3 | 1.10 | 1.24 |

検鏡しても微生物を視認できなくなることもあった。また動植物(花,蝶の羽など)を包埋する場合においても硬化収縮によって歪みや割れなどが発生することがある。包埋を行う場合には樹脂の硬化収縮を考慮して樹脂の組成や光成形シート製造機の運転条件を決めることが必要である。

以上は光成形シートの製造において,感光性樹脂の光硬化収縮が好ましくない場合の例を説明したが,光硬化収縮が良い効果を示す場合もある。例えば,感光性樹脂液に別の液体を分散して光成形シートを作製する場合には,樹脂の光硬化収縮によって分散した液が球状の微粒子になって包埋され,美しく分散したシートが得られる。

具体的な試作例としては,液晶を球状微粒子に分散させたシート,染料の水溶液や油滴,水滴を美しく分散させたシートなどが作られている。

つぎに屈折率について述べれば,原則としては樹脂の屈折率は相加性があり計算により予測できる筈であるが,実際は,いろいろの樹脂を配合して,ポリマーを添加し,開始剤なども添加しているので予測通りにはならない。しかし,感光性樹脂を用いて光成形シートを製造して,シー

光成形シートの実際技術

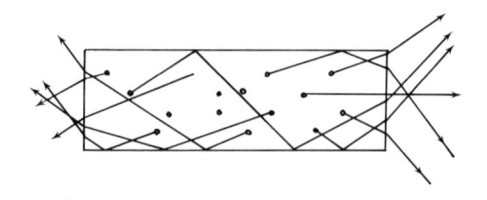

図4・4

表4・3 感光性樹脂光硬化後の屈折率

| | |
|---|---|
| 1,3アクリロキシエチル5ヒドロキシエチルイソシアヌレート | 1.5334 |
| トリメチロールプロパントリアクリレート | 1.5177 |
| 2-ヒドロキシ-3-フェノキシプロピルアクリレート | 1.5161 |
| 2-ヒドロキシエチルメタクリレート | 1.5023 |
| ネオペンチルグリコールジプロピルアクリレート | 1.4836 |
| 9PEGジメタクリレート | 1.4950 |
| 9PPGジメタクリレート | 1.4832 |
| 14PEGジアクリレート | 1.4773 |
| ダイアセトンアクリルアミド | 1.4650 |
| トリプロピレングリコールジアクリレート | 1.4381 |

　トの中にいろいろのものを包埋したり，貼合したりする場合，例えば織布，紙などを包埋する場合に樹脂の屈折率を包埋する織布や紙に合わせて透明に加工するとか，屈折率を変えて目立つようにすることなど，加工において使用する樹脂の屈折率は考慮すべき要素である。

　屈折率の高い感光性の樹脂に発光性の染顔料を混入して作製した光成形シートは，シート内の染顔料から発する光の多くが，次の図4・4のように，シート表面で全反射して，その光がシートの端（切口）に出るため，シートの周辺が光る。

　発光性の染顔料には耐熱性が低いものが多く，それらは高温に加熱，加圧する汎用の樹脂加工法には使用できないので，光成形法によるシートの利点の一つになっている（サンプル添付）。

　光硬化した樹脂の屈折率を表4・3に示す。

## 5　開始剤

　光成形シートの製造にはアクリル系の感光性樹脂を使用することは述べてきたが，アクリル系の感光性樹脂の光重合はラジカル重合であり，開始剤は光開裂型，水素引抜き型のラジカル重

## 第4章 光成形シートに使用される感光性樹脂

合型光開始剤を使用する。開始剤には紫外線を効率よく吸収して活性化することが求められるが，光成形シートの加工工場は明るい通常の室内であるから可視光線では反応せず紫外光にのみ反応するものが望ましい。また熱にも安定で貯蔵中に重合してゲル化するようなことがなく，感光性樹脂に溶解性がよく，着色せず，毒性が少なく，臭気がなく，揮発性のないものが好ましい。

アクリル系感光性樹脂のラジカル重合は酸素による重合阻害があるが，これは前記のように加工機械の設計機構によって解決されている。また重合阻害を逆に利用する加工法も前記のように実施されており欠点にはならない。ラジカル重合は分厚い樹脂でも硬化しやすいのでシートの加工には適しているといえる。

開始剤の一例を示せば，ベンゾインエーテル系（ベンゾイン，ベンゾインアルキルエーテル），ケタール系（ベンジルアルキルケタール，ヒドロキシシクロヘキシルケトン），アセトフェノン系（2－ヒドロキシ－2－メチルプロピオフェノン，$p$-$t$-ブチルジクロロアセトフェノン，ジエトキシアセトフェノン），ベンゾフェノン系（ベンゾフェノン，4,4′-ジクロルベンゾフェノン，$o$-ベンゾイル安息香酸メチル）などがある。

感光性樹脂への開始剤添加量は樹脂の配合組成と開始剤の種類によって異なることは当然であるが，通常は1％前後かそれ以下である。

感光性樹脂の加工を行う場合には一般にガラス板が使用され，光反応のために照射される紫外光の一部をガラス板が吸収してしまう。ことに300nm以下の紫外光はほとんど無効になるが，光成形シートの加工においては，加工機械の金属ドラムの上に流延された感光性樹脂を光源から直接照射する。したがって，300nm以下の紫外光も有効に使用できる。このことは，光反応を考慮し，また作業室内を明るくすることを考えて開始剤を選定する場合に自由度があると言うことである。

筆者らの選定結果ではアセトフェノン系の開始剤で2－ヒドロキシ－2－メチル－1－フェニルプロパン－1－オンなどは常温で液体，感光性樹脂に溶解性も良く，臭いもなく扱いやすい開始剤と考えている。

上記例に列記した開始剤の構造式を次に示しておく。

$$\underset{}{\text{Ph}}-\overset{O}{\underset{\|}{C}}-\overset{OH}{\underset{|}{CH}}-\text{Ph}$$

ベンゾイン

白色結晶，モノマーに溶解して添加する。融点137℃，水に不溶，アルコールに可溶。

ベンゾインアルキルエーテル

$R = CH_3, C_2H_5, i\text{-}C_3H_7, i\text{-}C_4H_9$

240 nm〜270 nm 付近に吸収帯がある。イソブチルベンゾインエーテルは液体でモノマーへの溶解性は良好。

ベンジルジアルキルケタール

$R = CH_3, C_2H_5, C_2H_4OCH_3$

固体, 250 nm〜350 nm に吸収がある。

ヒドロキシシクロヘキシルフェニールケトン

固体, 250 nm〜320 nm に吸収がある。

2-ヒドロキシ-2-メチルプロピオフェノン

$R = H \quad i\text{-}C_3H_7 \quad C_{10}H_{21}\sim C_{13}H_{27}$

液体, 溶解性良好。200 nm〜360 nm 付近に吸収あり。R＝H はメルク社, ダロキュア 1173, 使用しやすい開始剤である。

（AKZO社）

$p\text{-}t\text{-}$ブチルジクロロアセトフェノン

商品名：Trigonal

## 第4章 光成形シートに使用される感光性樹脂

PhC(O)-CH(OC$_2$H$_5$)$_2$

ジエトキシアセトフェノン

液体，モノマーに溶解性良好。240 nm〜350 nm に吸収がある。

Ph-C(O)-Ph

ベンゾフェノン

固体。240 nm〜350 nm に吸収がある。融点 48°C　沸点 306°C。

4-Cl-C$_6$H$_4$-C(O)-C$_6$H$_4$-4-Cl

4,4′-ジクロルベンゾフェノン

固体，融点 145〜147°C

o-(CH$_3$OOC)C$_6$H$_4$-C(O)-Ph

o-ベンゾイル安息香酸メチル

固体，融点 53°C

# 第5章　光成形シートの特性および応用

赤松 清[*]，藤本健郎[**]

## 1　はじめに

　感光性樹脂を用いた光成形シートの製造法は，その一連の製造工程の中でモノマーやポリマーの配合から光重合，シート成形まですべてを実施するものである。換言すれば，シートの使用目的に合せて，感光性のモノマーやポリマーを配合して光硬化せしめ，シートを作製する方法と言うことができる。

　シートの性状は，当然のことであるが，最初に配合されるモノマーやポリマーの種類，配合組成によって大きく異なる。また，光成形シートの製造は前記のように感光性樹脂を金属ドラムの上に流延して光硬化を行うもので，一般の樹脂シートの製造や繊維の製造の場合に必要とされている延伸の工程がない。したがって，縦横の方向による物性の相異が少なく，シートの製造工程の流れに沿って縦方向に切り出した試験片の強伸度曲線（SSカーブ）とそれに直角の横方向に切り出した試験片の強伸度曲線（SSカーブ）が一致するようなシートを作ることができる。延伸を行わないモノマーキャスト法であるために製造の過程で立体的な多次元の架橋を行うことも可能であり，延伸による分子配列や結晶化などもないので，シートの染色や図柄の熱転写などを行う場合も色斑のない演色性の優れたものを得ることができる。

　シート製造工程の最初がモノマーやポリマーを配合した液体であるため，染料，顔料などの混入は容易であり，また，シート製造工程は全て常温で行われるため，酵母や菌体，揮発性の物質などを混入することもできる。

　自然崩壊性の物質，例えば，キトサンやバイオポリマーなどを配合して，廃棄崩壊性のシートを作ることなども検討されている。

　光成形シートおよび光成形シート製造法の応用については未だ開発の段階のものが多いが，いろいろの市場要求への対応が考えられている。

　先に述べたように，光成形シートの製造はモノマーの配合，重合，シートの作製を一連の工程で実施するので，多品種，少量のシートでも目的に合わせて作成し，用途の探索，商品の開発な

---

[*]　Kiyoshi Akamatsu　　（財）生産開発科学研究所
[**]　Takeo Fujimoto　　積水成型工業(株)

第5章 光成形シートの特性および応用

どを比較的簡便に実施することができる。また，前記の製造機械と製造方法より考えて自明のように必要により大量のシートを生産することも可能である。

具体的な光成形シートの応用としては，光成形シートの吸水性と撥水性をシート原料のモノマー，ポリマーの配合組成で調節し，無延伸，光硬化の特徴を発揮させて歪みの少ない防曇性のシートの作製，無熱加工の特徴を生かして，揮発拡散性の香料などを添加してその徐放シートを作製することや耐熱性の低い発光染料の添加配合が可能なのでそれらを選定添加して周辺部が光るシートの作製などが行われている。

光成形シートは染色性，転写性に優れており，着色，柄付けも容易である。また，ホッパーを仕切り板で区分し，それぞれの区分域に別々の染顔料を添加することにより一枚のシートの一部を着色したり，いろいろの色に着色した多色流延シートなどを作ることも行われている。

アクリロイル基を有するモノマーは光硬化する場合に空気（酸素）に接触している部分の光硬化が妨害されて，未硬化の樹脂が粘着性を示すが，この現象を利用して，二枚のシートの貼り合わせ，金属箔，樹脂フィルムの挟み込みや貼り合わせなども行われている。この表面の硬化阻害はシートの表面にエンボス加工を行うとか，図形の圧印をするのには好都合であり，光ディスクの作製への応用などいろいろの加工に利用することが考えられている。

微生物（酵母，菌体など）を混合，包埋したシートの作製においては，新しい特殊なバイオリアクターとして検討が行われており，また繊維と屈折率を近似させた樹脂シートで，編織物を包埋して透明なFRPを作ることも考えられている。

## 2　配合する樹脂の種類および配合組成による特性とその応用

第4章に記述したように光成形シートに使用される樹脂はいろいろのものがあり，その配合組成により，シートの物性は大きく変化する。樹脂それぞれの性質と配合した時の状況を確認し，シートの使用目的に合わせて配合組成が考えられ，シートの応用先の検討が行われている。

シートの応用と樹脂の性質との関連において，基本的な問題点である耐水性，耐溶剤性，水透過性，帯電性などに影響を与える樹脂の親水性，疎水性と配合組成について，シートを作製する場合に歪みの原因となる硬化収縮について，また基本物性である強靱性，柔軟性などについて，基本的な樹脂とその配合組成に関する知見を記す。

### 2.1　水溶性，親水性，疎水性

前記のモノマーの説明で「光硬化した後も水溶性を示す」と記した樹脂，例えばアクリロイルモルホリンやジメチルアクリルアミドなどは光硬化してシートにすると無色透明のシートが得られる

が,そのシートは室温で水に溶解する。また空気中の湿気を吸収してシートは粘着性を示す。

一般に感光性モノマーの分子中にカルボキシル基やヒドロキシル基を有するものは親水性があり,浸水膨潤性を示す。またエチレングリコールを主体とするモノマー,例えば,ポリエチレングリコールのアクリレートも親水性を示し,エチレングリコールをプロピレングリコールに置き換えると親水性は低下する。具体例で示すとヒドロキシエチルメタクリレートの光成形シートは室温で浸水24時間後の重量増加（吸水）率は約65％であり,ヒドロキシプロピルメタクリレートの場合は約25％,ヒドロキシブチルメタクリレートの場合は約10％である。また,ポリエチレングリコール400のジアクリレートを光硬化成形したシートの室温24時間浸水後の吸水率は約25％を示し,ポリエチレングリコール400の両端にクエン酸を反応せしめたエステルの両端にアクリロイル基を付加したジメタクリレート（カルボキシル基を有する）を光成形したシートの24時間浸水吸水率は約25％であり,さらにこの樹脂のポリエチレングリコールをポリプロピレングリコールに置き換えた樹脂の吸水率は約10％である。

疎水性のシートを作るモノマーとしては,分子内にベンゼン環や比較的長いメチレン鎖を有するものなどがある。例えば,前記モノマーの項に記した,1,10－デカンジオールメタクリレートの光成形シートの室温24時間浸水後の吸水率は0％であり,トリメチロールプロパントリアクリレートの場合は約5％,2－ヒドロキシ－3－フェノキシプロピルアクリレートの場合は約3％を示している。

これらのモノマーの組み合わせにより,シートの使用目的に合わせて親水性,疎水性の調節を行い,また水溶性のシートの作製をすることができる。

例えば前記でメトキシメチル化ナイロンの2－ヒドロキシエチルメタクリレート溶液を光成形したシートの吸水性が2－ヒドロキシ－3－フェノキシプロピルアクリレートの添加量にしたがって低下することを示したが,吸水性の無いウレタンアクリレートに2－ヒドロキシエチルメタクリレートを添加して光成形するとシートに吸水性を付与して帯電性をおさえることができる。ジフェニルメタン4,4'－ジイソ

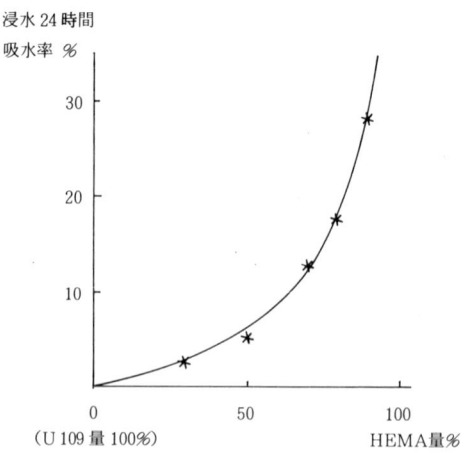

図5・1　U 109／HEMA配合吸水率

U 109 ： ジフェニルメタンジイソシアナート・
　　　　ポリエステルジオールウレタンアクリレート
HEMA ： 2－ヒドロキシエチルメタクリレート

シアナートとポリエステルジオールを用いて合成されたウレタンアクリレートに2-ヒドロキシエチルメタクリレートを添加して光成形シートを作製して室温浸水24時間の吸水率（吸水重量増加率）を測定した結果は図5・1のようである。

## 2.2 モノマーの光硬化収縮

光成形シートの作製は液体の樹脂を光で硬化して固体化するものであり，液体が固体になるために硬化収縮がある。硬化収縮はシートの湾曲，歪み，亀裂などの原因になる。光硬化による収縮を光硬化前後の比重の差でみた場合，多くの樹脂は比重が1.0～1.5程度で，光硬化前後の比重差が0.1～0.5程度である。

光硬化収縮を防ぐためには，液体の原料樹脂と光成形された固体樹脂との間で，比重の変化が少ない配合組成を見出すことが必要である。

原料樹脂の配合組成と光硬化収縮の関係は配合したモノマーの光反応状況によって左右され，同じ樹脂の組み合わせでも，その配合量の割合い，配合の組成によって，光硬化収縮の状況が異なる。したがってモノマーの構造や配合組成から光硬化による収縮を予測することは困難であり，実験の積み重ねによる経験的判断に頼ることになるが，ポリマーを配合すると光硬化収縮が少なくなることが多く，ポリウレタンのアクリレートやセルロースのアクリル誘導体を配合した場合に光硬化収縮の少ない樹脂組成物が得られることが多い。

一例を示せば2-ヒドロキシプロピルアクリレートの光硬化前後の比重は1.026と1.161で比重差は0.135あるが，ウレタンアクリレートを30％配合した場合は1.051と1.164で比重差は0.113になり，さらにウレタンアクリレートを50％配合した場合の光硬化前後の比重は1.070と1.173で比重差は0.103になる。

光硬化前後の比重差が0.1以下の場合は一般に成形物の歪みは少なく，実用上問題は起きないように思われるが，比重差が0.1以上になると歪みが問題になることが多い。

光成形シートの製造においては，樹脂を金属ドラムの上に流延して光硬化を行うために，樹脂の光硬化は金属ドラム面に仮接着される状態で進行し，また光源も蛍光燈を使用して急速な光硬化を避けて硬化収縮を厚みの方向に吸収しているので光成形シートの厚みは薄くなるが，大きな歪みをシートに与えることが少ない。

## 2.3 樹脂の配合と強靭，柔軟性

原料モノマーの配合組成によって，光硬化後のシートの強靭性や剛直，柔軟性など物性が異なることは当然である。

感光性樹脂モノマーの配合組成と光成形シートの強靭，柔軟特性についてその傾向を述べれば，

ウレタンのアクリレートを配合する場合は強靭な引裂きに強い光硬化シートが得られることが多く、アクリルアミドの誘導体を配合すると吸水性があり、シートの表面に粘着感がでる。シート表面に乾燥感を出すにはセルロースのアクリル誘導体を配合すると効果がある。しかしセルロースのアクリル誘導体はシートを堅く脆くする傾向がみられる。シートを柔軟にするにはフェノキシエチルアクリレート、エチレングリコールのアクリレート、プロピレングリコールのアクリレートなどの配合が効果を示すことが多い。グリコールのアクリレートは前記のように親水性を示すのでシートの帯電防止性付与などの目的で積極的に添加する場合は別として、多量に添加すると吸湿により表面粘着性を示す。

　ポリマーを配合すると、そのポリマーの特性が光成形シートに加えられ、いろいろの良い特性を合わせもったシートを製造することができると考えられるが、ポリマーには感光性のモノマーに溶解し難いのが多く、またモノマーに溶解しても光硬化する時に分離するものが多い。感光性モノマーとかなりの濃度で自由に相溶するものを見出すことが最初の条件になる。メトキシメチル化ナイロン、ポリスチレン、ポリウレタンなどは感光性のモノマーに比較的よく溶解し、2－ヒドロキシエチルメタクリレートやジメチルアクリルアミドなどに溶解して、いろいろのモノマーと配合することも可能で、強靭性、柔軟性、弾性、親水性、疎水性などの物性を配合組成によって調節することができる。また前記のセルロースのアクリル誘導体はジメチルアクリルアミド、2－ヒドロキシエチルメタクリレートに溶解し、30％以上溶解するものもあり、メチルアルコールに可溶で、メトキシメチル化ナイロンの2－ヒドロキシエチルメタクリレート溶液に溶解してメトキシメチル化ナイロンと共存させることもできる。

　無色透明で強靭、あるいは柔軟な光成形シートをつくる配合組成について、二、三の具体例を示せば、ウレタンのアクリレート（いろいろの市販品がある）と2－ヒドロキシエチルメタクリレートの配合で2－ヒドロキシエチルメタクリレートをウレタンのアクリレートに対して同量から3倍量位まで混入して光成形シートを作製すると無色透明で強靭なシートが得られる。配合組成と市販のウレタンアクリレートの選定種類にもよるが、引張り強度、$200 kg/cm^2$～$350 kg/cm^2$、伸度50％～300％のシートが得られる。ウレタンのアクリレートは一般的であまり高価ではなく、2－ヒドロキシエチルアクリレートはアクリル系の感光性モノマーの中で皮膚障害も少なく、最も安価なモノマーの一つであり、強靭で無色透明な光成形シートの価格も市場に流通する商品の範囲内に入るものである。さらに、このようなシートの柔軟性、親水性、疎水性などを調節するためには、2－ヒドロキシエチルメタクリレートの一部を前にいろいろと記述した樹脂で置き換える、別の樹脂を添加するなどして試作を繰り返してみれば目的に合った光成形シートを得ることができる。

## 3 光成形法によるシートの特性とその応用

第3章の最後のところで,光成形シートの製造方法の特徴を整理した。また第4章では用いられる感光性樹脂の概要について述べた。この製造方法の特徴が,感光性樹脂の持つ固有の特徴によってさらに増幅されるので,生産されるシートは,従来のフィルムやシートからはかなり違ったものになる。

まず表5・1に新製造方法の特徴と可能性についてまとめてみた。以下このような特徴を有する製造方法からどのような特性を持ったシートが造れるかについて考えてみたい。

表5・1 製造方法の特徴が製品,製造装置に及ぼす可能性

| 成形法の特徴 | 製品に及ぼす可能性 | 製造装置に及ぼす可能性 |
|---|---|---|
| ○光成形 | ○多種類の配合物をシートにできる。即ちニーズに応じ自由にシートの特性を造り出せる<br>○成形と硬化が同時に進行するので,多官能基のモノマーやオリゴマーを用い架橋型のポリマーにすることもできる<br>○簡単に多色シートができる | ○スタート,ストップが簡単で,小ロット多品種生産に向いている<br>○スタート,ストップに伴う材料ロスが少ない<br>○耳端部のトリミングロスが少ない<br>○溶剤を用いないので,回収装置が不要<br>○省エネの操業ができる |
| ○キャスティング成形 | ○厚み精度,平滑性,光沢性において最も優れたシートができる<br>○金属表面上で硬化成形するので物性バランスのとれたシートができる<br>○両面キャスティングのラミネートができる | ○硬化に要するパスはせいぜい1〜2mであり,溶剤を用いる通常のキャスティング装置と比較するとずっとコンパクトになる |
| ○低粘度成形 | ○微細なエンボスを施したシートができる<br>○着色むらのない鮮明な透明色物シートができる<br>○沪過,脱泡により異物,気泡のないシートができる | ○押出機不要,ギヤーポンプでコーティングヘッドへ直接供給できる |
| ○低温度成形 | ○香料,サルチル酸メチルエステル等揮発性有効成分を混入したシート<br>○生体(微生物,種子等)を混入したシート<br>○高温度では分解する物質を混入したシート<br>○高温度ではできない基材とのラミネート | ○熱源を使わないので環境温度を上げない<br>○設備がコンパクトで発熱体がないのでクリーンルームでの生産に適している |

### 3.1 光成形

この方法の最も大きな特徴は,感光性樹脂を用いて紫外線で硬化させながらシートを造るところである。その他の特徴は,むしろこの手段でやることを決めたことによって,付随してくるも

のだと考えてもよい。

　前章で述べたように，光成形シートに使用できる感光性樹脂は様々である。しかも，これらの樹脂は既にコーティングや塗料，印刷インキ，等にも広く使われているものである。しかも常温で液状を呈するモノマーを溶剤にして，それにオリゴマーやポリマーを溶解したり，あるいは分散させたりした配合物を考えると，無限に広がる可能性を持っている。今この装置にかかる感光性樹脂組成物の成分系を考えると，次の三つに要約される。

　イ）オリゴマーとモノマー

　ロ）官能基を有するポリマーとモノマー

　ハ）ポリマーとモノマー

　要は，常温ないしはマイルドな加温で水飴程度の粘性があればよい。したがって，ロ），ハ）の場合，溶解型で適当なモノマーがなかったり，あるいは，解けても粘度が非常に上昇するような場合には，分散型配合系を考えることも可能である。

　さらに，これらに多官能基のモノマーやオリゴマーを組み合わせると，分子が架橋構造を形成し光硬化法ならではの特徴を出せるのではないかと思われる。

### 3.1.1　水溶性，親水性，疎水性のシート

　アクリル系の感光性樹脂のなかにはウレタンアクリレートのように疎水性のものもあるが，親水性，水溶性のものは結構多い。例えば，2－ヒドロキシエチルメタクリレート，2－ヒドロキシエチルアクリレート，$N$－メチルアクリルアミド，$N,N$－ジメチルアクリルアミド，$N,N$－ジメチルアミノエチルアクリレート，アクリロイルモルホリン等である。これらの単独ないしは混合物の硬化生成物は，いずれも水によって膨潤したり溶けたりする。

　また，官能基を有するポリマーとして，セルロースのアクリル誘導体，官能基を持たない通常のポリマーとして，$N$－メトキシメチル化ナイロン，キトサン等が配合系のなかに取り込めるので，これらを上記の感光性樹脂と適宜組み合わせてシートにすることができる。

　例として，$N$－メトキシメチル化ナイロンとHEMAの組成物よりなるシートについて説明する。ナイロン6をメタノールに溶解し，ホルムアルデヒドと反応させると，$N$－メトキシメチル化6ナイロンができる。この物はHEMA（2－ヒドロキシエチルメタクリレート）に淡黄色透明に溶解し，約80℃に昇温した20％溶液が手頃の粘度となる。したがって，常温ではやや固めの寒天状を呈する。最近の研究で，ナイロン12を用いた$N$－メトキシメチル化12ナイロンはHEMAに対し常温で溶解し，約25％の濃度で丁度手頃な粘度になり常温成形できることがわかった。いずれも硬化したフィルムは優れた透明性を示す。親水性を有し，水に漬けておくとセロファンのように膨潤する。エチレングリコールや水を混入した状態で硬化膜を形成させることもできる。また，硝子によく接着する。テストマシンでシート化しやすい$N$－メトキシメチル化12ナ

イロンをHEMAに溶解した組成物をシートに成形し，物性を測定した結果を 表5・2 に示す。

親水性があって硝子によく馴染むところから，モデルマシンで成形したシートを水で表面をぬらしながら余分の水を扱くようにして硝子に貼ってみると，強い接着力ではないが剥がれずについている。そして防曇性のあることがわかった。まだまだ改良すべきところもあるが，このシートの有する特性の一つであろう。

今一つ，ウレタンアクリレートとHEMAとの組成物を硬化成形したシートの例を見てみよう。ウレタンアクリレートはB社のものを用いた。耐候性の良いB社のウレタンアクリレートとHEMAを2：1の割合で配合したものは，粘度も約6,000センチポイズと手頃であり，かつ物性値も優れているので成形も容易であった。表5・3はモデルマシンで成形したシートの物性値を示したものである。このものは疎水性で，常温付近の感触は，準硬質と言った感じであるがガラス転移温度からもわかるように，雰囲気の温度を上げていくと，急速に柔らかくなるが溶け出すことはない。したがって，180℃の温度でもよく耐えて転写捺染印刷をすることができる。これは生成したポリマーの重合度はあまり高くはないが，ウレタンアクリレートの官能基が二つあるので，部分的に架橋構造を形成しているためと思われる。このようなシートを通常の押出成形で製造することはできない。

表5・2　シート物性値

（N-メトキシメチル化12ナイロン／HEMA）

| 試験項目 | 方向 | 測定値 | 測定方法 |
|---|---|---|---|
| 引張強さ | タテ | 122 kg/cm² | JIS K 6781 |
|  | ヨコ | 118 kg/cm² |  |
| 伸び | タテ | 138 % | 〃 |
|  | ヨコ | 137 % |  |
| 引裂強さ | タテ | 85 kg/cm | 〃 |
|  | ヨコ | 80 kg/cm |  |
| 硬さ | — | 60 HDD | JIS K 7311 |
| 反発弾性 | — | 30 % | 〃 |
| 表面抵抗 | — | $4.2 \times 10^{11}$ Ω | JIS K 6911 |
| 全光線透過率 | — | 91.3 % | JIS K 6745 |
| ガラス転移温度 | — | $T_{ig}$ −19.1℃<br>$T_{mg}$ −12.8℃<br>$T_{Eg}$ −6.8℃ | JIS K 7121 |

表5・3　シート物性値

（ウレタンアクリレート／HEMA）

| 試験項目 | 方向 | 測定値 | 測定方法 |
|---|---|---|---|
| 引張強さ | タテ | 245 kg/cm² | JIS K 6781 |
|  | ヨコ | 258 kg/cm² |  |
| 伸び | タテ | 74 % | 〃 |
|  | ヨコ | 77 % |  |
| 引裂強さ | タテ | 70 kg/cm | 〃 |
|  | ヨコ | 65 kg/cm |  |
| 硬さ | — | 70 HDD | JIS K 7311 |
| 反発弾性 | — | 53 % | 〃 |
| 表面抵抗 | — | $1.0 \times 10^{17}$ Ω以上 | JIS K 6911 |
| 全光線透過率 | — | 92.3 % | JIS K 6745 |
| ガラス転移温度 | — | $T_{ig}$ 15.5℃<br>$T_{mg}$ 26.1℃<br>$T_{Eg}$ 36.4℃ | JIS K 7121 |

### 3.1.2　強靱，柔軟，硬質の配合

A社のウレタンアクリレートもHEMAに溶ける。ところで，HEMA単独の硬化皮膜は非常に

脆くてシート成形能はまったく無いが，A社のウレタンアクリレートを重量比率で等量配合した溶液の硬化皮膜は強靱である。つまりHEMAの脆さを完全に消してしまう。しかし，B社のウレタンアクリレートで同じ濃度となると，先にあげた例よりはさらにHEMAの配合比率が多くなるので，シートはより硬質になる。

図5・2および図5・3は，A，B二社のウレタンアクリレートの混合比率を変え，それぞれHE

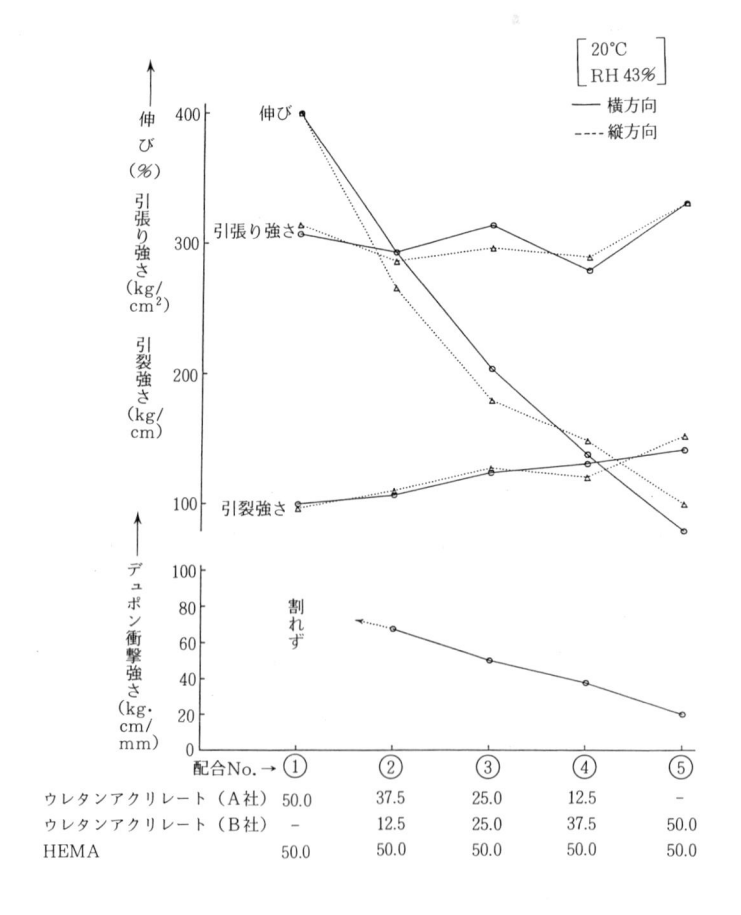

| 配合No.→ | ① | ② | ③ | ④ | ⑤ |
|---|---|---|---|---|---|
| ウレタンアクリレート（A社） | 50.0 | 37.5 | 25.0 | 12.5 | － |
| ウレタンアクリレート（B社） | － | 12.5 | 25.0 | 37.5 | 50.0 |
| HEMA | 50.0 | 50.0 | 50.0 | 50.0 | 50.0 |

図5・2　配合組成と諸物性の関係（巻末サンプル参照）
（ウレタンアクリレートHEMA系）

第5章 光成形シートの特性および応用

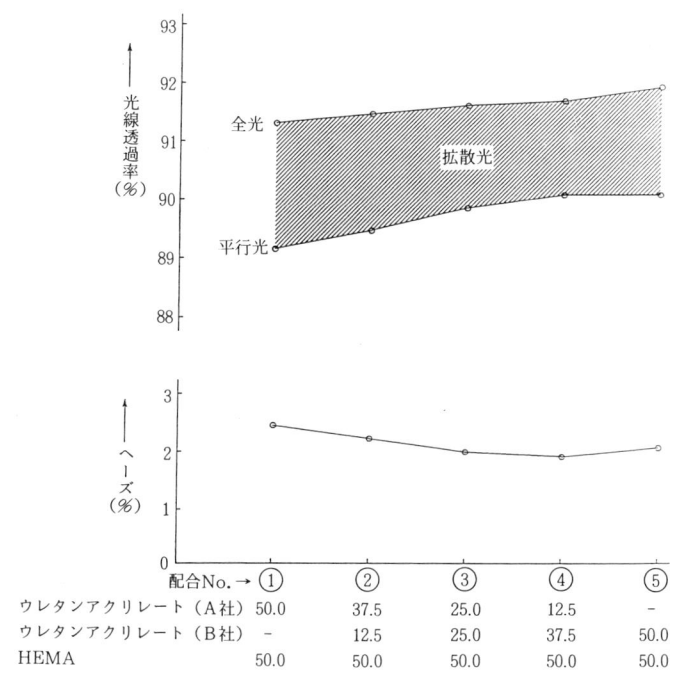

| 配合No.→ | ① | ② | ③ | ④ | ⑤ |
|---|---|---|---|---|---|
| ウレタンアクリレート（A社） | 50.0 | 37.5 | 25.0 | 12.5 | - |
| ウレタンアクリレート（B社） | - | 12.5 | 25.0 | 37.5 | 50.0 |
| HEMA | 50.0 | 50.0 | 50.0 | 50.0 | 50.0 |

図5・3　配合組成と光透過性（巻末サンプル参照）
（ウレタンアクリレートHEMA系）

MAの50%溶液としたものをシートに成形し，その比率に対する物性値の変化を見たものである。左から右の方へB社の濃度が濃くなるように配列してある。どの物性値においても，二つのウレタンアクリレートの持っている特性が，それぞれの濃度によって強調されたり，薄められたりして変化している様子がよくわかる。ついでに，耐候性のテストもしてみたが，黄変しやすいA社の方の濃度が薄まるにつれて，供試サンプルの着色度合がよくなっていく様子も明らかに観察された。特性の異なる同族の樹脂を混合して，このように物性値をコントロールできるのも光成形の面白い特徴だと思う。

　以上の例からもわかるように，ウレタンアクリレートは光硬化皮膜に強靱性を付与するためには欠かせない樹脂の一つと考えられるが，これに対応させるモノマーを適宜選択することによって，柔軟にしたり，ゴム状にしたりすることができる。図5・4は靱性にはより優れているA社のウレタンアクリレートを用い，表5・4に示した配合で，実験室的な方法で作製したサンプルの強伸度を測定し，S-S曲線として表現したものである。配合によって，硬くて粘り強いもの

## 光成形シートの実際技術

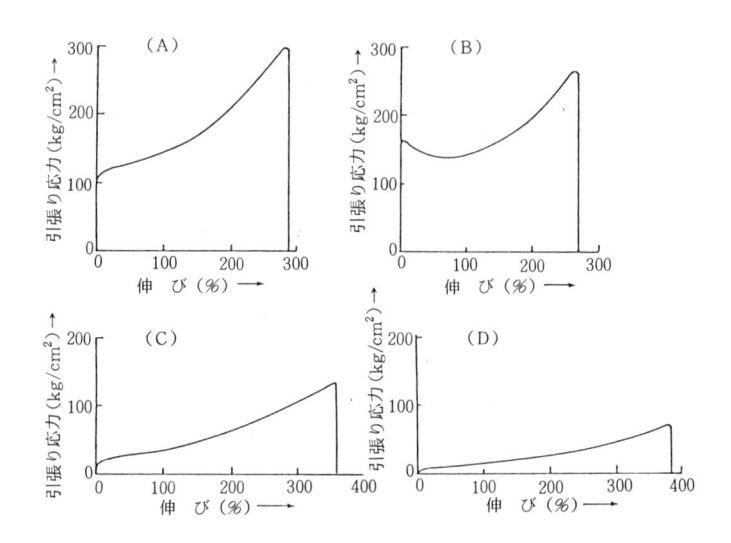

図5・4 ウレタンアクリレート系光硬化シートのS-S曲線

A, Bが, 柔らかくて伸びのあるものC, Dへと変化していくのがよくわかる。しかもS-S曲線が右上がりのカーブ, つまり伸び切ったところにピークの応力の現れる特徴が見られた。ポリ塩化ビニルにおける可塑剤とはまた違った機構によって, このような物性を発現し得ることは実用上興味あるものと考える。

表5・4 ウレタンアクリレート系配合組成

| No. | ウレタンアクリレート (オリゴマー) | 2-ヒドロキシエチルメタアクリレート | N, N-ジメチルアクリルアミド | ジメチルアミノプロピルアクリルアミド |
|---|---|---|---|---|
| A | 10 | 5 | 5 | |
| B | 10 | 5 | 10 | |
| C | 10 | 5 | 5 | 5 |
| D | 10 | 10 | | 10 |

硬質塩化ビニルや, 写真のフィルムに使われているセルローストリアセテートのように硬質のシートを得たい場合には, 単純にウレタンアクリレート／HEMA系のHEMAのウエイトを高めるだけでは駄目である。シートは硬くなってもHEMAの影響によって, 非常に脆いものになってしまう。このような場合, 配合系では3.1項のロ) に当るが, 官能基を持ったポリマーの使用は有効である。例えば, セルロースのアクリル誘導体などをモノマーに溶解して添加する方法などが有効である。

## 3.2 キャスティング成形

キャスティング成形という製法上の特徴が得られるシートの特性の上に最も反映されるのは，まず厚み精度，表面の平滑性，光沢性等，シートに対し非常に優れた外観特性をもたらす点である。次に，金属ロールまたは金属バンド上で成形されるので，歪みのないシートの得られるところである。

外観特性に及ぼす反映については，小さなモデルマシンで立証できるような事柄ではない。むしろ今まで種々述べてきたことから容易に類推して頂けるものと思う。したがって，ここでは後者の強伸度特性について説明する。

### 3.2.1 光成形シートの強伸度特性

単なるTダイ押出成形法におけるフィルムやシートの成形においては，延伸法のように強制的にフィルムを延伸するようなことはないが，金型から溶融した樹脂を引っ張り出す時に，長手方向に応力がかかってしまう。したがって，これらの加熱収縮率を調べてみると，縦方向には縮むが横方向には伸びる現象がみられる。また，インフレーション法は既に見たように，バブルに空気を送り込んで張力を与えながら成形しないとフィルムを造ることができないのだから，フィルムの縦方向にも横方向にも歪みができてしまう。当然加熱収縮は，縦，横方向ともにみられる。加熱収縮が発生するのは，その温度において分子の配列が本来の状態に戻ろうとするからであって，好きにさせないためには少なくともその温度でそれを凍結してしまう必要がある。そこで，これらの成形法で造られた熱可塑性フィルムは，熱収縮することが不都合な場合にかぎり，アニーリングと呼ばれる処理をされることになる。アニーリングはフィルムをやや弛緩させて固定した状態で，そのフィルムが保証したい耐熱温度より少し高めの温度に加熱し弛緩を吸収せしめそのまま冷却しセットする，といった方法で行われる。

加熱収縮性は，このアニーリングによって実用上問題のないようにすることができるが，縦，横方向の物性値のバランスをとることはそれほど簡単ではない。インフレーション法におけるブローアップ比のバランスをとるか，二軸延伸法における縦，横の延伸倍率のバランスをとるかいずれかの方法であろう。

ところが光成形シートの場合は，キャスティング法を採用しているので，本質的に成形歪みのないシートができる。既に図5・2にA，B 二社のウレタンアクリレートを比率を変えて混合し，それぞれを50％のHEMA溶液とした5種類の組成物より光成形したシートの縦，横方向の強伸度の値をプロットし図で示したが，それと同じデーターを用いてS-S曲線として表現したのが図5・5である。図において実線は縦方向を，破線は横方向をそれぞれ示したが，両者を合わせてみると，どのシートの場合においても縦と横がほとんど重なりあって見える。これは明らかに成形時の平面方向に対する張力を受けていないことを示している。感光性樹脂は一般に硬化に際

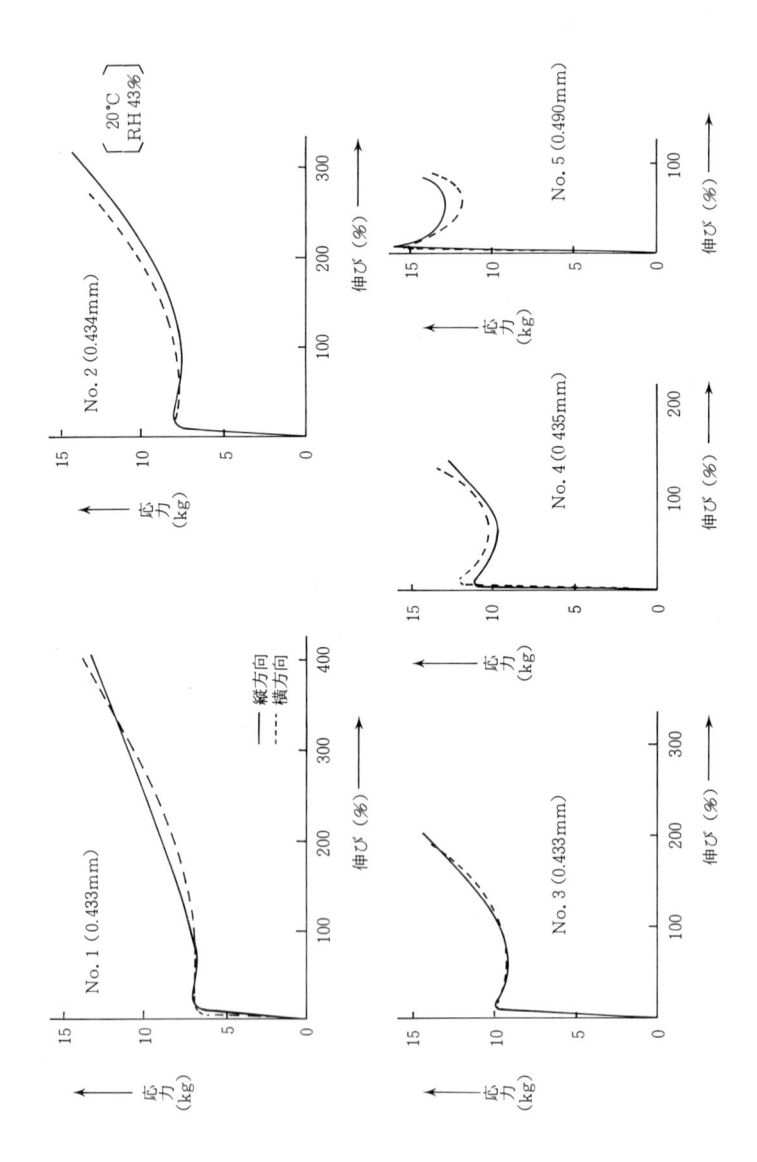

図5・5 特性の異なる2種のウレタンアクリレート／HEMA系のSS特性（巻末サンプル参照）

して収縮する。基材にコーティングするような場合には，それがカールの原因になったり，あるいは基材との間にずれ応力として働いて接着不良の原因になったりする。しかし，キャスティング法で光成形する場合には，金属面上で固定された状態で硬化するので，収縮は一方的に厚み方向へ集中するものと思われる。

## 3.3 低粘度成形

低粘度成形が，得られるシートの特性にどのような反映をもたらすかについては既に表 5・1 にまとめたが，その主だったところを説明する。

### 3.3.1 微細なエンボス加工が可能

この成形法においては，樹脂液が直接金属ロール上に流延される場合と，未硬化面が第二ロールに接する場合とキャスティングのされ方に二つのケースがあるが，いずれの方法にしても粘度が低いのでロールの表面に刻まれた微細なエンボス模様を克明に拾い上げてくれる。鏡面ロールであれば，ロールの研磨斑が見えるほどである。また，常温で成形するので，プラスチックのエンボスシートを第二ロールに巻き付けて，未硬化面をエンボス硬化させてみたが離型性を保たせる条件さえ与えてやれば加工できることがわかった。問題は，エンボスの溝から入り込む微細な気泡をどのようにして完全に排除するかである。これをうまく解決できれば，光成形法でコンパクトディスクの連続成形も不可能ではないと考えている。

### 3.3.2 着色性

粘度が低いのは，配合組成として低分子量で溶剤の役割をするモノマーが含まれているからである。このような組成物は，インキや塗料の配合と同じようなものなので，染・顔料を取り込みやすい。しかし，紫外線を吸収しやすい色料を用いたり，色料の濃度が濃すぎると硬化を阻害するので，使用には当然限界がある。

今一つおもしろい活用の仕方に，同時多色成形がある。前にも述べたように，この程度の粘度に最も適しているコーティングの仕方はコンマコーターかホッパー方式かのいずれかである。コンマコーターを用いて，コーターと背面仕切板の間を適宜仕切って二部屋にし，それぞれ色の違った樹脂液を流して二色シートを成形したことがある。仕切りをコーターのリップの先端までのばしてやると，色の境界の鮮明なシートができる。これを押出法でやるとなると大変である。押出機が二台いるし，金型も特別のものを作らねばならない。この方法でやれば原理的には仕切の数をふやしてやれば，ごく簡単に多色シートが造れることになる。

### 3.3.3 ラミネート

この方法では，もちろん金属面に基材を供給してその上に樹脂液を流延する方法もできるのであるが，それよりも図 3・8 に示した h の位置から供給するのがずっと好ましい。図において，

(A)，(B)どちらのケースにしてもシートは既に大半硬化し，わずかに残った未硬化面を接着剤として使用するので，硬化収縮に伴うカールの発生の心配はいらない。また，紙や不織布などの繊維質の基材を用いた場合においても，粘度が低いので繊維の間にしみこんで硬化し，安定した複合シートが得られる。また，特に(A)の方法による複合シートは両面がキャスティングで成形されているので，非常に優れたものができる。

### 3.4 常温成形（揮発性物質の添加）

常温，あるいはそれに近い低い温度でシートを造る方法は今までになかったものである。この特徴も表5・1に示したように得られるシートにいろいろな可能性をもたらしてくれる。

最近香料入りのプラスチック製品を時々見かけることがあるが，押出成形で造る場合には，熱がかかるので香料のような揮発性物質の混入は大変な難題である。そこで製造後の徐放性付与という狙いも兼ねて，シクロデキストリンなどに目的の香料をあらかじめ包接しておき，それをペレットに混ぜて成形されているようである。また，印刷や，コーティング，ラミネートと言った二次加工を経て製品になっているものについては，インキやコーティング剤，接着剤などに香料を混ぜておく方法もある。しかし，いずれの方法にしても，製造過程で熱や溶剤を伴うような条件は，揮発性成分にとっては非常に厳しいものに違いない。

しかし，この光成形の場合は常温成形であり，成形時にはまったく問題はない。あえて言えば，成形前の脱泡工程で香料がとんでしまわないかと言うことが心配されたが，実際にやってみると，ほとんど問題にはならなかった。いずれにしても，ごくわずかの添加量なので，なるべく目的の配合物によく溶け，分散してくれることが前提である。今まで多くの香料を混ぜてシートを造ってみたが，その主なものは，スーリール（柑橘系，至誠堂），レモンの香り（車用），バラの香り，森林浴（BGM 8637，高砂香料），鈴蘭の香り（BGM 8638，高砂香料），それにこれは香料ではないが，サルチル酸メチルエステル等である。なかには約一年程前に試作したものもあり，まだ香りが残っている。たぶん，モノマー，オリゴマーの留香効果，光成形シートの包括徐放効果などがあるものと考えられる。

### 4 微生物の配合

微生物の配合は，酵母の固定やいろいろの微生物を包括する場合に行われる。

酵母や菌体などは，一般に熱や溶剤に弱いので無溶剤，光硬化で熱を使用しない感光性樹脂加工の特徴が利用されている。

加工の実施に当たっては，光硬化反応時の熱に注意しなければならない。一般の熱成形樹脂の

## 第5章 光成形シートの特性および応用

ような加熱をする工程はないが,光源よりの副射熱や樹脂の反応熱が微生物に影響を与える場合もある。したがって,光源には副射熱の少ない蛍光燈を使用し,穏やかな光反応を行う。また樹脂も反応発熱の大きいものは避けるようにすることが必要である。

樹脂の選定や配合組成は,配合される微生物の状態,使用目的などによって異なるが,微生物は水を必要とするものが多く,また微生物を感光性樹脂に配合する場合は水溶液の培地と共に混合されるので,使用する感光性樹脂は親水性で微生物と培地の水溶液を均一に溶解分散することが必要である。またエチレングリコール,ポリエチレングリコール,グリセリンなど,微生物と培地を安定に包括するための添加剤などが混合されることもある。

微生物を利用する反応においては,原料である炭素源,換言すれば微生物の餌を樹脂に包括された微生物のところまで到達せしめ,微生物が変換した製品を外に取り出すこと,微生物を繁殖せしめて反応活性を高めると共に,活性の維持も図らなければならない。そのためには,包括する樹脂は微生物の炭素源と生産品が自由に通過するものであり,微生物を脱出せしめず,また微生物の活動を妨げない樹脂膜を作製するような樹脂を選定し配合する。樹脂の選定,配合法に一般的な法則はないが,前記の親水性モノマーを主体として成形シートが適当な吸水性をもつように微生物の状態に合せて設計する。実験を繰り返して樹脂の配合組成と微生物の増殖状態などを検討して樹脂組成の選定が行われている。

具体的な一例を示せば,メトキシメチル化ナイロンと2-ヒドロキシエチルメタクリレートを重量比で20対80に配合して80℃の温度で溶解混合し,開始剤として2-ヒドロキシ-2-メチル-1-フェニルプロパン-1-オンを1％添加した樹脂液を40℃に放冷した後,菌体(枯草菌)と培地(水溶液)を重量比で10％添加して混合し,無色透明液になるのを確認して後,厚さ120ミクロンのポリエステルフィルム2枚の間に挟み,それをさらに2枚のガラス板の間に挟んで圧着,シート状に圧延してケミカルランプ(紫外線蛍光燈)を用いて紫外光を照射し,菌体と培地を包埋した無色透明の光成形シートを作製することができる。このシートは無色透明であり,菌体の増殖をそのままで検鏡することが可能である。

上記は一例であるが,前記の樹脂の説明に記したように,アクリルアミド系の樹脂,カルボキシル基を有するアクリレートやメタクリレートなどを使用し,また親水性のポリマーなどを適宜配合して微生物の包埋固定を行うことが可能である。

親水性の樹脂シートは水膨潤した場合に強度が低下するものが多いが,微生物の固定包埋使用の用途で強度が不足する場合は紙,不織布,ガラス繊維,編織物などを入れて補強することも行われている。この場合は樹脂と補強材との接着状態や水膨潤した場合の亀裂,剥離などが問題になるが,筆者等の経験ではウレタン繊維の不織布やガラス繊維の混入などがよい結果を示したことがある。用途が多岐に亘るので一概に決めることはできない。

## 5 バイオポリエステルの添加加工

　微生物の力(作用)を利用していろいろのものが作られているが,最近,注目されているものの一つにバイオポリエステルがある。

　微生物によって糖類からアルコール(酒)が作られることは周知であるが,微生物の中にはポリエステルを作るものもある。

　微生物が作るポリエステルの特徴は,生物分解性や生体適応性があることであり,最近,廃棄公害が大きな問題になって,バイオポリエステルの自然崩壊性が注目されている。また人工皮膚や医療縫合糸など生体適応性のあるシートやフィルム,糸などの開発が活発で,微生物による生合成ポリマーの応用開発に関心がもたれている。

　生合成ポリマーは現在のところ研究の段階で,生産量が少なく,価額も高く,従来の樹脂加工法を応用した加工方法の適応や従来の樹脂,例えばポリエチレン樹脂,ポリプロピレン樹脂,ポリ塩化ビニール樹脂などに配合して加工する検討などは行われておらない。

　微生物のつくるポリエステルとしては,3-ヒドロキシブチレートのポリマー(下式)が知られているが,

$$[-O-\underset{}{\overset{CH_3}{\underset{|}{CH}}}-CH_2-\underset{O}{\overset{}{\underset{\|}{C}}}-]_n$$

3-ヒドロキシブチレートのポリマー

このポリエステルは溶剤がクロロホルムであり他のほとんどの溶剤に溶解しない。しかし,微生物の生合成機能の解明と利用の研究により,微生物の種類,炭素源(微生物に与えるえさ)の組み合わせにより,いろいろのポリマーができることが分かってきた。

　ヒドロキシブチレートとヒドロキシバリレートを共重合した形のバイオポリエステル(下式)

$$[-O-\overset{CH_3}{\underset{|}{CH}}-CH_2-\underset{O}{\overset{}{\underset{\|}{C}}}-]-[-O-\overset{\overset{CH_3}{|}}{\underset{|}{\underset{CH_2}{CH}}}-CH_2-\underset{O}{\overset{}{\underset{\|}{C}}}-]_n$$

3-ヒドロキシブチレートと3-ヒドロキシバリレートの共重合体

のような生合成樹脂で感光性樹脂のモノマー(ジメチルアクリルアミドなど)に溶解分散するものがあり,筆者等はこれを感光性樹脂に配合して光成形シートの試作を行うことができた。多種類の樹脂に配合する実験については現在検討中であるが,樹脂の配合により,親水性,疎水性,

柔軟性などを調整したシートを作製することは可能であると考えられ，少量の樹脂で配合試作実験が比較的容易にできる光成形シートの特徴を利用して応用開発実験の推進を考えている。

バイオエステルの研究はいろいろの場所で実験されているが，微生物の機能を利用して作るポリマーについては化学実験のように試験装置を用いて，100 kg～1,000 kgの樹脂を次々に試作して加工条件の検討，商品の試作などを行う態勢が作られていないこともあり，樹脂の試作と加工実験を連携づけて樹脂フィルムやシートを作製するなど，応用開発を実施することが困難である。

光成形法の場合は少量のサンプルでも加工実験が可能であるためにバイオポリエステルの加工応用実験方法として光成形シートの利用は検討する価値があるものと考えている。

## 6 いろいろのものの添加，包埋について

感光性樹脂を用いた光成形シートの製造について，利点を強調して樹脂の配合と製造方法の特徴を述べると，いろいろのものを自由に添加したり包埋したりできるように思われるが，必ずしも自由自在にというわけではなく，制約がある。

感光性樹脂は相互に，あるいは他の樹脂と相溶性のよいものばかりではない。したがって，樹脂の配合添加においては樹脂相互，添加物と樹脂，添加物相互の間で反応したり，分離したり，ゲル化するなどいろいろの不都合が発生する。例えば前記の微生物を包埋する場合の例でメトキシメチル化ナイロンは2－ヒドロキシエチルメタクリレートに溶けて親水性のシートになるが水膨潤をした場合の強度低下があり，強度保持のためにウレタンのアクリレートを添加するとメトキシメチル化ナイロンが溶解しなくなり白色粘体となって分離してくる。またウレタンのアクリレートは前記のように強靭な光成形シートを作るが水を添加すると分離し，グリセリンやポリエチレングリコールなどの添加でゲル化したり分離白濁したりすることがある。これらの現象は混合時に発生することもあるが，混合時は無色透明な溶液で，光硬化する時に分離するものもある。

添加するものが顔料や木粉のように樹脂と全く相溶せず比重が樹脂に比べて大きく異なる場合は製造機械の樹脂を貯溜しておくホッパー内で沈澱したり浮いたりして均質な配合組成の樹脂を流し出すことができない。具体例としてガラス粉は沈澱して配合斑の原因になり，またホッパーの樹脂流出口を塞ぐ傾向がある。

これらは光成形シートの製造法が液状の配合樹脂を樹脂溜めのホッパーに貯溜して金属ドラム上に流延し，そのまま樹脂を自由な状態で光硬化せしめる特徴の一面であり，従来の熱可塑性樹脂のようにエクストルーダーを用いてスクリューで強制的に加熱混和脱泡押出しを行ってシートを作る場合に比較すると強制混合工程がないための不都合ということもできる。感光性樹脂の場合も強制混合工程をもったホッパーが将来は取り付けられるであろうが，かなりの開発実験が必

要である。
　現在の状況は，ヒドロキシアルキルアクリレート，メタクリレート，メチルアクリルアミドなど色々の樹脂とよく相溶し，均質な溶液，分散液を形成するモノマーを使用し，それらを共溶媒として，光成形シートの樹脂液を作ることが行われている。
　混合添加するもののなかには樹脂のみでなく顔料，ガラス粉，金属箔，鉄粉，繊維，紙，などから花弁，昆虫の羽などいろいろのものがあり，それぞれに応じた混合包埋法が工夫されている。
　一，二の具体例を示せば，導電性繊維，金属繊維を添加混入したり，導電性繊維のスクリーンを包埋した電磁遮蔽シート，ナイロンと屈折率を近似させた透明な補強シート，ウレタン不織布を包埋した伸縮性のあるFRP，エレクトロニクス関連のプリント配線の包埋などがいろいろの発想で試みられている。

# 第6章　光成形シート関連特許

藤本健郎[*]

## 1　はじめに

　感光性樹脂，およびその応用に関する特許は，今非常に関心を集めている技術分野だけに，数多くの出願がみられる。したがって，その全容を網羅することはとうてい不可能であるし，また意味のあることでもない。そこで，本テーマを推進するに当って収集した特許情報を整理分類し，参考に供することとしたい。なお，特に重要と思われるものについては，少し詳しく記述するが，その他については抄録にとどめた。対象期間については，その後の資料もあるが，昭和53年から昭和62年の間に絞った。また，番号は公開番号で末尾に（公告）と示したものは公告番号である。

## 2　組成物関連

### 2.1　塗料，インキ，コーティング剤

| 公開番号 | 内　　　容 |
|---|---|
| 昭49-9854 | 鉄板・板・プラスチックへの無溶剤コーティング，ブタジエン重合体（東亜合成） |
| 昭53-24332 | 水溶性樹脂タイプの持つ欠点を克服するために電子線硬化型エマルジョンタイプの組成物を提供（関西ペイント） |
| 昭54-48854 | オルガノポリシロキサン（信越化学） |
| 昭54-50067 | オルガノポリシロキサン（信越化学） |
| 昭54-71134 | 半導体封止用，アクリル系＋有機スズ化合物（日立製作所） |
| 昭54-162787 | 放射線硬化できるシリコーン剥離組成物（U.C.C.） |
| 昭55-127416 | 照射硬化性アリル安息香酸ベンゾイル共重合体（ローム アンド ハース） |
| 昭56-127674 | 電子線硬化型ラミネート用接着剤，プレポリマー（例えばポリプロピレングリコール/HEMA重合物），ポリ酢酸ビニル，可塑剤，HEMA，増感剤といった組成物（大日本印刷） |

---

[*]　Takeo Fujimoto　積水成型工業（株）

| 公開番号 | 内　　　　容 |
|---|---|
| 昭 56-143222 | 発明の名称：硬化性被覆組成物<br>出　願　人：住友化学工業<br>　軟質塩化ビニルを用いた敷物の表面加工は，基材に対する密着性が必須要件であり，従来から塩化ビニル系の塗膜がコーティングされてきた。ところがこれらの塗膜は密着性は優れていても対スクラッチ性に欠けるところがあった。さりとてこれを解決しようとしてその後試みられた放射線硬化性のコーティング剤は，対スクラッチ性には勝るものの，今度は密着性には劣るという欠点を持っていた。本発明は，その原因が，硬化性組成物の有する硬化時の収縮に伴うずれ応力が基材との界面に作用することを見出し，収縮性が小さくて基材との密着性に優れた放射線硬化組成物を開発した。その組成物の特徴は，放射線硬化樹脂と酢酸ビニルを主材とする配合物の中に，塩化ビニル酢酸ビニル共重合体を組み込んだものであって，このポリマー成分が，硬化時の収縮性をカバーしている。表6・1にその結果を示すが，各々の比較例と実施例を参照されたい。 |

表6・1　昭56-143222 実施例と比較例

| | | 実施例1 | 比較例1 | 実施例2 | 比較例2 | 実施例3 | 比較例3 | 実施例4 | 実施例5 | 実施例6 | 比較例4 | 実施例7 | 比較例5 |
|---|---|---|---|---|---|---|---|---|---|---|---|---|---|
| 配合（重量部） | 樹　脂　(A) | 100 | 100 | | | 50 | 50 | | | | | | |
| | 樹　脂　(B) | | | 100 | 100 | | | | | | | | |
| | 樹　脂　(C) | | | | | 50 | 50 | 100 | 100 | 100 | 100 | 100 | 100 |
| | ブチルアクリレート | | | | | 50 | 50 | 100 | 100 | 100 | 100 | 100 | 100 |
| | トリメチロールプロパントリアクリレート | | | | | | | | | | | 50 | 50 |
| | 酢酸ビニル* | 180 | 180 | 180 | 180 | 180 | 180 | 180 | 180 | 180 | 180 | 180 | 180 |
| | 塩化ビニル-*(a) | 20 | | 20 | | 20 | | 20 | | | 20 | | |
| | 酢酸ビニル系(b) | | | | | | | | | 20 | | | |
| | 共重合体(c) | | | | | | | | 20 | | | | |
| | ベンゾインイソプロピルエーテル | 15 | 15 | 15 | 15 | 17 | 17 | 15 | 15 | 15 | 15 | 17 | 17 |
| 密　着　性 | | 100/100 | 0/100 | 100/100 | 0/100 | 100/100 | 30/100 | 100/100 | 100/100 | 100/100 | 40/100 | 100/100 | 20/100 |

\*：塩化ビニル-酢酸ビニル系共重合体の酢酸ビニル溶液として配合
　a) 塩化ビニル／酢酸ビニル／その他＝91/3/6（重量比）共重合体
　b) 塩化ビニル／酢酸ビニル＝75/25（重量比）共重合体
　c) 塩化ビニル／酢酸ビニル＝87/13（重量比）共重合体
(A)(B)(C)はそれぞれ官能残基を有する別途調製されたプレポリマーである。
密着性の判定：軟質PVCシートにバーコーター#10で組成物を塗布し，水銀灯（80W/cm）下で10m/分の速度で4回通過せしめ硬化した。得られたサンプルに1mm間隔のゴバン目を入れ，セロテープを用いて剥離し，剥離しない部分を％で示した。

| 昭 59-23725 | 空気硬化性を有するウレタン系の配合（日本化薬） |
|---|---|
| 昭 59-42006 | 空気硬化性を有するウレタン系の配合（日本化薬） |
| 昭 61-243850 | フッ素系磁気ディスク等の表面保護（大日本インキ） |

第6章 光成形シート関連特許

| 公開番号 | 内容 |
|---|---|
| 昭61-54062<br>（公告） | 従来の脆い組成物の欠点を改良した柔軟性もあり，かつひっかき性等にも優れた組成物を供す（G.A.F.社（米）) |
| 昭62-91573 | UVアブソーバー/酸化防止剤を含有する塗料（大日本インキ） |

## 2.2 接着剤

| 公開番号 | 内容 |
|---|---|
| 昭57-23602 | 空気硬化性，着色可能，変色しない組成物（日本化薬） |
| 昭60-177029 | UV，EBにて硬化可能な白金系触媒使用のオルガノポリシロキサン組成物，熱硬化と違い使用に便利（トーレ・シリコーン） |

## 2.3 マイクロカプセル

| 公開番号 | 内容 |
|---|---|
| 昭60-106837 | UV照射により固体化しうる液状のオルガノポリシロキサンを連続相流体中でUV照射してマイクロカプセル化する（ダウコーニング） |

## 2.4 脱泡方法

| 公開番号 | 内容 |
|---|---|
| 昭60-125212 | 脱泡方法で，気泡を含まない組成物を得る（松下電器） |

## 2.5 封止材，コーキング剤

| 公開番号 | 内容 |
|---|---|
| 昭61-261328 | 基材を保護するシーラント，封止剤等に用いるオルガノポリシロキサンで表面粘着性の低下させたものおよびその製造方法（ケイ・エム社（米）) |

## 2.6 耐光性付与

| 公開番号 | 内容 |
|---|---|
| 昭53-45345<br>　発明の名称：耐光性の改良された光硬化性組成物 | |

| 公開番号 | 内　　　容 |
|---|---|
| 出　願　人：和光純薬工業 省資源，無公害の社会的ニーズから，光硬化タイプの塗料やインキが普及しつつあるが，まだ一般に耐光性に劣り，長時間の紫外線暴露では，黄変するという欠点を持っている。したがって必然的に用途が限定されてきた。これの改善策としては，ベンゾフェノン系，ベンゾトリアゾール系の紫外線吸収剤の添加が行われてきたが，この場合硬化速度が著しく遅くなり，かつ塗膜の物性値も悪くなると言う欠点を有していた。 発明の方法は，光硬化性樹脂と光硬化触媒の混合物に，有機ケイ素化合物，有機アルミニウム化合物と有機ハイドロパーオキサイドまたはスチルベンまたはその誘導体のうちの一種または二種からなる混合物を用いると，硬化速度を遅らせることなく耐光性を著しく改善できた，と言うものである。結果を表6・2に示す。 ||

表6・2　昭53-45345 実施例

| 光硬化性樹脂組成物 | 鉛筆硬度>6Hになる時間（分） | 48時間後の着色性 | |
|---|---|---|---|
| *不飽和ポリエステル樹脂 100部<br>ベンゾインエチルエーテル 2部<br>トリエチルシラン 2部 | 5 | 変化なし | * フマール酸，無水フタル酸，エチレングリコール，ブタン-1,3-ジオールよりなる不飽和ポリエステルをスチレンに溶解 |
| *不飽和ポリエステル樹脂 100部<br>2-エチルアントラキノン 3部<br>γ-メタリルオキシプロピルトリメトキシシラン 1部 | 5.5 | 〃 | ** ウレタン変性不飽和アクリル樹脂をアクリル酸エチルに溶解 |
| **不飽和アクリル樹脂 100部<br>ベンゾインイソブチルエーテル 2部<br>tras-スチルベン 2部 | 12 | 〃 | 塗膜成形法：組成物をガラスプレート上に200μ厚に塗布し，20cmの距離から2本のUVランプを照射して硬化する。 |
| **不飽和アクリル樹脂 100部<br>ベンゾフェノン 1部<br>トリ-tert-ブトキシアルミニウム 1部 | 16 | 微黄色 | |
| *不飽和ポリエステル 100部<br>ベンゾインエチルエーテル 2部 | 5 | 黄色 | |

## 2.7　凝集性重合体

| 公開番号 | 内　　　容 |
|---|---|
| 昭60-14762（公告） | 凝集剤として使用できる水溶性重合体の製造法（ローヌ・プーラン（仏）） |

## 3 エレクトロニクス関連

### 3.1 半導体封止材料および封止方法

| 公開番号 | 内　　　容 |
|---|---|
| 昭52-11071 | 感光型硬化剤とその50%以下の感熱型硬化剤とを混合した封止材料用の光硬化型樹脂組成物（松下電器） |
| 昭61-59740 | 上記と同様，光硬化樹脂を用いた半導体の封止方法（三菱電機） |

### 3.2 導電性シートおよびその製造方法

| 公開番号 | 内　　　容 |
|---|---|
| 昭53-144986 | 基材のポリエーテルスルホンやポリスルホンは，酸化インジウムの蒸着膜との接着が悪く，その改善に感光性樹脂層が必要となる。（住友ベークライト） |
| 昭60-65036 | 基材のポリエーテルスルホンやポリスルホンは，酸化インジウムの蒸着膜との接着が悪く，その改善に感光性樹脂層が必要となる。（住友ベークライト） |
| 昭60-203435 | 基材のポリエーテルスルホンやポリスルホンは，酸化インジウムの蒸着膜との接着が悪く，その改善に感光性樹脂層が必要となる。（住友ベークライト） |
| 昭60-208239 | 基材のポリエーテルスルホンやポリスルホンは，酸化インジウムの蒸着膜との接着が悪く，その改善に感光性樹脂層が必要となる。（住友ベークライト） |
| 昭61-246719 | 基材のポリエーテルスルホンやポリスルホンは，酸化インジウムの蒸着膜との接着が悪く，その改善に感光性樹脂層が必要となる。（住友ベークライト） |
| 昭62-115613 | 基材のポリエーテルスルホンやポリスルホンは，酸化インジウムの蒸着膜との接着が悪く，その改善に感光性樹脂層が必要となる。（住友ベークライト） |
| 昭62-136684 | 基材のポリエーテルスルホンやポリスルホンは，酸化インジウムの蒸着膜との接着が悪く，その改善に感光性樹脂層が必要となる。（住友ベークライト） |
| 昭61-179014 | コネクター材料に供せられる異方導電性エラストマー（アルプス電気） |

## 3.3 電磁波シールド材の製造方法

| 公開番号 | 内容 |
|---|---|
| 昭61-148249 | フェライトを光硬化樹脂に溶かし，基材に塗布したという簡単なもの（住友電工） |

## 3.4 液晶表示素子の製造方法

| 公開番号 | 内容 |
|---|---|
| 昭59-93421 | 液晶表示素子と透明電極を貼る時に光硬化樹脂を用いたもの。短時間で硬化する所がよい（日立製作所） |
| 昭61-213217 | 液晶セル製造の際に用いる2枚の基板を貼り合わせ，セル周辺を封止する際に使用される組成物（日本電装） |
| 昭62-258447 | 電子線硬化タイプのレジスト（ヤマトヤ） |

## 3.5 プリント配線基板の製造（フォトレジスト）

| 公開番号 | 内容 |
|---|---|
| 昭53-702 | フォトレジスト用組成物で接着促進剤（付加重合開始剤）に力点<br>$\underset{X}{\overset{N}{A}}\!\!\diagup\!\!\overset{}{C}\text{-SH}$　(X：O, S, C, or NR)　（ダイナケム（米）） |
| 昭53-52593 | レジスト用組成物，ただし電子線解重合型（工業技術院） |
| 昭58-184790 | フレキシブルプリント配線基盤，オーバーコートに光硬化樹脂を応用した例（住友電工） |
| 昭58-184791 | フレキシブルプリント配線基盤，オーバーコートに光硬化樹脂を応用した例（住友電工） |
| 昭59-43484（公告） | アクリル系ポリマーと感光性樹脂の反応生成物からなる組成物をプリント配線基板に応用，トリクロルエタンで現像（日立化成） |
| 昭61-206292 | 未硬化で変形自在の光硬化組成物に配線し，所定の形にしてから，光硬化せしめて立体形状の配線基盤を得る方法（スリーボンド） |

## 3.6 コンデンサー

| 公開番号 | 内容 |
|---|---|
| 昭52-112756 | 誘電体フィルムを積層してコンデンサーを造る際に積層したフィルム |

第6章 光成形シート関連特許

| 公開番号 | 内容 |
|---|---|
| 昭53-55765 | を光硬化樹脂で硬化一体とする方法（松下電器）<br>誘電体フィルムを積層してコンデンサーを造る際に積層したフィルムを光硬化樹脂で硬化一体とする方法（松下電器） |

## 4 記録材料およびその製造方法

### 4.1 磁気テープ用基材への応用

| 公開番号 | 内容 |
|---|---|
| 昭53-67786 | ポリエステル基材の表面に光硬化樹脂のコーティングをすることによって非常に表面の平滑性が改善され，かつ蒸着膜との接着性も改善される（松下電器） |
| 昭54-123588 | ポリエステル基材の表面に光硬化樹脂のコーティングをすることによって非常に表面の平滑性が改善され，かつ蒸着膜との接着性も改善される（松下電器） |
| 昭61-115235 | 磁気材料を含有する電子線硬化性組成物をポリエステルフィルム表面にコーティングし磁性層を形成する（ダイアホイル） |

### 4.2 光ディスク用基材およびその製造方法

| 公開番号 | 内容 |
|---|---|
| 昭53-33244（公告） | シートまたはプレート状の情報担体，ビデオ用のスタンパーでエアーシールして硬化（ポリグラム（独）） |
| 昭53-86756 | プラスチック基板と金属製スタンパーの間にUV硬化塗料を注入し，透明基板サイドからUVを照射ビデオディスクを製する（フィリップス（オランダ）） |
| 昭53-116105 | 上記に関連，製造方法主体，樹脂液スプレッド法（フィリップス（オランダ）） |
| 昭54-138406 | 昭53-86756に関連，さらに組成物を探究（フィリップス（オランダ）） |
| 昭55-152028 | UV硬化樹脂よりビデオディスクの製造，樹脂注入方式で，いかにして脱泡するかに腐心（松下電器） |
| 昭55-160338 | 昭53-116105とは別法，樹脂注入方式（フィリップス（オランダ）） |
| 昭56-94504 | 従来のPVCタイプの欠点（硬度不足と変形による針飛び）を光硬化樹脂で成形したディスクとすることにより改善（凸版印刷） |

| 公開番号 | 内容 |
|---|---|
| 昭58-173623 | 金型内に空隙部を保ち基盤を配置し、下方よりUV樹脂を供給して基盤を上部に押し上げながら金型の下面の情報ピットと基盤の間に充満させ、上部の透明押え板の上面からUV照射してディスクを成形する。（東芝電気） |
| 昭61-9436 | ディスク本体成形後、電子線架橋を行う工程と、それを可能ならしめ、かつ、ディスクの性能を満足させるための組成物の諸条件（松下電工） |
| 昭61-16815 | ハードコート層（4H以上）を有する熱硬化エポキシ注型基板からなる光ディスク、エポキシ注入前に予めハードコート層を形成しておき、エポキシの方へ転写する（住友ベークライト） |
| 昭61-42612（公告） | 昭53-33244、昭53-116105（いずれもフィリップス社）を意識し、かつ発想的には昭58-173633（東芝）と全くよく似ているが、東芝のそれと違うのは、金型上面にも情報担持層を配し、ディスク両面に情報層を同時に形成せしめる点、また、該上面の情報層を直接押圧せず、空気圧によって押圧する点に工夫がある（松下電器） |
| 昭61-44610 | 熱可塑性樹脂からのプレス成形、ただし、予め電子線架橋剤を配しておき、プレス成形後電子線架橋する（松下電器） |
| 昭61-142551 | 同上、架橋剤、モノアルケニル芳香族単量体（松下電器） |
| 昭61-148033 | 昭53-116105（フィリップス）の改良出願（日立製作所） |
| 昭61-193837 | スタンパーと離型性板の間にUV樹脂を注入し、双方またはいずれか一方よりUV照射し硬化する（日立マクセル） |
| 昭61-209139 | 基板の片面にUV樹脂で被覆されているディスクとその製造方法（日本ビクター） |
| 昭61-213130 | 基板の両サイドがUV樹脂で形成された情報層を形成させるのであるが、真空系中で脱泡後硬化させる（日立マクセル） |
| 昭61-222727 | 同上であるが、照射側にドーナツ状の遮光部を有するマスクを設け、押圧ではみ出した部分をまず硬化させて樹脂液の溢流を防ぎ、次にマスクを取り除き全体硬化させる（キヤノン） |
| 昭61-242832 | 昭61-213130、昭61-222727と同系であるが基板はアルミニウム、または陽極酸化アルミニウム（不透明）と特定している（コダック） |
| 昭61-289556 | 昭61-142551と同種、発明者も同じ（松下電器） |
| 昭62-25143 | 基材に情報を転写しつつUV硬化する際に硬度が高く吸水率が少ないUV樹脂を提供する（富士通） |

## 4.3 OHP 用基材およびその記録方法

| 公開番号 | 内容 |
|---|---|
| 昭 59-209148 | OHP 用厚紙において表面に未硬化塗膜があり，その面にインキを付着させた後 UV 硬化するので接着がより完全になる（キヤノン） |

## 4.4 クレジットカード，定期券への応用

| 公開番号 | 内容 |
|---|---|
| 昭 52-142516 | 光硬化樹脂に昇華性染料を分散させてインキとし，インクジェット方式で基材に画像を形成せしめた後，光硬化する（三菱電機） |

## 5 合成樹脂積層体および製造方法

### 5.1 コーティングしたシート（フィルム）およびその製造方法

| 公開番号 | 内容 |
|---|---|
| 昭 52-138218 | UV インキの応用（神光賦力） |
| 昭 56-70031 | UV 技術で表面に防塵コーティングした軟質塩ビ（三井東圧） |
| 昭 59-174633 | プラスチックプレートへのハードコーティング方法（名阪真空） |
| 昭 60-78665 | 2枚の離型フィルムの間に光硬化樹脂を介在させ，使用に際しては一方の離型紙を他の基材に圧着し，そのままあるいは熱成形で立体形状にした後，UV 硬化する方法（大阪(株)） |

昭 60-197270
　発明の名称：シート状基材表面への樹脂層形成方法
　出　願　人：凸版印刷

　シート状基材の表面に UV または EB 硬化型のコーティングを行うと，一つは硬化に伴う反応熱やランプから発生する熱を冷却する際に生ずる体積変化，今一つはコーティング剤の硬化の際に起こる収縮（通常 5～10％）によって，コーティング面を内側にしてカールが発生する。これを解決するために，水冷ドラムに抱かせて強制的に冷却する方法が行われているが，装置が大袈裟になり投資額もかさむと言う欠点を持っている。
　発明の方法は図 6・1 に示すように，離型性のある透明ポリエステルフィルムの方へ UV または EB 硬化型の塗料をコーティングし，コーティング面を基材で覆うようにして積層する。積層したシートを二つのニップロールの間に誘導し，透明な離型フィルムの方から放射線を照射し硬化させる。硬化後離型フィルムを剥離すれば，基材表面に硬化被膜が形成される。

| 公開番号 | 内容 |
|---|---|
| | このようにすると，収縮が平均化し，かつ小さくなる（2～5％）。また基材と離型フィルムの熱的性質を合致させると，カールのない積層物が得られる。なお，基材に蒸着フィルムを用いた場合の応用分野として，イ）電気製品のハウジング用表面シート，ロ）太陽の熱線防止用ソーラーフィルム，ハ）熱線コントロールフィルム，ニ）透明電極フィルム等があげられている。<br><br>Ⓐ 透明ポリエステルフィルム（離型性あり）<br>Ⓐ' 基材Ⓐに塗料Ⓓが塗布された状態を示す<br>Ⓑ 基材，例えばAl蒸着ポリエステルフィルム<br>Ⓒ コーティングされたシート<br>Ⓓ UVまたはEB硬化型塗料<br>図6・1　特開昭60-197270参考図（推定図） |
| 昭61-238 | UVコーティングにおけるUV照射時に照射を多段(波長領域を変えて)に行い基材に対する密着性向上を図る（三菱レイヨン） |
| 昭61-86970 | 光硬化樹脂のオリゴマーやモノマー等を真空中で蒸発させ，基材表面に析出させた後，光硬化して極薄膜コーティングをする。（日本真空技術） |
| 昭62-18244 | プラスチック板にUVコーティングする際，離型フィルムでコーティング材表面をシールし，その上から照射する（ワシ興産） |

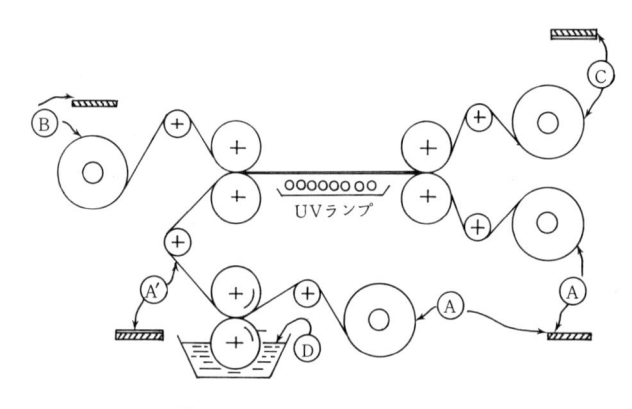

## 5.2 化粧シートおよびその製造方法

| 公開番号 | 内　　　容 |
|---|---|
| 昭51-103962 | UV硬化インキ（硬化抑制剤含む）でUV印刷し，次いでマット剤を含むUV塗料を前面塗布後キュアーし，マット剤の密度を印刷部分とそれ以外の部分で変えてツヤ状態をコントロールする方法（凸版印刷） |

昭57-39962
　発明の名称：化粧材の製造方法
　出　願　人：凸版印刷

　図柄模様に同調した凹凸模様を作る方法（谷染めと言う）において，従来は谷染めエンボスか，発泡性組成物の利用かのいずれかであった。ところが，これらの方法によると，イ）薄手の素材には使用できない，ロ）繊細な凹凸模様ができない，ハ）凹凸模様にシャープなエッジができない，と言った欠点があった。また，UV塗料を利用した最近の方法においても，まず，基材にUV樹脂を塗布し，その上から離型性のあるフィルムに図柄を印刷したものを重ね，UV硬化して図柄を基材に転写し最後に離型フィルムのみを剥がす，と言った方法で行っていたために，イ）基材の色相に応じてUVの照射条件を変えなければならない。ロ）基材の色斑が樹脂の硬化斑になり，平滑性や光沢が損なわれる，等の欠点を有していた。
　発明の方法は図6・2に示すように，予め印刷を施した離型性のあるフィルムにUV樹脂を

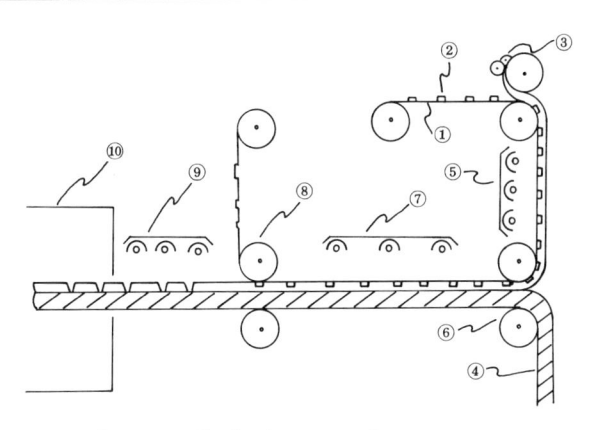

1. 図柄②と印刷した離型性のあるフィルム①に。
2. UV樹脂③をコーティングし，UV照射⑤する。
3. 次に基材④と貼り合わせさらにUV照射⑦する。
4. ロール⑧でフィルム①を剥がす。
5. 硬化をさらに完全にするためUV照射⑨，さらには加熱⑩を施す。

図6・2　昭57-39962参考図

| 公開番号 | 内容 |
| --- | --- |
| | 塗布し，まずフィルム側からUVを当てて硬化する。次に基材を塗布面から貼り合わせ再びUVを照射する。あと離型フィルムを剥がせば印刷インキはUV樹脂に接着した格好で基材の方へ転写される。離型フィルムを剥がしてからさらに硬化を完結させるためUVを照射する。また，その上に加熱を行うこともよい。発明の方法による効果としては，イ)基材色差による硬化斑がない，ロ)インキが樹脂と共に硬化するので堅牢である，ハ)三度のUV照射，さらには加熱によって性能が向上する，等である。 |
| 昭61-274938 | PVC層に電子線照射によって硬化しうる成分を配合しておき，成形後のPVC膜に照射して物性を向上せしめる。発泡も含む（凸版印刷） |
| 昭62-25037 | 透明なプラスチックの表面をUVハードコーティングしてからその裏面に印刷を施した化粧シート（大日本印刷） |

### 5.3 床材およびその製造方法

| 公開番号 | 内容 |
| --- | --- |
| 昭53-141363 | 基材上にUV硬化樹脂を塗布し，光を透過しない図柄を有する透明フィルムの上からUV照射して部分硬化し，未硬化部分に着色剤等を撒布して後UV照射し，柄模様のある床材を得る方法（興国化学） |
| 昭54-143478 | 塩ビタイルで表面をUVコートしてから下層シートと貼り合わせる方法（松下電工） |
| 昭56-22869 | 前記と同種の出願，やや手が混んでいる（大日本印刷） |

### 5.4 厚肉積層体およびその製造方法

| 公開番号 | 内容 |
| --- | --- |
| 昭58-119859 | ポリカーボネート系表層を有するグレージング材で，厚物を造る場合，プレスはむずかしい。そこで，2層のPCの間にUV硬化樹脂を注入した注入成形法，PC面にUV硬化型プライマーを施し，PC面から光を当て，完全に硬化させないで注型用のUV樹脂と完全硬化させる。（旭硝子） |

## 5.5 パネルシート

| 公開番号 | 内容 |
|---|---|
| 昭62-85926 | 基材にUV硬化塗料を塗布しUV照射硬化させる際に，エンボスフィルムでカバーしたり，さらにネガフィルムを併用したりして硬化面にエンボス形状を形成せしめる方法（大日本印刷） |

## 6 転写シートおよびその製造方法

### 6.1 プラスチックミラーへの応用

| 公開番号 | 内容 |
|---|---|
| 昭62-77999 | 離型性シートの上に未硬化状態でも固体のUV硬化樹脂層を設け，次いで金属蒸着層，接着剤層があり，他の任意の基材と接着せしめてUV硬化することによりミラーを造ることができる（大日本印刷） |

### 6.2 カラーハードコピーへの応用

| 公開番号 | 内容 |
|---|---|
| 昭59-152895 | 基体上にUV硬化樹脂層を形成し，その上に昇華性染料を保持し，$N_2$雰囲気内でUV硬化した転写用カラーシート，カラーハードコピー材料を得る（松下電器） |

### 6.3 熱転写記録材料および記録装置

| 公開番号 | 内容 |
|---|---|
| 昭61-51357 | 転写される粘着体が転写されてからUV硬化する従来のホットメルト型に比べ連続階調の画像を得ることができる（松下電器） |

### 6.4 転写シート

| 公開番号 | 内容 |
|---|---|
| 昭61-69487 | 接着層を有する絵柄フィルムと離型フィルムの間に常温で固体のUV樹脂層がある（大日本印刷） |

## 6.5 型取り（指紋，足型など）材料

| 公開番号 | 内容 |
|---|---|
| 昭52-60702 | 刷版またはレリーフ像形成を目的とした固体の予備増感された光硬化性組成物（WRグレース） |
| 昭60-186838 | 基体上に保護層またはレリーフ像を形成させる方法，露光してから熱硬化してもよく，また必要なら露光部分を溶剤によって現像してもよい。エポキシ系（チバガイギー） |
| 昭60-240737 | UV硬化樹脂を透明袋体に密封し，その状態で型にはめてUV硬化し，任意形状の硬化物を得る方法（生産開発科学研） |
| 昭61-154536 | 基体上にUV硬化樹脂を流し，これをUV硬化してから基体より剥がし，基体上の痕跡を写し取る方法（東亜合成） |

## 6.6 エンボス加工用シート

| 公開番号 | 内容 |
|---|---|
| 昭62-99132 | エンボス型原稿にUV樹脂を流し型取りしそれをエンボス加工用シートまたは複製用シートとする（大日本印刷） |

## 6.7 プリプレグシート

| 公開番号 | 内容 |
|---|---|
| 昭61-15881（公告） | 紫外線硬化タイプのプリプレグシート（横浜ゴム） |

## 7 光学的材料およびその製造方法

### 7.1 ホログラムへの応用

| 公開番号 | 内容 |
|---|---|
| 昭60-254174 | ホログラム原板（干渉縞のエンボス）にUV樹脂を流し込んでこれを硬化せしめ，ホログラムを得る方法（大日本印刷） |
| 昭60-254175 | ホログラム原板（干渉縞のエンボス）にUV樹脂を流し込んでこれを硬化せしめ，ホログラムを得る方法（大日本印刷） |
| 昭60-263140 | ホログラム原板（干渉縞のエンボス）にUV樹脂を流し込んでこれを硬化せしめ，ホログラムを得る方法（大日本印刷） |
| 昭61-156273 | ホログラム原板（干渉縞のエンボス）にUV樹脂を流し込んでこれを硬化せしめ，ホログラムを得る方法（大日本印刷） |

## 7.2 レンチキュラースクリーンへの応用

| 公開番号 | 内容 |
|---|---|
| 昭56-133732 | 昭60-254174 等と同様の原理（凸版印刷） |

## 7.3 光制御板

| 公開番号 | 内容 |
|---|---|
| 昭61-109003 | （有沢製作所） |

## 7.4 フレネルレンズとその製造方法

| 公開番号 | 内容 |
|---|---|
| 昭61-248707 | 金型と透明フィルムの間でUV硬化（パイオニア） |

## 7.5 防眩性を有するシート材料

| 公開番号 | 内容 |
|---|---|
| 昭61-287743 | UV硬化樹脂が導電レベル（$10^6$オーダー）であることが特徴（積水化学） |

## 7.6 光ファイバー関連

| 公開番号 | 内容 |
|---|---|
| 昭60-26075 | 反射鏡でスポット照射，光ファイバーの結合方法（立石電機） |

## 8 粘着剤または粘着テープおよびその製造方法

### 8.1 粘着剤

| 公開番号 | 内容 |
|---|---|
| USP 4111769（公告） | （UCC 1977年） |
| USP 4150170（公告） | （セラニーズ 1979年） |
| 昭55-2239（公告） | （ソニー） |

| 公開番号 | 内容 |
|---|---|
| 昭61-38750(公告) | 電子線硬化によって無溶剤で優れた粘着特性を有する組成物を供す（日本原子力研究所） |
| 昭61-40273(公告) | 電子線硬化によって無溶剤で優れた粘着特性を有する組成物を供す（大日本印刷） |

## 8.2 粘着テープ

| 公開番号 | 内容 |
|---|---|
| 昭56-41283 | （日立化成） |
| 昭56-149480 | （日立化成） |
| 昭56-120786 | 光硬化性窓硝子保護用感圧性粘着シート（日立化成） |
| 昭58-185676 | 軟質塩化ビニル粘着テープ（アキレス） |

## 9 FRPの成形方法

### 9.1 シート状物

| 公開番号 | 内容 |
|---|---|
| 昭62-19432 | |

発明の名称：紫外線硬化型FRPの成形方法

出　願　人：タキロン

　紫外線硬化技術を応用して，FRPを成形する方法であるが，最近開発された新しい方法は，二枚の離型フィルムの間にガラス繊維を含んだUV硬化樹脂をサンドイッチし，それを熱成形し型付けしてからUV照射し，樹脂が硬化したのち離型フィルムを除去し成形物を取り出すと言った方法であるが，イ）熱成形の際把持できないので，連続成形時に横ずれを起こす，ロ）耳端部から樹脂液の漏れることがある，と言う欠点を持っている。発明の方法は，図6・3に示すように耳端部ないしは縁部にUV照射装置を設け，予め，連続的に行う場合は耳端部を，枚葉で行う場合は矩形の四辺をUV硬化しておく，と言うものである。こうしておけば，成形時に横ずれを起こすこともないし，耳端部から樹脂液の漏れることもなく安定した成形ができる。

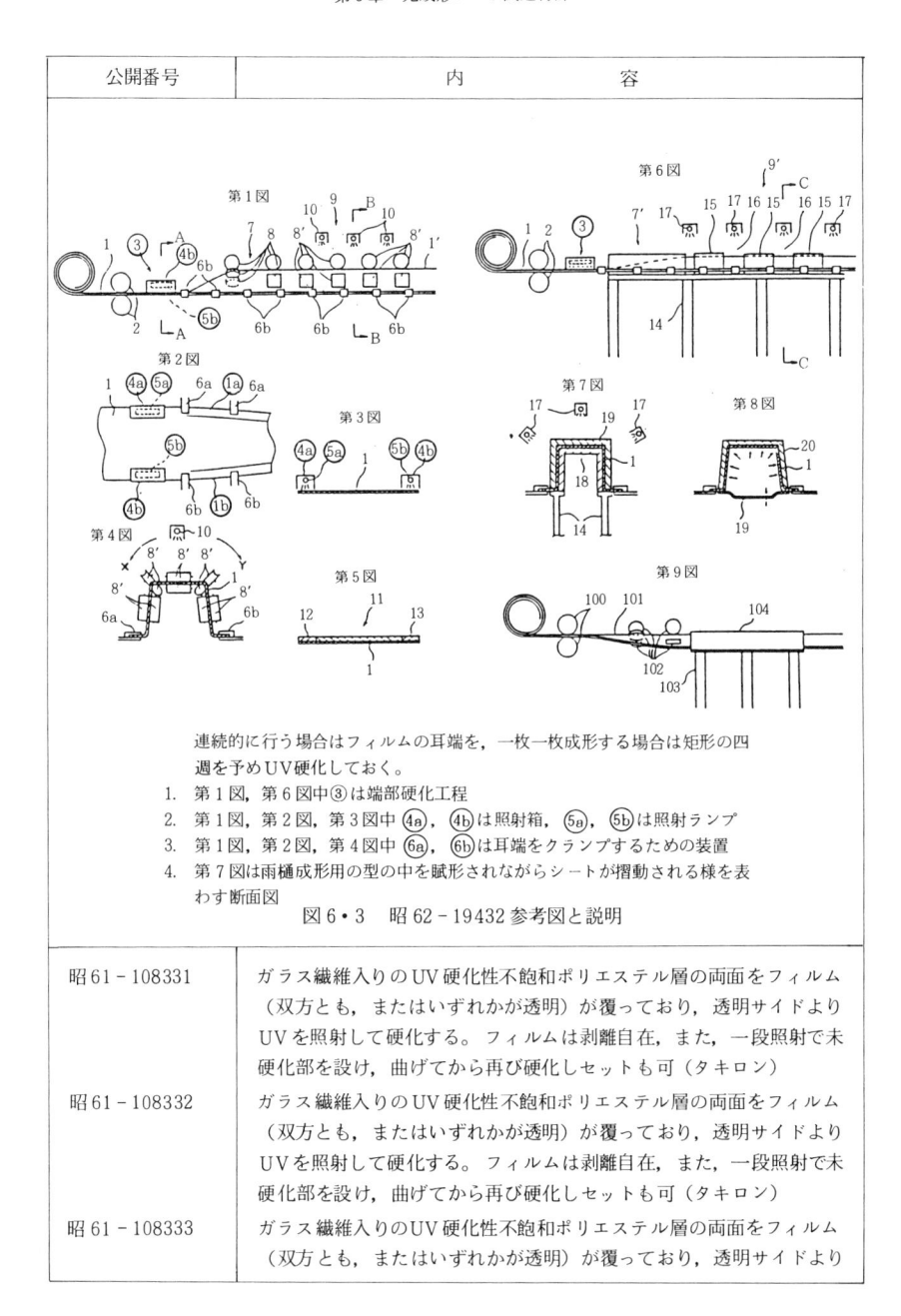

第6章 光成形シート関連特許

| 公開番号 | 内容 |
|---|---|
|  | 連続的に行う場合はフィルムの耳端を、一枚一枚成形する場合は矩形の四週を予めUV硬化しておく。<br>1. 第1図、第6図中③は端部硬化工程<br>2. 第1図、第2図、第3図中 ④a、④b は照射箱、⑤a、⑤b は照射ランプ<br>3. 第1図、第2図、第4図中 ⑥a、⑥b は耳端をクランプするための装置<br>4. 第7図は雨樋成形用の型の中を賦形されながらシートが摺動される様を表わす断面図<br>図6・3 昭62-19432 参考図と説明 |
| 昭61-108331 | ガラス繊維入りのUV硬化性不飽和ポリエステル層の両面をフィルム（双方とも、またはいずれかが透明）が覆っており、透明サイドよりUVを照射して硬化する。フィルムは剥離自在、また、一段照射で未硬化部を設け、曲げてから再び硬化しセットも可（タキロン） |
| 昭61-108332 | ガラス繊維入りのUV硬化性不飽和ポリエステル層の両面をフィルム（双方とも、またはいずれかが透明）が覆っており、透明サイドよりUVを照射して硬化する。フィルムは剥離自在、また、一段照射で未硬化部を設け、曲げてから再び硬化しセットも可（タキロン） |
| 昭61-108333 | ガラス繊維入りのUV硬化性不飽和ポリエステル層の両面をフィルム（双方とも、またはいずれかが透明）が覆っており、透明サイドより |

| 公開番号 | 内容 |
|---|---|
| 昭61-108334 | UVを照射して硬化する。フィルムは剥離自在,また,一段照射で未硬化部を設け,曲げてから再び硬化しセットも可(タキロン) |
| | ガラス繊維入りのUV硬化性不飽和ポリエステル層の両面をフィルム(双方とも,またはいずれかが透明)が覆っており,透明サイドよりUVを照射して硬化する。フィルムは剥離自在,また,一段照射で未硬化部を設け,曲げてから再び硬化しセットも可(タキロン) |

## 10 バイオロジカル関連

### 10.1 種子を固定したシートおよびその製造方法

| 公開番号 | 内容 |
|---|---|
| 昭61-205405 | 水溶性の感光樹脂に植物種子を分散させ,フィルム状またはブロック状に保ちながらUV照射し,固化すると,種の影の部分以外は簡単には水に溶けない(ニチバン) |

### 10.2 多孔質膜

| 公開番号 | 内容 |
|---|---|
| 昭61-9965(公告) | 親水性光硬化性樹脂により多孔質濾過膜を製造する方法(関西ペイント) |

## 11 硬化装置,硬化方法

### 11.1 硬化装置

| 公開番号 | 内容 |
|---|---|
| 昭54-143776 | 基材をロールに抱かせ冷却できるようにして硬化時の反応熱を冷却除去する(松下電器) |
| 昭55-51433 | 塗布面をエアータイトにするのに,イナートガスを使わず,硬化後剥離可能なフィルムを密着させて行う(三菱電機) |
| 昭60-235793　発明の名称:平らな材料を硬化させる装置　出　願　人:ツェーハー・ゴールドシュミットアクチェンゲゼルシャフト | |

第6章　光成形シート関連特許

| 公開番号 | 内　　　　容 |
|---|---|
| | 　UV硬化性樹脂を連続して繰り出される担持体に被覆する際に，UV硬化性樹脂の酸素硬化阻害性を克服するために不活性ガスが用いられる。ところが，従来技術には硬化に伴い発生する揮発性成分がランプや反射板に付着し照射効率を低下させたり，照射室が大き過ぎてガスの使用量がかさむ，と言った欠点があった。<br>　発明の方法によると，図6・4に示したように，イ）照射源と照射室を透明板を介して完全に遮断する，ロ）照射室をコンパクトにすることにより揮発性成分などがランプに付着することなく，少量のガスを用いて効率よく硬化が行えるようになった。<br><br>　　1…照射源を収納した室　　5…担　体　　　　　9…プレート<br>　　2…照射源　　　　　　　　6…気体状冷却剤供給管　25…被硬化材料<br>　　3…入口開門（ロック）　　7…気体状冷却剤供給管　26…エンドレス搬送ベルト<br>　　4…出口開門（ロック）　　8…排出管　　　　　　　28…硬化室<br>　①　照射源室①はプレート（石英ガラス）⑨で照射室㉘と分離<br>　②　プレート⑨は，またフィルターとしても利用可（UV波長のコントロール）<br>　③　照射源②からの放熱は給気孔⑥⑦より室①へ空気を送り，これを冷却する。また，空気は排気管⑧から室外に放出されるが，プレート⑨があるので照射室㉘には流入しない。<br>　④　不活性ガスは給気管⑩より供給され，隔壁で分割されて照射室㉘に満たされる。<br>　⑤　この実施例のように給気管⑭よりも不活性ガスを供給し得る。<br>　　　　　　　　図6・4　昭60-235793参考図と説明 |
| 昭61-120657 | フッ素樹脂含有PPSに対するUV樹脂の接着強度を向上せしめる手段（低波長と長波長領域を配設）を有するUV硬化装置（日立製作所） |
| 昭61-158451 | UV照射時の昇温防止のため，可視光線，赤外線を除去し，紫外線のみを照射する機構を有する硬化装置（東芝電材） |

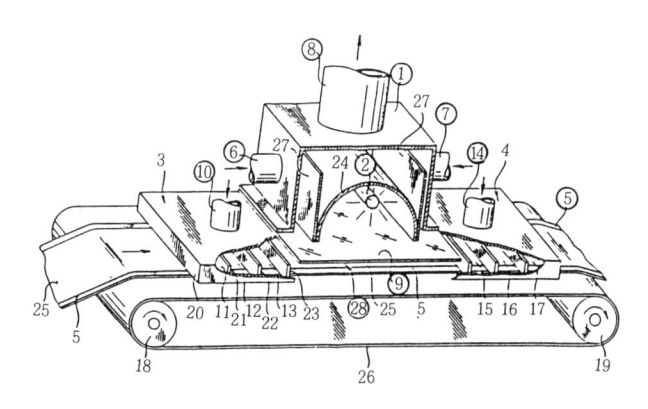

| 公開番号 | 内　容 |
|---|---|
| 昭61-158452 | UV照射時の昇温防止のため，可視光線，赤外線を除去し，紫外線のみを照射する機構を有する硬化装置（東芝電材） |
| 昭61-158453 | UV照射時の昇温防止のため，可視光線，赤外線を除去し，紫外線のみを照射する機構を有する硬化装置（東芝電材） |
| 昭61-158454 | UV照射時の昇温防止のため，可視光線，赤外線を除去し，紫外線のみを照射する機構を有する硬化装置（東芝電材） |
| 昭61-158455 | UV照射時の昇温防止のため，可視光線，赤外線を除去し，紫外線のみを照射する機構を有する硬化装置（東芝電材） |

## 11.2　硬化方法

| 公開番号 | 内　容 |
|---|---|
| 昭60-84333 | 電子線照射をエアータイトで行うに際し，水による照射。エネルギーロスを極少にするため硬化面に水膜を介して薄いフィルムを載置し，その上から照射することにした（田島応用化工） |

昭60-112833

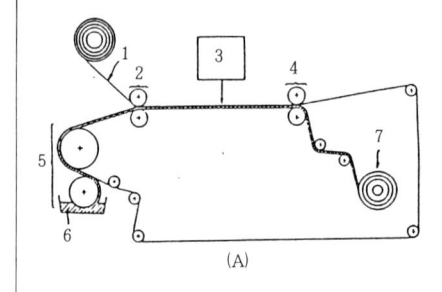

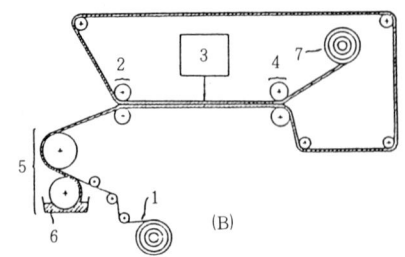

&lt;Aの場合&gt;
① 基材①を離型面を下に向け，ループ状に繰り出す。
② コーティング操盤⑤でUV硬化性樹脂⑥を離型面と反対側に塗布する。
③ 既に先方が繰り出されている基材①の離型面と上記塗布面を圧着ロール②，さらに④によって圧着する。
④ 圧着ロール②と④の間においてUV照射装置③を施し，UV硬化性樹脂を完全硬化する。
⑤ 未コーティング基材の離型面をロール④を通過直後に剥がし，UV硬化性樹脂をコーティングした基材⑦を得る。

&lt;Bの場合&gt;
① 基材の離型面にまずコーティングすることから始まる。原理はAと同じ。
② まず基材を最初空通ししておく必要がある。

図6・5　昭60-112833 参考図と説明

第6章　光成形シート関連特許

| 公開番号 | 内　　　容 |
|---|---|
| | 発明の名称：放射線硬化型塗布剤の硬化方法<br>出　願　人：日立化成工業<br>　放射線硬化樹脂の一般的な特徴である酸素によって硬化が阻害されると言う点を克服するために，従来より不活性ガスが用いられてきた。しかし，それは イ）大量のガスを必要とし，コストアップになる，ロ）硬化に斑が生じやすい，等の欠点を持っている。また最近の方法として，不活性ガスの使用を避けて離型フィルムを用いそれによって空気を遮断することが行われるようになった。ところがこの方法においても，イ）基材を寸法に応じて調達する必要がある，ロ）照射下での再使用には限界がある，ハ）離型フィルム専用の巻取，巻出機が入用，等の問題点がある。<br>　発明の方法は，図6・5をみて既に明らかなように，基材の片面に離型処理をしておき，その処理面を用いてコーティング面のエアーシールをしようと言う発想である。基材自体が離型フィルムの役割をするわけであるから，当然同じ寸法になるし，一回きりであるし，巻取，巻出装置も要らないことになる。 |
| 昭61-215016 | 紫外線硬化を加圧下にて行う。強度の大なるものができるという（野本吉輝（個人）） |

## 11.3　反応射出成形法

| 公開番号 | 内　　　容 |
|---|---|
| 昭62-5819 | 少なくとも一部が高エネルギー線を透過する材料からなる金型の中へ硬化性樹脂を注入して後，高エネルギー線を透明部分より照射し硬化する（昭和電工） |

## 11.4　予備硬化

| 公開番号 | 内　　　容 |
|---|---|
| 昭61-98740 | 加工をより容易にするためにUV硬化組成物を予め重合硬化する前に適当に硬化させておく（スリーボンド） |

## 11.5　熱硬化との組み合わせ

| 公開番号 | 内　　　容 |
|---|---|
| 昭62-131032 | 印刷インキ等で顔料の高濃度のものはUV照射だけでは硬化不充分な例が多かった。赤外照射後UV照射（大日精化） |

## 11.6 光硬化成膜法

| 公開番号 | 内容 |
|---|---|
| 昭62-172028 | 反応生成物はキャスティング製膜が可能であり，かつそれをUV硬化すると耐熱性，硬度，耐溶剤性の優れたものとなり，電気用品，電子部材，測定器具等に供し得る（昭和高分子） |
| 昭62-172029 | 反応生成物はキャスティング製膜が可能であり，かつそれをUV硬化すると耐熱性，硬度，耐溶剤性の優れたものとなり，電気用品，電子部材，測定器具等に供し得る（昭和高分子） |

## 12 製造プロセスの改善

### 12.1 プラスチック擬紙

| 公開番号 | 内容 |
|---|---|
| 昭51-91982 | プラスチックフィルム擬紙の製造に際してUV硬化タイプのエマルションを使用した（東洋インキ） |

### 12.2 ゴムタイヤ

| 公開番号 | 内容 |
|---|---|
| 昭61-7335 | 電子線で硬化する樹脂（A），電子線では硬化しにくいが加熱によって硬化する樹脂（B），電子線，加熱双方によって硬化する樹脂（C）の混合物をアラミド繊維に含浸させ，電子線を混合物が半硬化状態になる程度に照射し，これを補強剤として未加硫ゴムに組み入れ後は通常のタイヤ成形法でアラミド繊維補強タイヤを得る（住友電工） |

### 12.3 重合方法

| 公開番号 | 内容 |
|---|---|
| 昭61-50485（公告） | ヘキサフルオロプロピレンをプラズマ開始重合法を用いて重合する方法（エヌ・オー・ケー） |
| 昭61-53363（公告） | 歪のない残留応力のない有機ガラスを製造するのに電子線を応用した組成物と重合方法を供する（日本原子力研） |

## 13 熱可塑性合成樹脂の改質

### 13.1 架橋による物性向上

| 公開番号 | 内　　　　　容 |
|---|---|
| 昭53-33270 | 電子線照射架橋タイプのポリオレフィン系，ないしはポリ塩化ビニル系発泡体の製造に際し，電子線照射の前後あるいは同時に低エネルギーの電子線を照射する。表面の気泡が密になる（積水化学） |
| 昭53-56241 | エチレン系樹脂架橋成形品の製造方法であって，UV照射前にダイスより押出し，その温度に保ちながらUV照射して架橋する（旭ダウ） |
| 昭53-56242 | 有機過酸化物を含有するエチレン系樹脂からなる成形品に，該樹脂の融点以上の温度でUV照射し，形状を保ったまま架橋する成形品の製造方法（旭ダウ） |
| 昭53-56243 | エチレン系樹脂の紫外線架橋方法であって，UVの波長を2,800Å～4,000Åとしている（旭ダウ） |
| 昭53-56244 | エチレン系樹脂架橋粒状物であって，未架橋の樹脂をヒモ状に押出し，直ちにUV照射し冷却裁断して粒状物とする（旭ダウ） |
| 昭53-58550 | エチレン以外のα-オレフィン系およびジオレフィン系重合体に有機過酸化物を含有させ，これを熱溶融しUV照射して重合体をさらに架橋する（旭ダウ） |
| 昭53-58553 | ポリエチレンに液状ポリブタジエンおよび有機過酸化物を含有させ，以下上記と同様手順によるポリエチレンの改質方法（旭ダウ） |
| 昭60-202132 | エチレン系重合体の成形物の表面硬化法であって，成形物の表面に例えばベンゾフェノンのトルエン溶液を塗布し，UV照射して硬化すると，しないものに比し，耐熱性や強度が向上する（昭和電工） |
| 昭61-36522（公告） | 対称性エチレンオキサイドアクリレート系化合物をPVCに加え，電子線を照射して架橋する方法（大日日本電線） |

### 13.2 特殊性能付与

| 公開番号 | 内　　　　　容 |
|---|---|
| 昭60-203639 | 熱可逆高分子架橋成形体の製造方法（熱可逆高分子とは転移温度以下の低温では溶融するが，転移温度以上の高温ではかえって析出するものをいう）（工業技術院） |
| 昭62-34927 | 未延伸のプラスチックフィルムの表面に電子線硬化塗料を塗布し，電子線を照射してから延伸する。延伸してから照射したのでは装置が大変である。延伸しても基材との接着性を損なわず，かつ良く伸びる塗 |

| 公開番号 | 内容 |
|---|---|
| 昭62-34928 | 膜を開発した（東燃石油）<br>同上であるが，ポリエチレン系樹脂からなるシートに特定し，かつ電子線照射に際し，厚み方向に中に向かって架橋度がマイルドになるよう両側から照射をするとある（東燃石油） |
| 昭62-172027 | アセト酢酸エステル基含有水溶性高分子の耐水化，PVAといえども耐水性が云々される用途があるらしい（日本合成） |

### 13.3 放射線硬化組成物に熱可塑性樹脂を分散した組成物

| 昭59-185631 | PVCに若干（0.1～5重量部）のポリオレフィンをブレンドし，さらに有機錫化合物，および多官能モノマーを添加したコンパウンドをスタンパ成形し，後，電子線架橋してレコードディスクを造る。成形しやすくなる（日立電線） |
|---|---|

昭59-43044（公告）
　発明の名称：成形物の製造方法
　出　願　人：大日本インキ化学工業
　本発明の狙いは，耐熱性，耐シガレットマーク性，硬度，抗張力に優れたカレンダー，押出成形の可能な床材用トップコート剤の開発にある。これに対応してきた従来技術は，イ）PVCの高重合度化，ロ）ポリエステル系等の高級可塑剤の使用，ハ）PVCの電子線架橋，等であった。また最近新しく取り上げられている方法に，ニ）PVC＋反応性可塑剤＋有機過酸化物（触媒）からなる組成物を加熱しつつ電子線を照射して架橋させる方法がある。しかし，これらの方法には耐シガレットマーク性は改善されるのであるが，イ）PVCの分解によって着色する，ロ）二次加工時に製品が着色する，と言う欠点があった。
　発明の方法は，
　　A　PVC
　　B　反応性可塑剤（少なくとも一個の芳香環を有す）
　　C　光増感剤
　　D　安定剤
　　E　必要に応じ重合禁止剤
からなる組成物をトップコート剤として使用するところにある。表6・3に実施例を示す。なお，シートの成形条件は，二本のカレンダーロールを使用し，170℃で10分混練りした。シートの厚みは0.3mmであった。UV照射条件は，高圧水銀灯を使用（80W/cm），光源ランプからの距離15cm，ベルトスピード20m/分，であった。表6・3において，例えば実施例16に対し，比較例2と4の結果を見ていただければ改善効果がよくわかる。

第6章 光成形シート関連特許

| 公開番号 | 内　容 |
|---|---|

表6・3　昭59-185631実施例と比較例(一部抜粋)

| | | 実施例 | | | | 比較例 | | | | |
|---|---|---|---|---|---|---|---|---|---|---|
| | | 13 | 14 | 15 | ⑯ | 1 | ② | 3 | ④ | 5 |
| 配合（部）| PVC ($\overline{P}=1050$)[1] | 100 | 100 | 100 | 100 | 100 | 100 | 100 | 100 | 100 |
| | エチレン-酢酸ビニル共重合体[2] | | | 10 | | | | | | |
| | DOP | | 10 | | | | 50 | 48 | | |
| | ビスアクリロイルオキシエチレンフタレート | | | | | | | 2 | | |
| | トリメチロールプロパンモノベンゾエートジアクリレートジアリルフタレート | 30 | 50 | 50 | | | | | | |
| | 2,2-ビス(4-アクリロキシジエトキシフェニル)プロパンウレタンアクリレート[3] | | | | 50 | | | | | |
| | トリメチロールプロパントリアクリレート | | | | | | | | 50 | 50 |
| | ベンゾインイソプロピルエーテル | 0.3 | 0.3 | 0.3 | 0.3 | | | | 0.3 | 0.3 |
| | ハイドロキノン | — | — | — | — | | | | — | — |
| | ステアリン酸カドミウム | 1.0 | 1.0 | 1.0 | 1.0 | 1.0 | 1.0 | 1.0 | | |
| | ステアリン酸バリウム | 0.5 | 0.5 | 0.5 | 0.5 | 0.5 | 0.5 | 0.5 | 1.0 | |
| | ステアリン酸亜鉛 | | | | | | | | | 0.5 |
| | ジブチルスズマレート | | | | | | | | | |
| | 2,5-ジ-($t$-ブチル)ヒドロキノン | | | | | | | | | |
| | 4,4'-ジヒドロキシジフェニル | | | | | | | | | |
| | トリス(ノニルフェニル)フォスファイト | | | | | | | | | |
| 物性 | 耐シガレットマーク性 | ○ | △～○ | ○ | ○ | × | × | × | ○ | ○ |
| | 耐熱着色性(分) | 80 | 90 | 80 | 85 | 100 | 100 | 100 | 30 | 20 |
| | 耐候性 | △ | | △～○ | △～○ | △ | | | ×～△ | ×～△ |
| | 熱変形温度(℃) | 65 | 62 | 65 | 62 | 67 | 測定不能[4] | 測定不能[4] | 67 | 67 |
| | 抗張力 (23℃)(kg/cm²) | 630 | 540 | 630 | 615 | 530 | 210 | 250 | 620 | 600 |
| | 〃 (50℃)( 〃 ) | 450 | 360 | 450 | 440 | 330 | — | — | 440 | 440 |
| | 伸び (23℃) | 18 | 38 | 49 | 14 | 5 | 308 | 288 | 18 | 16 |
| | ブラベンダーのトルク安定性 | ○ | ○ | ○ | ○ | ○ | | | ○ | ○ |

注) 1) ゼオン103EP：日本ゼオン社製
　　2) エバスレン410（酢酸ビニル含量60重量％）：大日本インキ化学社製
　　3) 1,6-ヘキサンジオール（1モル）/キシリレンジイソシアネート（2モル）/2-ヒドロキシエチルメタクリレート（1モル）の反応生成物
　　4) 20℃以下
実施例⑯に対し比較例②と④の結果をみると効果がわかる。また,他に耐シガレットマーク性が◎の実施例もあった。

昭60-31321（公告）
　発明の名称：本質上非重合性の高分子量ビニル樹脂を含有する放射線硬化性分散体
　出願人：ユニオン・カーバイド
　コーティング剤の抱えている社会的背景としては,加工の高速化の要請,有機溶剤の不足,大気汚染防止条例への対応,エネルギー危機問題等である。これらに対応するために,コーティング剤を放射線重合型組成物に切り替えることが行われている。ところが,硬化時の収縮が,基材との接着力低下と言う問題点を残した。その改善策として,ビニル樹脂の溶解混入が試みられたが,今度は粘度が上昇しすぎてコーティングには不向きな組成物になってしまった。またビニル樹脂を低分子量にする試み（USP-3943103）もなされたが,これも塗

| 公開番号 | 内　　　容 |
|---|---|
|  | 膜の耐溶剤性の低下と言う問題としてはねかえり，配合処方に苦慮してきたと言うのが現状であった。<br>　そこで，発明の方法は，アクリル単量体またはアクリル低重合体，またはその両者からなる組成物に高分子量のビニル樹脂を（溶解するのではなく）単に分散させた組成物を使用するのである。例えば次のような組成物<br>　　ジアクリル酸ネオペンチレングリコール　　16部<br>　　アクリル酸2-エチルヘキシル　　　　　　 8部<br>　　アクリル酸2-ヒドロキシエチル　　　　　 16部<br>　　あまに油エポキシドアクリレート　　　　　16部<br>　　ジエトキシアセトフェノン　　　　　　　　 1部<br>を70％に対し，塩化ビニル酢酸ビニル共重合体（比率95/5）30％を加え長時間ミキサーで分散させたものを基材に塗布し，評価した結果を表6・4に示してある。透明性，付着性，可とう性，耐溶剤性に優れた塗膜を得たと報じている。<br><br>表6・4　昭60-31321実施例<br><br>| PVC樹脂 | a | b | ⓒ | d | e | （組成物A） |<br>|---|---|---|---|---|---|---|<br>| 固有粘度（平均） | 1.3 | 1.2 | 0.9 | 1.26 | 1.25 | （例　1） |<br>| 被膜厚（ミル） | 0.34 | 0.25 | 0.3 | 0.27 | 0.3 | 0.40 |<br>| 60°光沢 | 53 | 89 | 88 | 90 | 89 | 98 |<br>| スオード硬度 | 16 | 34 | 32 | 34 | 34 | 32 |<br>| 鉛筆硬度 | 2B | F～H | H | F | H | H |<br>| クロスハッチ付着性，％ | 100 | 100 | 100 | 100 | 100 | 50～100 |<br>| 耐アセトン性，秒 | ＞300 | ＞300 | ＞300 | ＞300 | ＞300 | ＞300 |<br>| 表面耐衝撃性，in-lb | 50～80 | ＞135 | ＞135 | ＞140 | ＞165 | ＞165 |<br>| 裏面耐衝撃性，in-lb | ＞165 | 100 | 100 | 70 | 55 | 80 |<br><br>（注）　a～eは塩化ビニル，酢酸ビニル共重合体樹脂の種類を示す。どの種類においてもポリマー成分を30％入れると組成物Aに比しクロスハッチ性が改善される。 |

---

特許はインターネットで自由に検索できる時代になっています。再版にあたって特許の部分を削除することも考えましたが，十余年前の出願ですでに権利期間を満了している特許や間もなく権利期間を満了する特許もあります。当時の特許出願状況，特許の権利期間を満了して公知になっている技術の確認，利用などいろいろのご参考になると考え，そのまま掲載しました。

シーエムシー出版　編集部

# 第7章　光成形シートの実験試作法

赤松　清[*]

## 1　はじめに

前章までに光成形シートの製造について，その製造機械，使用する感光性樹脂，光成形シートの物性，特徴などについて述べたが，本書を読まれる方々の中には，自分で光成形シートを試作してみようと思われる方も多いと考え，本章では実験試作方法を記述する。

## 2　実験用の機器

光成形シートの実験には，最初に光源の準備が必要である。光源にはいろいろの種類がある。一般的には高圧水銀灯か紫外線蛍光灯が使用されており，その中にいろいろの種類があるが，実験試作用には紫外線蛍光灯（ケミカルランプと呼称され図7・1のように波長370nm付近を中心とした紫外光を発光する）を使用する。その理由は，価額が安いこと，光源の発熱が少ないこと，光反応に寄与する近紫外光が多いこと，並列に並べて面光源に近い状態で使用できることなどである。

紫外線蛍光灯には捕虫用蛍光灯と複写用蛍光灯があるが，どちらを使用してもよい。捕虫用蛍光灯の方は近紫外光が多く複写用蛍光灯の方は短波長側が多くなっている。

光成形シートの実験においては，感光性樹脂をガラス板で挟んで露光するため，300nm以下（350nm以下）の紫外光はガラス板で遮断されるため，短波長の部分は反応に寄与しないのでどちらかといえば捕虫用蛍光灯の方が好ましい。

紫外線蛍光灯（ケミカルランプ）は蛍光灯メーカー各社の製品があるが，いずれも規格は同一である。カタログにある規格の一例を示しておく（表7・1，表7・2）。

周知の紫外線光源として殺菌灯があるが，殺菌灯は放電灯であり，図7・2のように発光波長は253nmであり，この波長はガラス板で遮断されるため，光成形シートの実験には好ましくない。

筆者らが現在，実験のために作製して使用している装置を記せば，蛍光灯は密接して8本を並列に並べて取り付け（取り付け用の箱があるために間隔は蛍光灯の中心間で80mm程度になる）

---

[*]　Kiyoshi Akamatsu　　（財）生産開発科学研究所

光成形シートの実際技術

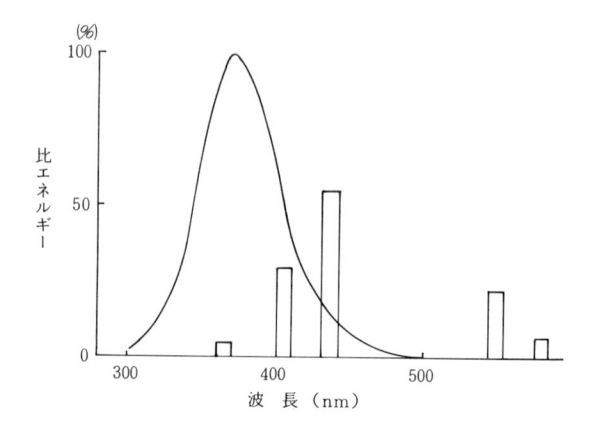

(松下電器産業(株)データーより)

図7・1　ケミカルランプ分光エネルギー分布

(松下電器産業(株)データーより)

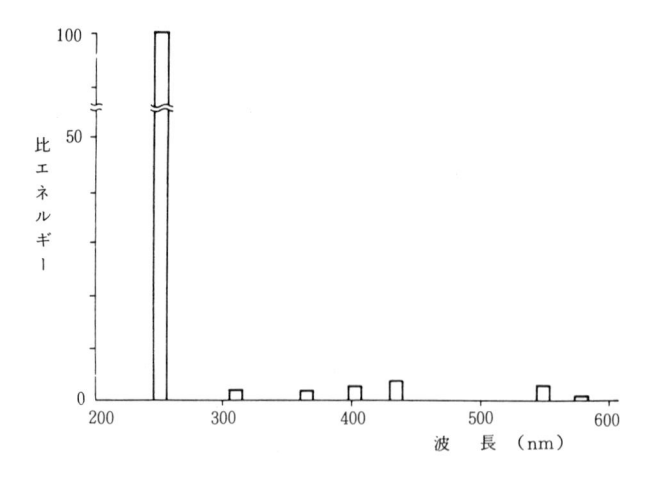

図7・2　殺菌灯分光エネルギー分布

面状にして，それを上下に二面使用して上下両側より紫外光を照射できるようにしている．上下の灯間距離は約150mmであり，その中間に厚さ5mmのガラス板を取り付け，そのガラス板の上に，厚さ3mmのガラス板2枚で挟んでシート状に圧延した感光性樹脂を置き，上下より紫外

第7章 光成形シートの実験試作法

表7・1 捕虫用蛍光灯

虫の集まりやすい近紫外線と青色光を発生する。
昆虫のすう光性を利用した捕虫機用の光源である。

分光分布

| 種別 | | 品名 | 寸法(mm) ガラス管の径 | 寸法(mm) 長さ(外径/内径) | 口金 | 定格 ランプ電力(W) | 定格 ランプ電流(A) | 特性 紫外線出力(W) | 定格寿命(h) | 適合点灯管 | 標準価格(円)(税別) | 御注文品番 | POSコード下6桁 | 備考 | |
|---|---|---|---|---|---|---|---|---|---|---|---|---|---|---|---|
| 直管 スタータ形 | | FL 6BA-37・K | 15.5 | 210.5 | G 5 | 6 | 0.147 | 0.7 | 2000 | FG-7E FG-7P | 700 | FL 6BA 37K | 307910 | 最大波長 370 nm | 1箱 10×5 |
| | | FL 15BA 37・K | 25.5 | 436 | G 13 | 15 | 0.300 | 2.1 | 4000 | FG-1E FG-1P | 700 | FL 15BA 37K | 307927 | 最大波長 370 nm | 1箱 10×1 |
| | | FL 20S・BA-37・K | 32.5 | 580 | G 13 | 20 | 0.360 | 3.2 | 5000 | FG-1E FG-1P | 700 | FL 20SBA 37K | 307934 | 最大波長 370 nm | 1箱 25×1 |
| | | FL 40S・BA-37・K | 32.5 | 1198 | G 13 | 40 | 0.420 | 8.0 | 5000 | FG-4P | 1,350 | FL 40SBA 37K | 307941 | 最大波長 370 nm | 1箱 25×1 |
| U形 スタータ形 | | FUL 14BA-37・K | 42×20 | 190 | G10q | 14 | 0.300 | 1.5 | 4000 | FG-1E FG-1P | 1,100 | FUL 14BA 37K | 307958 | 最大波長 370 nm | 1箱 50×1 |
| | | FCL 15BA-37・K | 26 | 170/118 | G10q | 15 | 0.300 | 1.8 | 4000 | FG-1E FG-1P | 1,150 | FCL 15BA 37K | 310507 | 最大波長 370 nm | 1箱 30×1 |
| 丸形 スタータ形 | | FCL 20BA-37・K | 31 | 207/145 | G10q | 20 | 0.375 | 2.8 | 4000 | FG-1E FG-1P | 1,150 | FCL 20BA 37K | 310514 | 最大波長 370 nm | 1箱 30×1 |
| | | FCL 30BA-37・K | 31 | 227/165 | G10q | 30 | 0.610 | 4.7 | 4000 | FG-1E FG-1P | 1,200 | FCL 30BA 37K | 310521 | 最大波長 370 nm | 1箱 30×1 |
| | | FCL 32BA-37・K | 31 | 303/241 | G10q | 32 | 0.435 | 6.5 | 4000 | FG-5P | 1,300 | FCL 32BA 37K | 310538 | 最大波長 370 nm | 1箱 20×1 |

注) ・電気特性は一般の蛍光灯と同じであるから、安定器は一般の蛍光灯用のそのまま使用できる。FUL 14にはFL 15用安定器を使用する。
・専用の器具で使用する。
・ラピッド安定器には使用できない。

(松下電器産業(株) 1989年カタログより)

## 光成形シートの実際技術

### 表 7・2 複写用蛍光灯

分光分布 (BA-37)

分光分布 (BA-42)

光化学反応の強いエネルギーを発生する。ジアゾ複写機や、製版用として広く使用されている。

| 品番 | 寸法 (mm) ガラス管の径 | 寸法 (mm) 長さ | 口金 | 定格ランプ電力 (W) | 初特性 ランプ電流 (A) | 初特性 紫外線出力 (W) | 定格寿命 (h) | 適合 点灯管 | 標準価格 (円) (税別) | 御注文品番 | POS コード下6桁 | 備考 | |
|---|---|---|---|---|---|---|---|---|---|---|---|---|---|
| FL10BA-37 | 23.5 | 330 | G13 | 10 | 0.230 | 1.35 | 4000 | FG-7E FG-7P | 700 | FL10BA37 | 307781 | 最大波長 370nm | 1箱 10×4 |
| FL15BA-37 | 25.5 | 436 | G13 | 15 | 0.300 | 2.1 | 4000 | FG-1E FG-1P | 700 | FL15BA37 | 307798 | 最大波長 370nm | 1箱 10×4 |
| FL20BA-37 | 38 | 580 | G13 | 20 | 0.375 | 3.2 | 5000 | FG-1E FG-1P | 700 | FL20BA37 | 307804 | 最大波長 370nm | 1箱 10×3 |
| FL40BA-37 | 38 | 1,198 | G13 | 40 | 0.435 | 8.0 | 5000 | FG-4P | 1,350 | FL40BA37 | 307811 | 最大波長 370nm | 1箱 10×2 |
| FL20BA-42 | 38 | 580 | G13 | 20 | 0.375 | 3.2 | 5000 | FG-1E FG-1P | 700 | FL20BA42 | 307828 | 最大波長 370nm | 1箱 10×3 |
| FL40BA-42 | 38 | 1,198 | G13 | 40 | 0.435 | 8.0 | 5000 | FG-4P | 1,350 | FL40BA42 | 307835 | 最大波長 420nm | 1箱 10×2 |

注）●電気特性は一般の蛍光灯と同じであるから、安定器は一般の蛍光灯用がそのまま使用できる。専用の機器で使用する。
●ラピッド安定器には使用できない。

（松下電器産業（株） 1989年カタログより）

光を照射するようにしている（後述のシートを作製する方法を参照）。

　紫外線蛍光灯の変圧器は通常の蛍光灯のように灯の取り付け台の箱の中に取り付けると変圧器の発熱のために照光時に昇温があるので，蛍光灯の変圧器は別に取り付け箱を作って別置きとして，紫外光照射部の昇温を防止するようにしている。

　蛍光灯を並列に取り付けた上側の板は開閉できる。また外側に紫外光が漏れないように赤色の透明なアクリル板で周囲を囲って遮光している。

　蛍光灯を上下に付けた箱状の露光器の一部に小形の排気扇を付けて，樹脂の蒸発ガスの排除と箱内の昇温を防止している。

　次に実験に必要なものは，感光性樹脂液を挟んで圧着してシート状にするためのフィルムとガラス板である。ガラス板は通常の厚み2mm～3mmのもので25cm×30cm程度のものを数枚準備する。洗浄する時に手を傷付けないようにガラス板の端縁擦りをしておくこと（発注時の一寸した注意であるが実験を安全にするために必要であり，化学薬品を扱う場合に手を傷付けることは極力防止しなければならない）。フィルムはポリエステルフィルムで，厚さ100ミクロン～150ミクロンの厚手のものを準備する。薄いフィルムを使用すると感光性樹脂液を挟んでシート状に圧延する場合に波打ちができて光成形シートの表面が凹凸に成形される。ポリエステル以外のポリエチレン，ポリプロピレン，塩化ビニールなどのフィルムを用いると，耐熱性が低いために反応発熱の大きい感光性樹脂の場合には収縮して歪みができることがある。

　フィルムを使用することなく，ガラス板の上に直接感光性樹脂を流すと，ガラスに光硬化接着して剥離できない。実験時に離型剤を必要とする場合には，筆者らはダイキン工業（株）のダイフリースプレーA741を使用しており，離型効果は良いようである。しかし，これを実験の都度ガラス全面にむらなく塗布することは実験が繁雑になり，感光性樹脂の圧延もポリエステルフィルムを使用する方が容易である。

## 3　実験用樹脂の配合

　光成形シートを作製するための感光性樹脂の配合は前にも記述してあるが，本章では実験室規模の試作により，いろいろの検討を行うことを目的として説明する。

　実験的に光成形シートを作る場合の配合例として比較的簡単なものを以下に数種示す。

a.　ウレタン系感光性樹脂
　　　（協和発酵-109H）　50gr
　　ヒドロキシエチルメタクリレート

　　　　　（共栄社油脂ライトエステルHOその他市販品が多い）　50gr
　b．PEGのアクリレート
　　　　　（共栄社油脂 9EG-A）　50gr
　　　　ヒドロキシエチルメタクリレート　50gr
　c．ウレタンアクリレート
　　　　　（日本合成，UV 3000B）　70gr
　　　　ヒドロキシエチルメタクリレート　30gr
　d．ウレタンアクリレート
　　　　　（日本合成，UV 7000B）　70gr
　　　　2-ヒドロキシ-3-フェノキシプロピルアクリレート
　　　　　（共栄社油脂，600A）　30gr
　e．ウレタンアクリレート
　　　　　（協和発酵，501H）　70gr
　　　　$N,N$-ジメチルアクリルアミド
　　　　　（興人，DMAA）　30gr
　f．$N,N$-ジメチルアクリルアミド
　　　　　（興人，DMAA）　50gr
　　　　ヒドロキシエチルメタクリレート　50gr
　g．PEGのアクリレート
　　　　　（共栄社油脂，9EG-A）　50gr
　　　　トリメチロールプロパントリアクリレート
　　　　　（共栄社油脂，TMP-A）　50gr
（注）　すべての配合に光反応開始剤として2-ヒドロキシ-2-メチル-1-フェニルプロパン-1-オン（メルク社，ダロキュア1173）を1gr添加する。

　以上の配合は光成形シートを比較的簡単に試作できる配合であり，また配合とシートの性状について概要を捉えることができるものを選定したものである。また前章までの説明と関連づけて，御理解を深めて戴けることも考慮した。
　上記の配合（a.）は協和発酵工業（株）のMDI（ジフェニルメタン4,4′-ジイソシアナート）とポリエステルポリオールのウレタンアクリレートにヒドロキシエチルメタクリレート（HEMA）を等量配合したものであり，ウレタンアクリレートの高粘度をHEMA（ヒドロキシエチルメタクリレート）で調節し，配合樹脂の粘度を下げて気泡を抜き易くしたもので，強靱な光成形シート

が得られる。配合（b.）はポリエチレングリコール400のジアクリレートとHEMAを配合したものであり，感光性樹脂組成物として最も一般的な配合組成物である。強度はウレタンアクリレートを配合した（a.）の強靱さに及ばないが，かなりの強度をもった無色透明な光成形シートが得られる。配合（c.）はウレタンアクリレートを用いて，弾力のある組成を示したものでゴム状の性質をもつシートが得られる。配合（d.）はかなり硬いウレタンを用いた場合で，柔軟な性質を示し耐水性のあるフェノキシプロピルアクリレートを配合して，無色透明で吸湿性のないシートを得る例である。配合（e.）は親水性を考慮したウレタンアクリレートとしてMDIとポリエチレングリコールを用いたウレタンアクリレートと親水性のジメチルアクリルアミドを配合した親水性樹脂組成物であり，水を混合して光成形シートを作ることができる配合組成である。微生物の包括などの場合に使用できる可能性のある一例である。微生物を利用した反応は微生物の種類，使用目的により大きく異なるので単純に樹脂組成の結論を言うことはできないが，水や培地などが安定に保持され，流通し，また微生物が流出散逸しない樹脂組成が必要であり，さらに微生物が樹脂の中で増殖し得るものであることも必要である。配合（f.）は親水性のモノマーの配合でこの組成の光成形シートは水中で崩壊する。配合（g.）はポリエチレングリコールのアクリロイル基にアクリレートを3個持つモノマーを配合したものでHEMAを配合した配合（b.）と比較して，架橋点が3個の場合を考える一つの点である。物性の変化にはいろいろの要因が交絡しているので，単純に言うことはできないが，一つの樹脂配合の参考例として記述した。

　上記の配合例に記した感光性樹脂モノマーは，メーカーと商品名を明記してあるように販売されているもので，何時でも誰でも入手できるものである。市販されている感光性樹脂は非常に多く，製品説明書もいろいろのものがメーカーから出ているが，光成形シートの実験試作を実施される場合に参考になると思われるものの一例を示せば以下のようである。

＜東亜合成化学工業（株）　説明書より＞

アロニックス

| 製品名 | 分類 | 構造式 | 粘度 (cps/℃) | 残溶剤 (%) | 酸価 (mgKOH・g) | 皮膚刺激性 (P.I.I.) | 引火点 (℃) |
|---|---|---|---|---|---|---|---|
| M-101 (*X-301A) | 特殊アクリレート（単官能） | $CH_2=CHCO(OC_2H_4)_n O-\bigcirc$ | 20/25 | <1 | <1 | 0.7 | 130 |
| M-111 (*X-511A) | 〃 | $CH_2=CHCO(OC_2H_4)_n O-\bigcirc-C_9H_{19}$ | 80/25 | <1 | <1 | 2.0 | 160 |
| M-113 (*X-513A) | 〃 | $CH_2=CHCO(OC_2H_4)_n O-\bigcirc-C_9H_{19}$ | 110/25 | <1 | <1 | 1.1 | 130 |
| M-117 (*N-217A) | 〃 | $CH_2=CHCO(OC_3H_6)_n O-\bigcirc-C_9H_{19}$ | 130/25 | <1 | <1 | | |
| M-220 (*N-120X) | 特殊アクリレート（2官能） | $CH_2=CHCO(OC_3H_6)_3 OCOCH=CH_2$ | 10〜20/25 | <1 | <5 | 1.4 | 132 |
| M 305 (*M-105) | 特殊アクリレート（3官能） | $(CH_2=CHCOOCH_2)_3 CCH_2OH$ | 400〜800/25 | <1 | <4 | 2.8 | 170 |
| M-309 (*M-109) | 〃 | $(CH_2=CHCOOCH_2)_3 CCH_2CH_3$ | 50〜150/25 | <1 | <4 | 3.6 | 85 |
| M-310 (*N-110X) | 〃 | $[CH_2=CHCO(OC_3H_6)_n OCH_2]_3 CCH_2CH_3$ ($n \div 3$) | 80〜120/25 | <1 | <1 | 1.1 | 122 |
| M-311X | 〃 | $CH_2=CHCO(OC_3H_6)_l OCH_2$<br>$CH_2=CHCO(OC_3H_6)_m OCH$<br>$CH_2=CHCO(OC_3H_6)_n OCH_2$<br>$l+m+n=4$ | 50〜100/25 | <1 | <1 | | |
| M-1100 | ウレタンアクリレート（芳香族型） | $CH_2=CHCOO-R'-OOCNH-$<br>$-R-NHCOO-(ポリオール)-OOCNH-$<br>$-R-NHCOO-R'-OOCCH=CH_2$ | 80000〜120000/50 | <1 | <2 | 1 | 130 |
| M-1200 | ウレタンアクリレート（無質変型） | | 200000〜300000/50 | <1 | <2 | 1 | 130 |
| M-5400 | オリゴエステルアクリレート（単官能） | $CH_2=CHCOOC_2H_4OOC-\bigcirc-COOH$ | 4000〜6000/25 | <1 | <300 | − | 137 |
| M-5500 | 〃 | $CH_2=CHCOOC_2H_4OOC-CH_2CH_2COOH$ | 100〜300/25 | <1 | <300 | 4.5 | 160 |
| M-5700 | 〃 | $CH_2=CHCOOCH_2-CHCH_2O-\bigcirc$<br>$\quad\quad\quad\quad\quad\quad\quad\quad\quad\mid$<br>$\quad\quad\quad\quad\quad\quad\quad\quad\quad OH$ | 100〜300/25 | <1 | <1 | 3.4 | 89 |

*印は、旧製品名

# 第7章 光成形シートの実験試作法

## 一 覧 表 〔I〕

| 硬化物性能 | | | 特　徴 | 用途 | | | | | |
|---|---|---|---|---|---|---|---|---|---|
| 引張強度 (kg/cm²) | 伸び率 (%) | $T_g$ (℃) | | インキ | 塗料 | 接着, シーリング剤 | エポキシ樹脂の改良 | ゴム・プラスチックの改良 | 感光性樹脂 |
| — | — | −25 | 皮膚刺激性が非常に低い<br>低粘度である | ○ | ○ | ○ | | | ○ |
| 6 | 250 | −8 | 皮膚刺激性が非常に低い<br>柔軟で良く伸びる塗膜が得られる | ○ | ○ | ○ | | | ○ |
| 1 | 50 | −43 | 皮膚刺激性が非常に低い<br>各種樹脂との相溶性が優れている | ○ | ○ | ○ | | | ○ |
| 3 | 60 | −20 | 皮膚刺激性が非常に低い<br>各種樹脂との相溶性が優れている | ○ | ○ | ○ | | | ○ |
| — | — | — | 皮膚刺激性が非常に低い<br>低粘度である | ○ | ○ | ○ | | | ○ |
| — | — | — | 硬化性が優れている | ○ | ○ | ○ | | | |
| 270 | — | — | 硬化性が優れている<br>各種樹脂との相溶性が優れている | ○ | ○ | ○ | ○ | ○ | |
| 170 | — | — | 皮膚刺激性が非常に低い<br>硬化性が優れている | ○ | ○ | ○ | ○ | ○ | |
| — | — | — | 皮膚刺激性が非常に低い | ○ | ○ | ○ | | | ○ |
| 250 | 40 | 47 | 強じんで耐キズ性の優れた塗膜が得られる<br>軟質塩ビに対する接着性が優れている | ○ | ○ | ○ | | | |
| 250 | 50 | 35 | 強じんで耐キズ性の優れた塗膜が得られる<br>軟質塩ビに対する接着性が優れている | ○ | ○ | ○ | | | |
| — | — | — | −COOH基を有するモノマーである | ○ | ○ | ○ | | ○ | ○ |
| 3〜5 | 40〜60 | −40 | COOH基を有するモノマーである | ○ | ○ | ○ | | ○ | ○ |
| 7〜12 | 200〜300 | 17 | OH基を有するモノマーである<br>柔軟で良く伸びる塗膜が得られる | ○ | ○ | ○ | | ○ | ○ |

&lt;東亜合成化学工業(株) 説明書より&gt;

アロニックス

| 製品名 | 分類 | 構造式 | 粘度 (cps/℃) | 残溶剤 (%) | 酸価 (mgKOH/g) | 皮膚刺激性 (P.I.I.) | 引火点 (℃) |
|---|---|---|---|---|---|---|---|
| M-102 | 特殊アクリレート (単官能) | $CH_2=CH-CO-(OC_2H_4)_n-O-\phi$ ($n \fallingdotseq 4$) | 30〜70/25 | <1 | <4 | <0.7 | − |
| M-150 | N-ビニル-2-ピロリドン | (N-ビニルピロリドン構造) $CH=CH_2$ | 2/25 | <1 | <1 | 0.4 | 98 |
| M-152 | 特殊アクリレート (単官能) | $CH_2=CHCOOCH_2CH_2O-$(ジシクロペンテニル基) | 20/25 | <1 | <1 | <4.5 | − |
| M-205 | 特殊アクリレート (2官能) | $CH_2=CHCO-(OC_2H_4)_2-O-\phi-SO_2-\phi-O-(OC_2H_4)_2-OCCH=CH_2$ | 10000〜30000/25 | <1 | <30 | − | − |
| M-210 | 特殊アクリレート (2官能) | $CH_2=CH-CO-(OC_2H_4)_2-O-\phi-C(CH_3)_2-\phi-O-(OC_2H_4)_2-OC-CH=CH_2$ | 800〜1200/25 | <1 | <4 | 0.4 | − |
| M-215 | 特殊アクリレート (2官能) | $HOCH_2CH_2-$、$CH_2CH_2COOCH=CH_2$、$CH_2CH_2COOCH=CH_2$ (イソシアヌレート環) | 5000〜15000/25 | <10 | <2 | 3.7 | − |
| M-233 | 特殊アクリレート | $CH_3-(CH_2)_n-COOCH_2-C(CH_2COOCH=CH_2)(CH_2OH)(CH_2COOCH)$ ($n \fallingdotseq 16$) | 100〜500/50 | <1 | <10 | 3.5 | − |
| M-240 | 特殊アクリレート | $CH_2=CHCOO-(CH_2CH_2O)_4-COCH=CH_2$ | 22/25 | <1 | <1 | 4.0 | 145 |
| M-315 | 特殊アクリレート | $CH_2=CHCOOCH_2CH_2-$、$CH_2CH_2COOCH=CH_2$、$CH_2CH_2COOCH=CH_2$ (イソシアヌレート環) | 300/60 | <1 | <1 | 0 | − |
| M-325 | 特殊アクリレート | $CH_2=OHCOOCH_2CH_2-$、$CH_2CH_2COOCH=CH_2$、$CH_2CH_2O-CO-(CH_2)_5-OCOCH=CH_2$ (イソシアヌレート環) | 4000/25 | <1 | <1 | − | − |

## 第7章 光成形シートの実験試作法

## 一 覧 表 〔Ⅲ〕

| 硬 化 物 性 能 | | | 特　　　徴 | 用　途 | | | | | |
|---|---|---|---|---|---|---|---|---|---|
| 引張強度 (kg/cm²) | 伸び率 (%) | $T_g$ (°C) | | インキ | 塗料 | 接着,シーリング材 | エポキシ樹脂の改良 | ゴム,プラスチックの改良 | 感光性樹脂 |
| － | － | － | 皮膚刺激性が非常に低い<br>低臭気である | ○ | ○ | ○ | | | ○ |
| － | － | － | 硬化性が優れている<br>プラスチックに対する接着性が秀れている | ○ | ○ | ○ | | | ○ |
| － | － | － | 低粘度である<br>柔軟で良く伸びる塗膜が得られる<br>硬化性が優れている | ○ | ○ | ○ | | | ○ |
| 670 | 5 | 82 | 硬化性が優れている<br>耐熱性が優れている<br>フィルムの引張強度が強い | ○ | ○ | ○ | | | ○ |
| 530 | 3 | 75 | 皮膚刺激性が非常に低い<br>フィルムの引張強度が強い | ○ | ○ | ○ | | | ○ |
| － | － | 166 | 耐熱性が優れている<br>高硬度の塗膜が得られる | ○ | ○ | ○ | ○ | ○ | ○ |
| － | － | － | 親油性が高く，天然油脂，鉱油等に対する相溶性が良好である | ○ | ○ | | | | |
| － | － | － | 柔軟で良く伸びる塗膜が得られる | ○ | ○ | | | | ○ |
| 700 | 1 | ＞250 | 耐熱性が優れている<br>高硬度の塗膜が得られる<br>硬化性が優れている | ○ | ○ | ○ | ○ | ○ | ○ |
| 700 | 5 | 187 | 耐熱性が優れている<br>高硬度の塗膜が得られる<br>硬化性が優れている | ○ | ○ | ○ | ○ | ○ | ○ |

• 単官能メタクリレート

＜共栄社油脂化学工業（株）　説明書より＞

| 商　品　名 | 化　学　名 | 構　造　式 | 外　観 |
|---|---|---|---|
| ライトエステル　M | メチルメタクリレート | $CH_2=\overset{CH_3}{\underset{\underset{O}{\|\|}}{C}}-C-OCH_3$ | 透明液体 |
| ライトエステル　E | エチルメタクリレート | $CH_2=\overset{CH_3}{C}-\underset{\underset{O}{\|\|}}{C}-OC_2H_5$ | 透明液体 |
| ライトエステル　NB | n-ブチルメタクリレート | $CH_2=\overset{CH_3}{C}-\underset{\underset{O}{\|\|}}{C}-OC_4H_9$ | 透明液体 |
| ライトエステル　IB | イソブチル　メタクリレート | $CH_2=\overset{CH_3}{C}-\underset{\underset{O}{\|\|}}{C}-OCH_2CH(CH_3)_2$ | 透明液体 |
| ライトエステル　EH | 2-エチルヘキシル　メタクリレート | $CH_2=\overset{CH_3}{C}-\underset{\underset{O}{\|\|}}{C}-OCH_2\underset{C_2H_5}{CH}\ C_4H_9$ | 透明液体 |
| ライトエステル　ID | イソデシル　メタクリレート | $CH_2=\overset{CH_3}{C}-\underset{\underset{O}{\|\|}}{C}-OCH_2CH\underset{CH_3}{\ }CH_2CH_2CH\underset{CH_3}{\overset{CH_3}{\ }}$ | 透明液体 |
| ライトエステル　L | n-ラウリル　メタクリレート | $CH_2=\overset{CH_3}{C}-\underset{\underset{O}{\|\|}}{C}-OC_{12}H_{25}$ | 透明液体 |
| ライトエステル　L-5 | アルキル（$C_{12\sim13}$）メタクリレート | $CH_2=\overset{CH_3}{C}-\underset{\underset{O}{\|\|}}{C}-OC_nH_{2n+1}$　$n=12\sim13$ | 透明液体 |
| ライトエステル　TD | トリデシル　メタクリレート | $CH_2=\overset{CH_3}{C}-\underset{\underset{O}{\|\|}}{C}-O\ C_{13}H_{27}$ | 透明液体 |
| ライトエステル　S | n-ステアリル　メタクリレート | $CH_2=\overset{CH_3}{C}-\underset{\underset{O}{\|\|}}{C}-O\ C_{18}H_{37}$ | 透明液体（m.p. 20℃） |
| ライトエステル　130MA | メトキシポリエチレングリコール　メタクリレート | $CH_2=\overset{CH_3}{C}-\underset{\underset{O}{\|\|}}{C}-O-(CH_2CH_2O)_n-CH_3$　$n=9$ | 透明液体 |
| ライトエステル　041MA | メトキシポリエチレングリコール　メタクリレート | $CH_2=\overset{CH_3}{C}-\underset{\underset{O}{\|\|}}{C}-O-(CH_2CH_2O)_n-CH_3$　$n=30$ | 白色固体 |
| ライトエステル　CH | シクロヘキシル　メタクリレート | $CH_2=\overset{CH_3}{C}-\underset{\underset{O}{\|\|}}{C}-O-\bigcirc\mathrm{H}$ | 透明液体 |
| ライトエステル　THF | テトラヒドロフルフリル　メタクリレート | $CH_2=\overset{CH_3}{C}-\underset{\underset{O}{\|\|}}{C}-OCH_2-\bigcirc\mathrm{H}$ | 透明液体 |
| ライトエステル　IB-X | イソボルニル　メタクリレート | $CH_2=\overset{CH_3}{C}-\underset{\underset{O}{\|\|}}{C}-O-$(イソボルニル基) | 透明液体 |
| ライトエステル　BZ | ベンジル　メタクリレート | $CH_2=\overset{CH_3}{C}-\underset{\underset{O}{\|\|}}{C}-O-CH_2-\bigcirc$ | 透明液体 |

## 第7章 光成形シートの実験試作法

| 性 | | | 状 | | | 用 | | | 途 | 化審法No. |
| --- | --- | --- | --- | --- | --- | --- | --- | --- | --- | --- |
| 色 数 (APHA) | 比 重 ($D_4^{20}$) | 沸 点 (℃/mmHg) | 引火点 (℃) | 重合禁止剤 (MEHQ・PPm) | ﾎﾟﾘﾏｰ-Tg (℃) | 樹脂改質 | 塗料 | 粘接着 | ｾﾝｲ処理 | TSCA No. |
| 10> | 0.944 | 100 / 760 | 30 | 3 | 105 | ○ | ○ | | | 2 − 1036<br>80-62-6 |
| 30> | 0.914 | 118 / 760<br>77 / 200 | 49 | 25 | 65 | ○ | ○ | | | 2 − 1039<br>97-63-2 |
| 20> | 0.889 ($D_4^{23}$) | 163 / 760<br>90 / 67<br>50 / 12 | 54 | 25 | 20 | ○ | ○ | ○ | ○ | 2 − 1039<br>97-88-1 |
| 30> | 0.882 ($D_4^{23}$) | 155 / 760 | 49 | 25 | 48 | ○ | ○ | ○ | | 2 − 1039<br>97-86-9 |
| 30> | 0.884 | 229 / 760<br>134 / 50<br>101 / 10 | 102 | 30 | -10 | ○ | ○ | | ○ | 2 − 1039<br>688-84-6 |
| 100> | 0.880 ($D_4^{23}$) | | 100 | | | ○ | ○ | | | 2 − 1039<br>29964-84-9 |
| 50> | 0.872 | 205 / 50<br>170 / 10<br>120 / 1 | 132 | 250 | -65 | ○ | ○ | | ○ | 2 − 1039<br>142-90-5 |
| 100> | 0.874 | 142 / 2 | 150 | 100 | | ○ | ○ | | ○ | 2 − 1039<br>142-90-5<br>2495-25-2 |
| 100> | 0.883 | 141 / 5 | 138 | | -46 | ○ | ○ | | ○ | 2 − 1039<br>2495-25-2 |
| 250> | 0.864 | 205 / 5 | 192 | 250 | 38 | ○ | | | ○ | 2 − 1039<br>32360-05-7 |
| 100> | | | | 300 | | ○ | | | ○ | 7 − 1442<br>26915-72-0 |
| 400> | | | | 300 | | ○ | | | ○ | 7 − 1442<br>26915-72-0 |
| 50> | 0.966 | 210 / 760<br>60 / 2 | 90 | 100 | 66 | ○ | ○ | ○ | | 3 − 2305<br>101-43-9 |
| 20> | 1.065 | 75 / 3 | 102 | 1000 | | ○ | ○ | ○ | | 5 − 57<br>2455-24-5 |
| 30> | 0.9815 ($D_4^{23}$) | 113 / 7<br>74 / 2 | | 50 | 180 | ○ | ○ | ○ | | 4 − 1492<br>7534-94-3 |
| 30> | 1.039 | 160 / 100<br>115 / 10 | 102 | 200 | 54 | ○ | ○ | | | 3 − 1017<br>2495-37-6 |

- 単官能メタクリレート

＜共栄社油脂化学工業(株) 説明書より＞

| 商 品 名 | 化 学 名 | 構 造 式 | 外 観 |
|---|---|---|---|
| ライトエステル　HO | 2-ヒドロキシエチル　メタクリレート | $CH_2=\overset{CH_3}{\underset{O}{C}}-\overset{}{\underset{}{C}}-O-CH_2CH_2OH$ | 透明液体 |
| ライトエステル　HOP | 2-ヒドロキシプロピル　メタクリレート | $CH_2=\overset{CH_3}{C}-\underset{O}{C}-O-CH_2\underset{OH}{C}HCH_3$ | 透明液体 |
| ライトエステル　HOA | 2-ヒドロキシエチル　アクリレート | $CH_2=CH-\underset{O}{C}-O-CH_2CH_2OH$ | 透明液体 |
| ライトエステルHOP-A | 2-ヒドロキシプロピル　アクリレート | $CH_2=CH-\underset{O}{C}-OCH_2\underset{OH}{C}HCH_3$ | 透明液体 |
| ライトエステル　HOB | 2-ヒドロキシブチル　メタクリレート | $CH_2=\overset{CH_3}{C}-\underset{O}{C}-OCH_2\underset{OH}{C}HCH_2CH_3$ | 透明液体 |
| ライトエステル　DM | ジメチルアミノエチル　メタクリレート | $CH_2=\overset{CH_3}{C}-\underset{O}{C}-O-CH_2CH_2N(CH_3)_2$ | 透明液体 |
| ライトエステル　DE | ジエチルアミノエチル　メタクリレート | $CH_2=\overset{CH_3}{C}-\underset{O}{C}-O-CH_2CH_2N(CH_2CH_3)_2$ | 透明液体 |
| ライトエステル　DQ-100 | ジメチルアミノエチル　メタクリレート四級化物 | $CH_2=\overset{CH_3}{C}-\underset{O}{C}-O-CH_2CH_2\overset{\oplus}{\underset{Cl^-}{N}}(CH_3)_3$ | 白色結晶 |
| ライトエステル　A | メタクリル酸 | $CH_2=\overset{CH_3}{C}-\underset{O}{C}-OH$ | 透明液体 (mp15c) |
| ライトエステルHO-MS | 2-メタクリロイルオキシエチル　コハク酸 | $CH_2=\overset{CH_3}{C}-\underset{O}{C}-O-CH_2CH_2-O-\underset{HO-C-CH_2}{\overset{O}{C}}-CH_2$ | 透明液体 |
| ライトエステルHO-MP | 2-メタクリロイルオキシエチル　フタル酸 | $CH_2=\overset{CH_3}{C}-\underset{O}{C}-O-CH_2CH_2O-\overset{O}{C}-\underset{HO-C}{\bigcirc}$ | 粘稠液体 |
| ライトエステル　G | グリシジル　メタクリレート | $CH_2=\overset{CH_3}{C}-\underset{O}{C}-O-CH_2CH-CH_2$ | 透明液体 |
| ライトエステル　PM | モノ(2-メタクリロイルオキシエチル)　アシッドホスフェート | $CH_2=\overset{CH_3}{C}-\underset{O}{C}-O-CH_2CH_2-O-\underset{OH}{\overset{O}{P}}-OH$ | 透明液体 |
| ライトエステル　PA | モノ(2-アクリロイルオキシエチル)　アシッドホスフェート | $CH_2=CH-\underset{O}{C}-O-CH_2CH_2-O-\underset{OH}{\overset{O}{P}}-OH$ | 透明液体 |

## 第7章 光成形シートの実験試作法

| 性 | | | 状 | | | 用 | | | 途 | 化審法 No. |
|---|---|---|---|---|---|---|---|---|---|---|
| 色 数 (APHA) | 比 重 ($D_4^{20}$) | 沸 点 (℃/mmHg) | 引火点 (℃) | 重合禁止剤 (MEHQ・PPm) | ポリマ-Tg (℃) | 樹脂改質 | 塗料 | 粘接着 | センイ処理 | T S C A No. |
| 30> | 1.072 | 95 / 10<br>87 / 5<br>68 / 1 | 108 | 250 | 55 | ○ | ○ | ○ | ○ | 2 - 1044<br>868-77-9 |
| 30> | 1.027 | 100 / 15<br>79 / 5 | 104 | 300 | 76 | ○ | ○ | ○ | ○ | 2 - 1044<br>923-26-2 |
| 30> | 1.110 | 82 / 5 | 104 | 300 | -15 | ○ | ○ | ○ | ○ | 2 - 995<br>818-61-1 |
| 30> | 1.054 | 77 / 5 | 100 | 200 | -7 | ○ | ○ | ○ | ○ | 2 - 997<br>25584-83-2 |
| 30> | 1.011 ($D_4^{25}$) | | | 50 | | ○ | ○ | ○ | | 2 - 1044 |
| 30> | 0.936 | 186 / 760<br>87 / 25<br>68 / 10 | 64 | 2000 | 18 | ○ | ○ | ○ | ○ | 2 - 1047<br>2867-47-2 |
| 30> | 0.921 | 114 / 30 | 90 | 2000 | 20 | ○ | ○ | ○ | ○ | 2 - 1048<br>105-16-8 |
| 100><br>20%水溶液 | | | | 1000 | | ○ | | | ○ | 2 - 1047と<br>2 - 35の塩<br>5039-78-1 |
| 30> | 1.014 | 161 / 760<br>107 / 100<br>60 / 10 | 77 | 100 | 185 | ○ | ○ | ○ | ○ | 2 - 1025<br>79-41-4 |
| G-3> | | | 155 | 1000 | | ○ | | ○ | | 9 - 1934<br>20882-04-6 |
| 100> | | | 150 | 1000 | | ○ | | ○ | | 3 - 1275<br>27697-00-3 |
| 50> | 1.077 | 189 / 760<br>75 / 10 | 84 | 40 | 46 | ○ | ○ | ○ | ○ | 2 - 1041<br>106-91-2 |
| G-5> | 1.27-1.35 ($D_4^{25}$) | | 140 | 1000 | | ○ | ○ | ○ | ○ | 2 - 1976<br>52628-03-2 |
| G-5> | | | | 2000 | | ○ | ○ | ○ | ○ | 2 - 2916<br>32120-16-4 |

## ・多官能メタクリレート

＜共栄社油脂化学工業（株）説明書より＞

| 商 品 名 | 化 学 名 | 構 造 式 | 外 観 |
|---|---|---|---|
| ライトエステル EG | エチレングリコール<br>ジメタクリレート | $CH_2=\overset{CH_3}{\underset{}{C}}-\underset{\underset{O}{\parallel}}{C}-O-CH_2CH_2-O-\underset{\underset{O}{\parallel}}{C}-\overset{CH_3}{\underset{}{C}}=CH_2$ | 透明液体 |
| ライトエステル 2EG | ジエチレングリコール<br>ジメタクリレート | $CH_2=\overset{CH_3}{\underset{}{C}}-\underset{\underset{O}{\parallel}}{C}-O(CH_2CH_2-O)_2-\underset{\underset{O}{\parallel}}{C}-\overset{CH_3}{\underset{}{C}}=CH_2$ | 透明液体 |
| ライトエステル 1・4BG | 1.4 ブタンジオール<br>ジメタクリレート | $CH_2=\overset{CH_3}{\underset{}{C}}-\underset{\underset{O}{\parallel}}{C}-O-C_4H_8-O-\underset{\underset{O}{\parallel}}{C}-\overset{CH_3}{\underset{}{C}}=CH_2$ | 透明液体 |
| ライトエステル 1・6HX | 1.6 ヘキサンジオール<br>ジメタクリレート | $CH_2=\overset{CH_3}{\underset{}{C}}-\underset{\underset{O}{\parallel}}{C}-O-C_6H_{12}-O-\underset{\underset{O}{\parallel}}{C}-\overset{CH_3}{\underset{}{C}}=CH_2$ | 透明液体 |
| ライトエステル TMP | トリメチロールプロパン<br>トリメタクリレート | $\begin{array}{l}CH_3\\CH_2=C-C-O-CH_2\\\phantom{CH_2=C-}\overset{}{\underset{O}{\parallel}}\\CH_3\\CH_2=C-C-O-CH_2-C-CH_2-CH_3\\\phantom{CH_2=C-}\overset{}{\underset{O}{\parallel}}\\CH_3\\CH_2=C-C-O-CH_2\\\phantom{CH_2=C-}\overset{}{\underset{O}{\parallel}}\end{array}$ | 透明液体 |
| ライトエステル G-101P | グリセリン<br>ジメタクリレート | $\begin{array}{l}CH_3\\CH_2=C-C-O-CH_2\\\phantom{CH_2=C-}\overset{}{\underset{O}{\parallel}}\phantom{-O-CH_2}CH-OH\\CH_3\\CH_2=C-C-O-CH_2\\\phantom{CH_2=C-}\overset{}{\underset{O}{\parallel}}\end{array}$ | 透明液体 |

## 第7章　光成形シートの実験試作法

| 性 | | | | | | 用 | | 途 | | 化審法 No. |
|---|---|---|---|---|---|---|---|---|---|---|
| 色　数 (APHA) | 比　重 ($D_4^{20}$) | 沸　点 (℃/mmHg) | 引火点 (℃) | 重合禁止剤 (MEHQ・PPm) | ポリマ-Tg (℃) | 樹脂改質 | 塗料 | 粘接着 | センイ処理 | T S C A No. |
| 30> | 1.048 | 97 / 4 | 113 | 100 | | ○ | ○ | ○ | | 2 - 1056 <br> 97-905 |
| 300> | 1.064 | 128 / 3 | 145 | 100 | | ○ | ○ | ○ | | 2 - 1057 <br> 25852-47-5 |
| 200> | 1.020 | 110 / 3 | 130 | 225 | | ○ | ○ | | | 2 - 1059 <br> 2082-81-7 |
| 200> | | | 148 | 100 | | ○ | ○ | | | 2 - 1059 <br> 6606-59-3 |
| 100> | 1.062 ($D_4^{23}$) | 200以上/ 1 | 174 | 100 | | ○ | ○ | ○ | | 2 - 1062 <br> 3290-92-4 |
| 200> | | | | 200 (BHT500) | | ○ | ○ | ○ | | 2 - 958 |

光成形シートの実際技術

<共栄社油脂化学工業(株) 説明書より>

| 商品名 | 化学名 | 構造式 | 外観 |
|---|---|---|---|
| ライトエステル TB | t-ブチル メタクリレート | $CH_2=\overset{CH_3}{\underset{\phantom{|}}{C}}-\underset{O}{\overset{\phantom{|}}{C}}-O-\overset{CH_3}{\underset{CH_3}{C}}-CH_3$ | 透明液体 |
| ライトエステル L-7 | アルキル(C₁₂〜₁₅) メタクリレート | $CH_2=\overset{CH_3}{C}-\underset{O}{C}-O-C_nH_{2n+1}$   n=12〜15 | 透明液体 |
| ライトエステル IS | イソステアリル メタクリレート | $CH_2=\overset{CH_3}{C}-\underset{O}{C}-O-CH_2CH\overset{C_9H_{19}}{\underset{C_7H_{15}}{\phantom{C}}}$ | 透明液体 |
| ライトエステル BH | ベヘニル メタクリレート | $CH_2=\overset{CH_3}{C}-\underset{O}{C}-O-C_{22}H_{45}$ | 白色固体 |
| ライトエステル MC | メトキシジエチレングリコール メタクリレート | $CH_2=\overset{CH_3}{C}-\underset{O}{C}-O-(CH_2CH_2O)_2CH_3$ | 透明液体 |
| ライトエステル MTG | メトキシトリエチレングリコール メタクリレート | $CH_2=\overset{CH_3}{C}-\underset{O}{C}-O-(CH_2CH_2O)_3CH_3$ | 透明液体 |
| ライトエステル BO | n-ブトキシエチル メタクリレート | $CH_2=\overset{CH_3}{C}-\underset{O}{C}-O-CH_2CH_2OC_4H_9$ | 透明液体 |
| ライトエステル PO | 2-フェノキシエチル メタクリレート | $CH_2=\overset{CH_3}{C}-\underset{O}{C}-O-CH_2CH_2-\text{C}_6\text{H}_5$ | 透明液体 |
| ライトエステル HO-MPP | 2-メタクリロイルオキシエチル・2-ヒドロキシプロピルフタレート | $CH_3-\overset{OH}{CH}-CH_2-O-\underset{O}{C}-\text{C}_6\text{H}_4-\underset{O}{C}-O-CH_2-CH_2-O-\underset{O}{C}-\overset{CH_3}{C}=CH_2$ | 透明液体 |
| ライトエステル GMH-301 | グリセロールモノ メタクリレート | $CH_2=\overset{CH_3}{C}-\underset{O}{C}-O-CH_2-\overset{OH}{CH}-CH_2-OH$ | 透明液体 |
| ライトエステル G-201P | 2-ヒドロキシ-3-アクリロイルオキシプロピル メタクリレート | $CH_2=\overset{CH_3}{C}-\underset{O}{C}-O-CH_2-\overset{OH}{CH}-CH_2-O-\underset{O}{C}-CH=CH_2$ | 透明液体 |
| ライトエステル CL | 3-クロロ-2-ヒドロキシプロピル メタクリレート | $CH_2=\overset{CH_3}{C}-\underset{O}{C}-O-CH_2-\overset{OH}{CH}-CH_2-Cl$ | 透明液体 |
| ライトエステル 3EG | トリエチレングリコール ジメタクリレート | $CH_2=\overset{CH_3}{C}-\underset{O}{C}-O-(CH_2CH_2O)_3-\underset{O}{C}-\overset{CH_3}{C}=CH_2$ | 透明液体 |
| ライトエステル 4EG | PEG=200 ジメタクリレート | $CH_2=\overset{CH_3}{C}-\underset{O}{C}-O-(CH_2CH_2O)_4-\underset{O}{C}-\overset{CH_3}{C}=CH_2$ | 透明液体 |
| ライトエステル 9EG | PEG=400 ジメタクリレート | $CH_2=\overset{CH_3}{C}-\underset{O}{C}-O-(CH_2CH_2O)_9-\underset{O}{C}-\overset{CH_3}{C}=CH_2$ | 透明液体 |
| ライトエステル 14EG | PEG=600 ジメタクリレート | $CH_2=\overset{CH_3}{C}-\underset{O}{C}-O-(CH_2CH_2O)_{14}-\underset{O}{C}-\overset{CH_3}{C}=CH_2$ | 透明液体 |

第7章 光成形シートの実験試作法

| 性 | | | | 状 | | 用 | | 途 | | 化審法No. |
|---|---|---|---|---|---|---|---|---|---|---|
| 色 数 (APHA) | 比 重 ($D_4^{20}$) | 沸 点 (℃/mmHg) | 引火点 (℃) | 重合禁止剤 (MEHQ・PPm) | ポリマ-Tg (℃) | 樹脂改質 | 塗料 | 粘接着 | センイ処理 | TSCA No. |
| 30> | 0.875 | 67 / 70<br>52 / 35 | 38 | 200 | 107 | ○ | ○ | | | 2 - 1039<br>97-88-1 |
| 100> | 0.867 ($D_4^{23}$) | 147~158 / 4 | 150 | 100 | | ○ | ○ | ○ | ○ | 2 - 1039<br>6140-74-5 |
| 250> | | | | 250 | | ○ | | | | 2 - 1039<br>32360-05-7 |
| 300> | | | | | | ○ | | | | 2 - 2488<br>16669-27-5 |
| 50> | | | | 100 | | ○ | ○ | | | 7 - 1442<br>45103-58-0 |
| 100> | | | | 100 | | ○ | ○ | | | 7 - 1442<br>24493-59-2 |
| 30> | 0.9390 ($D_4^{23}$) | 104 / 15 | 94 | 250 | | ○ | ○ | | | 2 - 1057 |
| 200> | 1.0858 | 138 / 7 | | 100 | | ○ | ○ | | | 新規物質<br>10595-06-9 |
| 100> | | | | 1000 | | ○ | ○ | ○ | | 7 - 1005 |
| 200> | 1.184 ($D_4^{23}$) | 189 / 760 | | 120 | | ○ | | ○ | | 2 - 1063<br>5919-74-4 |
| 200> | | | | | | ○ | | ○ | | 2 - 958 |
| 50> | 1.192 ($D_4^{23}$) | 107 / 5 | 138 | 250 (HQ) | | ○ | | | | 2 - 1032<br>13159-52-9 |
| 150> | 1.071 ($D_4^{23}$) | 162 / 2 | 150 | | | ○ | ○ | ○ | | 2 - 1049<br>109-16-0 |
| 150> | 1.079 ($D_4^{23}$) | 162 / 16<br>155 / 1 | 150 | 100 | | ○ | ○ | ○ | | 2 - 1056<br>109-17-1 |
| 150> | 1.102 ($D_4^{23}$) | | 200< | | | ○ | ○ | ○ | ○ | 7 - 1009<br>25852-47-5 |
| 150> | | | 200< | | | ○ | ○ | ○ | ○ | 7 - 1009<br>25852-47-5 |

・検討品，少量製造品(2)

＜共栄社油脂化学工業(株) 説明書より＞

| 商品名 | 化学名 | 構造式 | 外観 |
|---|---|---|---|
| ライトエステル 1・3 BG | 1.3-ブタンジオール ジメタクリレート | $CH_2=\overset{CH_3}{\underset{\underset{O}{\parallel}}{C}}-C-O-CH_2 \overset{CH_3}{\underset{}{CH}}-O-\overset{CH_3}{\underset{\underset{O}{\parallel}}{C}}-C=CH_2$ | 透明液体 |
| ライトエステル NP | ネオペンチルグリコール ジメタクリレート | $CH_2=\overset{CH_3}{\underset{\underset{O}{\parallel}}{C}}-C-O-CH_2-\overset{CH_3}{\underset{CH_3}{C}}-CH_2-O-\overset{CH_3}{\underset{\underset{O}{\parallel}}{C}}-C=CH_2$ | 透明液体 |
| ライトエステル 1・10 DC | 1.10-デカンジオール ジメタクリレート | $CH_2=\overset{CH_3}{\underset{\underset{O}{\parallel}}{C}}-C-O-C_{10}H_{20}-O-\overset{CH_3}{\underset{\underset{O}{\parallel}}{C}}-C=CH_2$ | 透明液体 |
| ライトエステル BP-2EM | ビスフェノール A の EO付加物 ジメタクリレート | $CH_2=\overset{CH_3}{\underset{\underset{O}{\parallel}}{C}}-C-O-CH_2CH_2-O-\langle\bigcirc\rangle-\overset{CH_3}{\underset{CH_3}{C}}-\langle\bigcirc\rangle-O-CH_2CH_2-O-\overset{CH_3}{\underset{\underset{O}{\parallel}}{C}}-C=CH_2$ | 透明液体 |
| ライトエステル BR-NP | ジブロモネオペンチルグリコール ジメタクリレート | $CH_2=\overset{CH_3}{\underset{\underset{O}{\parallel}}{C}}-C-O-CH_2-\overset{CH_2Br}{\underset{CH_2Br}{C}}-CH_2-O-\overset{CH_3}{\underset{\underset{O}{\parallel}}{C}}-C=CH_2$ | 白色固体 |
| ライトエステル BR-MA | テトラブロモビスフェノール A の EO 付加物ジメタクリレート | $CH_2=\overset{CH_3}{\underset{\underset{O}{\parallel}}{C}}-C-OCH_2CH_2-O-\langle\bigcirc_{Br}^{Br}\rangle-\overset{CH_3}{\underset{CH_3}{C}}-\langle\bigcirc_{Br}^{Br}\rangle-O-CH_2CH_2-OC-\overset{CH_3}{\underset{\underset{O}{\parallel}}{C}}=CH_2$ | 白色固体 |
| ライトエステル MG | メタクリル酸 マグネシウム塩 | $\left(CH_2=\overset{CH_3}{\underset{\underset{O}{\parallel}}{C}}-C-O\right)_2 Mg$ | 白色粉末 |
| ライトエステル M-3F | トリフロロエチル メタクリレート | $CH_2=\overset{CH_3}{\underset{\underset{O}{\parallel}}{C}}-C-O-CH_2-CF_3$ | 透明液体 |
| ライトエステル M-4F | 2.2.3.3-テトラフロロプロピル メタクリレート | $CH_2=\overset{CH_3}{\underset{\underset{O}{\parallel}}{C}}-C-O-CH_2-CF_2CF_2H$ | 透明液体 |
| ライトエステル M-6F | 2.2.3.4.4.4-ヘキサフロロ ブチルメタクリレート | $CH_2=\overset{CH_3}{\underset{\underset{O}{\parallel}}{C}}-C-O-CH_2-CF_2-CFH-CF_3$ | 透明液体 |
| ライトエステル FM-108 | パーフロロオクチルエチル メタクリレート | $CH_2=\overset{CH_3}{\underset{\underset{O}{\parallel}}{C}}-C-O-C_2H_4-C_8F_{17}$ | 透明液体 |
| ライトエステル FM-102 | | $C_9F_{17}-\langle\bigcirc\rangle-C-O-CH_2\overset{}{\underset{OH}{CH}}-CH_2-O-\overset{CH_3}{\underset{\underset{O}{\parallel}}{C}}-C=CH_2$ | 透明液体 |

## 第7章 光成形シートの実験試作法

| 性 | | 状 | | | | 用 | | 途 | | 化審法 No. |
|---|---|---|---|---|---|---|---|---|---|---|
| 色数 (APHA) | 比重 ($D_4^{20}$) | 沸点 (℃/mmHg) | 引火点 (℃) | 重合禁止剤 (MEHQ·PPm) | ポリマーTg (℃) | 樹脂改質 | 塗料 | 粘接着 | センイ処理 | TSCA No. |
| 50> | 1.014 | 110 / 3 | 130 | 200 | | ○ | ○ | ○ | | 2 -1059<br>1189-08- 8 |
| 50> | | | | 50 | | ○ | ○ | | | 2 -1062<br>1985-51- 9 |
| | | 124 / 0.07 | | | | ○ | | | | 2 -958<br>6701-13- 9 |
| | | | | | | ○ | | | | 4 -917<br>19727-16- 3 |
| 200> | | | | | | ○ | | | | 2 -2602 |
| 200> | | | | 50 | | ○ | | | | 4 -1421 |
| | | | | | | ○ | | | | 2 - 2593 |
| 30> | 1.180 ($D_4^{23}$) | 80 / 150 | | 100 | | ○ | ○ | | | 2 -1031<br>352-87- 4 |
| 30> | 1.265 ($D_4^{23}$) | 84 / 40 | | 100 | | ○ | ○ | | | 2 -1031 |
| 30> | 1.346 ($D_4^{23}$) | 76 / 40 | | 100 | 50 | ○ | ○ | | | 2 -2595 |
| 200> | 1.659 ($D_4^{23}$) | 120 / 4 | | 100 | 40 | ○ | | | ○ | 2 -3483<br>1996-88- 9 |
| 300> | | | | | | ○ | | | | 新規物質 |

このカタログに記載のデータは、弊社での試験資料さらには他の技術資料などに基づくものであり、御参考までに作成したものです。なお、製品規格をお取り決めの際は、前もって弊社にお問合せ下さい。

• 単官能アクリレート

＜共栄社油脂化学工業（株）　説明書より＞

| 商品名 | 化学名 | 構造式 | 色数 (APHA) | 粘度 (CPS/25℃) |
|---|---|---|---|---|
| IA-A | イソアミルアクリレート | $CH_2=CH\,COO\,CH_2\,CH_2\,CH(CH_3)CH_3$ | <160 | 1〜2 |
| L-A | ラウリルアクリレート | $CH_2=CH\,COO\,C_{12}H_{25}$ | <250 | 4〜5 |
| S-A | ステアリルアクリレート | $CH_2=CH\,COO\,C_{18}H_{37}$ | <60 | 8〜10 |
| BO-A | ブトキシエチルアクリレート | $CH_2=CH\,COO\,CH_2\,CH_2\,OC_4H_9$ | <30 | 3〜4 |
| EC-A | エトキシジエチレングリコールアクリレート | $CH_2=CH\,COO(CH_2\,CH_2\,O)_2\,C_2H_5$ | <200 | 4〜5 |
| MTG-A | メトキシトリエチレングリコールアクリレート | $CH_2=CH\,COO(CH_2\,CH_2\,O)_3\,CH_3$ | <200 | 5〜6 |
| DPM-A | メトキシジプロピレングリコールアクリレート | $CH_2=CH\,COO(CH_2\,CH_2\,O)_2\,CH_3$ / $CH_3$ | <300 | 2〜3 |
| PO-A | フェノキシエチルアクリレート | $CH_2=CH\,COO\,CH_2\,CH_2\,O-\phi$ | <100 | 10〜15 |
| P-200A | フェノキシポリエチレングリコールアクリレート | $CH_2=CH\,COO(CH_2\,CH_2\,O)_n-\phi$, $n≒2$ | <200 | 10〜12 |
| THF-A | テトラヒドロフルフリルアクリレート | $CH_2=CH\,COO\,CH_2-(THF)$ | <30 | 4〜5 |
| IB-XA | イソボルニルアクリレート | $CH_2=CH\,COO-(isobornyl)$ | 10 | 5〜10 |
| ライトエステル HOA | 2-ヒドロキシエチルアクリレート | $CH_2=CH\,COO\,CH_2\,CH_2\,OH$ | <50 | 4〜5 |
| ライトエステル HOP-A | 2-ヒドロキシプロピルアクリレート | $CH_2=CH\,COO\,CH_2\,CH(CH_3)-OH$ | <50 | 5〜6 |
| M-600A | 2-ヒドロキシ-3-フェノキシプロピルアクリレート | $CH_2=CH\,COO\,CH_2\,CH(OH)CH_2-O-\phi$ | <2 ガードナー | 150〜200 |
| HOA-MS | 2-アクリロイルオキシエチルコハク酸 | $CH_2=CH\,COO\,CH_2\,CH_2\,OCOCH_2\,CH_2-COOH$ | <500 | 170〜190 |
| HOA-MPL | 2-アクリロイルオキシエチルフタル酸 | $CH_2=CH\,COO\,CH_2\,CH_2\,OCO-\phi-COOH$ | <100 | 5,000〜10,000 |
| HOA-MPE | 2-アクリロイルオキシエチル-2-ヒドロキシエチルフタル酸 | $CH_2=CHCOOCH_2CH_2OCO-\phi-OCOCH_2CH_2OH$ | <10 ガードナー | 600〜1,300 |
| HOA-HH | 2-アクリロイルオキシエチルヘキサヒドロフタル酸 | $CH_2=CH\,COO\,CH_2\,CH_2\,OCO-(H)-COOH$ | <100 | 3,000〜9,000 |
| ライトエステル PA | 2-アクリロイルオキシエチルアシッドフォスフェート | $CH_2=CH\,COO\,CH_2\,CH_2-O-P(=O)(OH)OH$ | <5 ガードナー | 1,500〜5,000 |

## 第7章 光成形シートの実験試作法

| 状 | | | | | 特　　徴 | 用 | | | 途 | 化審法 No. |
|---|---|---|---|---|---|---|---|---|---|---|
| 酸　度 (%) | 臭気 | 引火点 (℃) | Tg (℃) | PII 値 | | 塗　料 コーティング | インキ | 接着剤 | 感光性樹脂 | TSCA No. |
| <0.12 | 強 | | | | | ○ | | ○ | | 2 - 3442 / 44914-03-6 |
| <0.1 | 微 | | -3 | | 低毒性、接着性、低収縮性 | ○ | ○ | ○ | | 2 - 990 / 2156-97-0 |
| <0.1 | 微 | | | | | ○ | | | | 2 - 990 / 4813-57-4 |
| <0.1 | 強 | | | | 希釈効果大 | ○ | ○ | ○ | | 2 - 1004 / 7251-90-3 |
| <0.1 | 弱 | 115 | | 2.1 | 密着性、耐候性、耐衝撃性良好 希釈効果大 | ○ | ○ | ○ | | 2 - 989 / 7326-17-8 |
| <0.1 | 微 | 148 | | | 密着性、耐候性、 希釈効果大 | ○ | ○ | ○ | | 7 - 1439 |
| <0.12 | 弱 | | | | 低毒性、希釈効果大 | ○ | ○ | | | 7 - 775 |
| <0.1 | 強 | 174 | -22 | 1.5 | 耐候性、耐屈曲性、耐摩耗性、 | ○ | ○ | ○ | | 3 - 3684 / 48145-04-6 |
| <0.12 | 微 | 130 | -25 | 0.7 | 希釈効果大、 | ○ | ○ | | ○ | 3 - 3684 / 56641-05-5 |
| <0.12 | 弱 | | | 5.0 / 8.0 | 耐候性、耐屈曲性、低収縮性 希釈効果大 | ○ | ○ | ○ | | 5 - 57 / 2399-48-6 |
| <0.19 | 強 | | 94 | | 低収縮性、耐熱性、 耐摩耗性良、 | ○ | ○ | ○ | | 4 - 1552 / 5888-33-5 |
| <1.5 | 強 | | -15 | 8.0 | 光沢、透明性良、 樹脂の改質 | ○ | | ○ | | 2 - 995 / 818-61-1 |
| <1.0 | 弱 | | -7 | 3.6 | 樹脂の改質 | ○ | | ○ | | 2 - 997 / 25584-83-2 |
| <0.1 | 弱 | 89 | 17 | 3.4 / 3.6 | 可撓性付与 密着性付与、 | ○ | ○ | ○ | | 3 - 565 / 16969-10-1 |
| AV 250±20 | 弱 | 160 | -40 | 4.5 | 密着性向上 樹脂の改質 | ○ | ○ | ○ | | 2 - 1006 / 50940-49-3 |
| AV 207±7 | 弱 | 137 | | 4.7 | 密着性向上 樹脂の改質 | ○ | ○ | ○ | | 3 - 1280 |
| <0.3 | 弱 | | | | 樹脂の改質、可撓性付与 | ○ | ○ | ○ | ○ | 7 - 1005 |
| AV 208±10 | 弱 | | | | | ○ | ○ | | | 3 - 2444 |
| AV 440±40 | 弱 | | | | 金属との密着性向上 | ○ | ○ | ○ | | 2 - 2916 / 32120-16-4 |

• 多官能アクリレート

＜共栄社油脂化学工業(株) 説明書より＞

| 商品名 | 化学名 | 構造式 | 色数 (APHA) | 粘度 (CPS/25℃) |
|---|---|---|---|---|
| 3EG-A | トリエチレングリコールジアクリレート | $CH_2=CHCOO(CH_2CH_2O)_3-COCH=CH_2$ | <250 | 9〜11 |
| 4EG-A | PEG≠200 ジアクリレート | $CH_2=CHCOO(CH_2CH_2O)_n-COCH=CH_2$ n≒4 | <250 | 10〜12 |
| 9EG-A | PEG≠400 ジアクリレート | $CH_2=CHCOO(CH_2CH_2O)_n-COCH=CH_2$ n≒9 | <200 | 22〜25 |
| 14EG-A | PEG≠600 ジアクリレート | $CH_2=CHCOO(CH_2CH_2O)_n-COCH=CH_2$ n≒14 |  | 50〜70 |
| NP-A | ネオペンチルグリコールジアクリレート | $CH_2=CHCOOCH_2\overset{CH_3}{\underset{CH_3}{C}}CH_2O-COCH=CH_2$ | <150 | 5〜6 |
| 1・6HX-A | 1,6-ヘキサンジオール | $CH_2=CHCOO(CH_2)_6OCOCH=CH_2$ | <200 | 5〜6 |
| BP-4EA | EO変性ビスフェノールAジアクリレート | $CH_2=CHCO(OCH_2CH_2)_2-O-\bigcirc-\underset{CH_3}{\overset{CH_3}{C}}-\bigcirc$ $CH_2=CHCO(OCH_2CH_2)_2-O-\bigcirc$ | <400 | 700〜900 |
| BP-4PA | PO変性ビスフェノールAジアクリレート | $CH_2=CHCO(OCHCH_2)_2O-\bigcirc-\underset{CH_3}{\overset{CH_3}{C}}-\bigcirc$ $CH_2=CHCO(OCHCH_2)_2\underset{CH_3}{}$ | <400 | 1700〜2,200 |
| TMP-A | トリメチロールプロパントリアクリレート | $CH_2OCOCH=CH_2$ $CH_3CH_2-C-CH_2OCOCH=CH_2$ $CH_2OCOCH=CH_2$ | <300 | 80〜120 |
| TMP-6EO-3A | EO変性トリメチロールプロパントリアクリレート | $CH_2O(CH_2CH_2O)_2COCH=CH_2$ $CH_3CH_2-C-CH_2O(CH_2CH_2O)_2COCH=CH_2$ $CH_2O(CH_2CH_2O)_2COCH=CH_2$ | <400 | 60〜80 |
| PE-3A | ペンタエリスリトールトリアクリレート | $CH_2OCOCH=CH_2$ $HO-CH_2-C-CH_2OCOCH=CH_2$ $CH_2OCOCH=CH_2$ | <300 | 600〜1,000 |
| PE-4A | ペンタエリスリトールテトラアクリレート | $CH_2OCOCH=CH_2$ $CH_2=CHCOOCH_2-C-CH_2OCOCH=CH_2$ $CH_2OCOCH=CH_2$ | <200 |  |
| DPE-6A | ジペンタエリスリトールヘキサアクリレート | $CH_2=CHCOOCH_2\ \ CH_2OCOCH=CH_2$ $CH_2=CHCOOCH_2-C-CH_2OCH_2-C-CH_2OCOCH=CH_2$ $CH_2=CHCOOCH_2\ \ CH_2OCOCH=CH_2$ | <500 | 4,000〜7,000 |
| BA-104 | ネオペンチルグリコールアクリル酸安息香酸エステル | $CH_2=CHCOOCH_2-\underset{CH_3}{\overset{CH_3}{C}}-CH_2OCO-\bigcirc$ (主成分) | <300 | <70 |
| BA-134 | トリメチロールプロパンアクリル酸安息香酸エステル | $CH_2OCOCH=CH_2$ $CH_3CH_2COCOCH=CH_2$ (主成分) $CH_2OCO-\bigcirc$ | <400 | <600 |
| G-201P | 3-アクリロイルオキシグリセリンモノメタクリレート | $CH_2=CH-COO-CH_2-\underset{OH}{CH}-CH_2-OCO-\underset{}{\overset{CH_3}{C}}=CH_2$ | <200 | 40〜80 |

## 第7章　光成形シートの実験試作法

| 状 | | | | 特　徴 | 用　途 | | | | 化審法 No. |
|---|---|---|---|---|---|---|---|---|---|
| 酸度(%) | 臭気 | 引火点(℃) | Tg(℃) | PII値 | | 塗料コーティング | インキ | 接着剤 | 感光性樹脂 | TSCA No. |

| 酸度(%) | 臭気 | 引火点(℃) | Tg(℃) | PII値 | 特　徴 | 塗料コーティング | インキ | 接着剤 | 感光性樹脂 | 化審法 No. / TSCA No. |
|---|---|---|---|---|---|---|---|---|---|---|
| <0.1 | 弱 | | | | 希釈効果大 | ○ | ○ | ○ | | 7 - 152 / 26570-48-9 |
| <0.1 | 弱 | 145 | | 4.0 | 柔軟性付与 | ○ | ○ | ○ | | 7 - 152 / 26570-48-9 |
| <0.1 | 微 | 200< | | | 水溶性、耐屈曲性、低収縮率 | ○ | ○ | ○ | ○ | 7 - 152 / 26570-48-9 |
| | 微 | 200< | | | 水溶性、耐屈曲性、低収縮率 | ○ | ○ | ○ | ○ | 7 - 152 / 26570-48-9 |
| <0.1 | 弱 | 115 | 70 | 8.0 / 5.0 | 耐摩耗性良 / 耐引掻性良 | ○ | ○ | ○ | | 2 - 1007 / 2223-82-7 |
| <0.1 | 弱 | 132 | | 5.5 / 6.0 | 希釈効果大、耐屈曲性、柔軟性、接着性、耐水性付与 | ○ | ○ | ○ | | 2 - 1007 / 13048-33-4 |
| <0.1 | 微 | 200< | | 0.8 | 空乾性良 | ○ | ○ | ○ | | 7 - 1436 |
| <0.1 | 微 | 200< | | 0.8 | | ○ | ○ | ○ | | 7 - 1436 |
| <0.2 | 弱 | 180 | | 4.6 / 3.6 | 硬化速度大、高架橋性 | ○ | ○ | ○ | | 2 - 1010 / 15625-87-5 |
| <0.12 | 微 | 200< | | | TMPAの臭気粘度低下品 架橋密度の大きい反応性希釈剤 | ○ | ○ | ○ | ○ | 7 - 775 |
| | 弱 | 180 | | 2.8 | 高架橋性、硬度大、耐熱性 | ○ | ○ | ○ | | 2 - 1003 / 3524-68-3 |
| <0.1 | 微 | 180 | | | 高架橋密度 | ○ | | | | 2 - 2578 / 4986-89-4 |
| <0.3 | 微 | | | 0.8 | 低毒性、硬化性大 硬度大 | ○ | ○ | | ○ | 2 - 3112 |
| <0.12 | 弱 | | | | | ○ | ○ | | | 7 - 687 / 66671-22-5 |
| <0.12 | 弱 | 75 | 45 | 3.5 | 硬度、密着性、光沢、可撓性向上 | ○ | | | | 7 - 687 |
| | 弱 | | | | | ○ | | | | 2 - 958 |

## 光成形シートの実際技術

● 検 討 品

＜共栄社油脂化学工業(株)　説明書より＞

| 商 品 名 | 化　学　名 | 構　造　式 | 色　数 (APHA) | 粘　度 (CPS/25℃) |
|---|---|---|---|---|
| IO-A | イソオクチル　アクリレート | CH₂=CHCOOCH₂(CH₂)₄CH(CH₃)CH₃ | <100 | 1〜2 |
| BZ-A | ベンジル　アクリレート | CH₂=CHCOOCH₂-⟨○⟩ | <30 | 3〜4 |
| NP-EA | ノニルフェノール1EO　アクリレート | CH₂=CHCOOC₂H₄O-⟨○⟩-C₉H₁₉ |  | 80〜100 |
| NP-10EA | ノニルフェノール10EO　アクリレート | CH₂=CHCOO(C₂H₄O)₁₀-⟨○⟩-C₉H₁₉ | <100 | 130〜160 |
| HOB-A | 2-ヒドロキシブチル　アクリレート | CH₂=CHCOOCH₂CHCH₃　　　　　　　　　OH | <100 | 8〜10 |
| FA-108 | パーフロロオクチルエチル　アクリレート | CH₂=CHCOOCH₂CH₂-C₈F₁₇ | <250 | 12〜16 |
| DCP-A | 水添ジシクロペンタジエニル　ジアクリレート | CH₂=CHCOOCH₂-⟨⬡⟩-CH₂OCOCH=CH₂ | <200 | 150±20 |
| BP-2PA | PO変性ビスフェノールA　ジアクリレート | CH₂=CHCOOCHCH₂O-⟨○⟩-C(CH₃)₂-⟨○⟩-OCH₂CHOCOCH=CH₂　　（CH₃） | <300 | 2,000〜3,000 |

166

第7章　光成形シートの実験試作法

| 状 | | | | | 特　　　徴 | 用　　　途 | | | | 化審法 No. |
|---|---|---|---|---|---|---|---|---|---|---|
| 酸度(%) | 臭気 | 引火点(℃) | Tg(℃) | PII値 | | 塗料コーティング | インキ | 接着剤 | 感光性樹脂 | TSCA No. |
| <0.1 | 弱 | | −45 | | 屈曲性<br>低収縮性、耐水性、 | ○ | | ○ | | 29590-42-9 |
| <0.1 | 強 | | 6 | | | ○ | ○ | | | |
| <0.1 | 微 | 130<br>160 | −8 | 2.0 | 低収縮性、柔軟性、 | ○ | ○ | ○ | ○ | |
| <0.1 | 微 | | | | 低毒性、低収縮性、柔軟性、 | ○ | ○ | ○ | | |
| <0.3 | 弱 | | | | 低粘度、希釈力良、耐候性大<br>耐水性向上（2HEA用途） | ○ | ○ | ○ | | 2-958 |
| <0.1 | 微 | | | | 撥水撥油性<br>低屈折率 | ○ | | | | 2-3502 |
| <0.1 | 微 | | | | 低収縮性、 | | | | ○ | 4-1548 |
| <0.2 | 微 | | | | 硬度大 | | | | | 7-1436 |

このカタログに記載のデータは、弊社での試験資料さらには他の技術資料などに基づくものであり、御参考までに作成したものです。なお、製品規格をお取り決めの際は、前もって弊社にお問合せ下さい。

＜共栄社油脂化学工業(株) 説明書より＞

| 品　名 | | 構　造　式 |
|---|---|---|
| エポキシエステル M－600A | エポライトM－600 アクリル酸付加物 | $CH_2=CH-COOCH_2\underset{OH}{CH}CH_2-\bigcirc$ |
| エポキシエステル 40EM | エポライト 40E メタアクリル酸付加物 | $CH_2=\underset{CH_3}{C}-COOCH_2\underset{OH}{CH}CH_2-\underset{C_2H_4}{O}$ <br> $CH_2=\underset{CH_3}{C}-COOCH_2\underset{OH}{CH}CH_2-O$ |
| エポキシエステル 70PA | エポライト 70P アクリル酸付加物 | $CH_2=CH-COOCH_2\underset{OH}{CH}CH_2-\underset{\underset{HC-CH_3}{\mid}}{O}$ <br> $CH_2=CH-COOCH_2\underset{OH}{CH}CH_2-O$ |
| エポキシエステル 200PA | エポライト 200P アクリル酸付加物 | $CH_2=CH-COOCH_2\underset{OH}{CH}-CH_2-O$ <br> $\left(\underset{\underset{O}{\mid}}{\underset{CH-CH_3}{CH_2}}\right)_n$ <br> $CH_2=CH-COOCH_2\underset{OH}{CH}CH_2$ <br> $n=2\sim3$ |
| エポキシエステル 80MFA | エポライト 80MF アクリル酸付加物 | $CH_2=CH-COOCH_2\underset{OH}{CH}CH_2-\underset{\underset{HC-OH}{\mid}}{O}$ <br> $\underset{CH_2}{\mid}$ <br> $CH_2=CH-COOCH_2\underset{OH}{CH}CH_2-O$ |
| エポキシエステル 3002M | エポライト 3002 メタアクリル酸付加物 | $CH_2=\underset{CH_3}{C}-COOCH_2\underset{OH}{CH}CH_2OCH_2\underset{CH_3}{CH}-\bigcirc-\underset{CH_3}{\underset{\mid}{C}}-\underset{CH_3}{\overset{\mid}{C}}$ <br> $CH_2=\underset{CH_3}{C}-COOCH_2\underset{OH}{CH}CH_2OCH_2\underset{CH_3}{CH}-\bigcirc$ |
| エポキシエステル 3002A | エポライト 3002 アクリル酸付加物 | $CH_2=CH-COOCH_2\underset{OH}{CH}CH_2OCH_2\underset{CH_3}{CH}-\bigcirc-\underset{CH_3}{\underset{\mid}{C}}-CH_3$ <br> $CH_2=CH-COOCH_2\underset{OH}{CH}CH_2OCH_2\underset{CH_3}{CH}-\bigcirc$ |

第7章　光成形シートの実験試作法

<共栄社油脂化学工業(株)　説明書より>

# 特殊ウレタンアクリレート

　今回弊社が開発した"ウレタンアクリレート"は、比較的低分子量且つ低粘度で、不飽和度の高い、重合反応性に富んだ、オリゴウレタンアクリレートで有ります。紫外線硬化・電子線硬化(酸素による重合禁止効果は比較的受け難い。)及び熱効果のベースレジンとして、又耐擦傷性ウレタン化合物の特徴である強靭性、密着性等を生かした用途に好適です。

〈一般構造式〉

$$(CH_2=C-COO)_n R_2-O-C-NH-R_3-NH-C-O-R_2(-OCO-C=CH_2)_m$$
$$\begin{array}{c} R_1 \\ | \end{array} \qquad \begin{array}{c} O \\ \| \end{array} \qquad \begin{array}{c} O \\ \| \end{array} \qquad \begin{array}{c} R_1 \\ | \end{array}$$

　　　$R_1$ : H or $CH_3$　　　$R_2$ : アルコール残基　　　$R_3$ : イソシアナート残基
　　　$n+m : 2 \sim 6$

〈特　　徴〉
(1) ウレタンアクリレートとしては比較的"低粘度"で有ります。
(2) 架橋性の高い強靭な皮膜を形成します。
(3) 耐傷性に優れた皮膜を形成します。
(4) ベースレジンとしても架橋剤としても使用できます。
(5) 光反応、熱反応にも使用できます。
(6) 塩ビ、PET(ポリエステル)に対して良好な密着性を有します。

〈用　　途〉
(1) フィルム・プラスチックスのトップコート(ハードコート、傷防止)
(2) プリント・サーキットボード用保護コーティング剤
(3) レジストインキ
(4) 熱可塑性樹脂及び合成ゴムの改質(硬度、耐熱アップ)架橋剤

＜共栄社油脂化学工業（株）　説明書より＞

| UA-204I | AH-600 | ATM-600 | UA-101H | UA-201H |
|---|---|---|---|---|
| IPDIベース アクリル | HDIベース アクリル | TMDIベース アクリル | HDIベース メタクリル | HDIベース アクリル・メタクリル |
| 3〜4 195 | 2 310 | 2 335 | 4 160 | 4 150 |
| 10,800 59 | 95.5 15 | 194 30.5 | 62 | 36.8 |
| 淡黄色粘稠液体 100 0.61 0.14 500 | 淡黄色粘稠液体 50 0.50 0.12 500 | 淡黄色粘稠液体 50 0.50 0.12 500 | 淡黄色液体 200 0.54 0.28 600 | 淡黄色液体 120 6.37 0.05 600 |
| 4 3H 200＜ | 2 2H 200＜ | 3 H〜2H 200＜ | 22〜25 3H〜4H 200＜ | 12〜14 3H 200＜ |
| 塩ビ・PET 密着性良好 | 強　　靭 | 強　　靭 | 硬　度　大 | |
| 7-841 第四類 第三石油類 | 7-841 第四類 第三石油類 | 7-841 第四類 第三石油類 | 7-841 第四類 第三石油類 | 7-841 第四類 第三石油類 |

\*1) 2-ヒドロキシエチルアクリレート10wt％稀釈時粘度
\*2) 2-ヒドロキシエチルアクリレート20wt％稀釈時粘度
\*3) レジン100重量部／ジエトキシアセトフェノン2重量部
　　集光型オゾンタイプランプ80W／cm×1灯
　　距離S〜10cm　コンベア速度6m／分

第7章 光成形シートの実験試作法

＜共栄社油脂化学工業(株) 説明書より＞

## 特殊ウレタンアクリレート

| 項目 | | 品名 | UA-306H | UA-306I | UA-204H |
|---|---|---|---|---|---|
| 特性値・分析例 | | イソシアナート成分 | HDIベース | IPDIベース | HDIベース |
| | | 官能基成分 | アクリル | アクリル | アクリル |
| | 官能基数 | | 4～6 | 4～6 | 3～4 |
| | 不飽和度(g/geq) | | 133 | 147 | 184 |
| | 粘度 at25℃(PS) | | | | |
| | *1)(PS) | | 237.5 | 3,000 | 600 |
| | *2)(PS) | | 7.8 | 22.4 | 15.8 |
| | 外観 | | 淡黄色粘稠液体 | 淡黄色粘稠液体 | 淡黄色粘稠液体 |
| | 色相(APHA) | | 40 | 70 | 100 |
| | 酸価(KOH mg/g) | | 0.45 | 0.53 | 0.68 |
| | 水分(％) | | 0.14 | 0.17 | 0.16 |
| | 重合禁止剤(MEHQ ppm) | | 350 | 350 | 500 |
| フィルム*3特性 | 硬化性(PASS) | | 1＞ | 1＞ | 5 |
| | 鉛筆硬度 | | 4H | 4H | 3H |
| | MEKラビングテスト | | 200＜ | 200＜ | 200＜ |
| | 特徴 | | 塩ビ・PET密着性良好 速硬化性 硬度大 | 塩ビ・PET密着性良好 速硬化性 硬度大 | 塩ビ・PET密着性良好 |
| | 既存化学物質No. | | 7-841 | 7-841 | 7-841 |
| | 危険物分類 | | 第四類 第三石油類 | 第四類 第三石油類 | 第四類 第三石油類 |

＜協和発酵工業(株) 説明書より＞

## DAAM（ダイアセトンアクリルアマイド）

化学式

$$CH_2=CH-\underset{\underset{O}{\|}}{C}-N-\underset{\underset{CH_3}{|}}{\overset{\overset{CH_3}{|}}{C}}-CH_2-\underset{\underset{O}{\|}}{C}-CH_3$$

　DAAMは反応性と溶解性にすぐれたモノマーで樹脂改質剤として広い分野にわたり有益な使用方法が考えられます。

　当社は、そのすぐれた性質に注目し、米国・ルブリゾール社より独占製造実施権を得て始めて国産するものです。

## DAAMモノマーの性質

### 物理的性質

| | |
|---|---|
| 外　観 | 白色針状結晶 |
| 融　点 | 約57℃ |
| 沸　点 | 120℃（8mmHg） |
| 純　度 | ＞99％ |
| 色 | 無色（溶融時） |
| 発火点 (C.O.C.) | ＞110℃（重合熱のため不明確） |
| 粘　度 | 17.9c.s（60℃） |
| 比　重 | 0.998　（60℃） |
| 分子量 | 169.2 |

### 化学的性質

**安　定　性**：DAAMは安定なモノマーで常温以下では長期間放置しても重合する心配はありませんが、幾分黄変があります。
　溶融をさけるため、融点以上で貯蔵したり又融点以上では重合する可能性がありますので、ハイドロキノン、P-ターシャリーブチルカテコール、N-フェニルβナフチルアミン等の安定剤を適量入れて下さい。

**加水分解**：0.1N $H_2SO_4$ 溶液に60℃、48時間浸積しても加水分解を受けません。

## 第7章 光成形シートの実験試作法

P H ：水溶液は中性です。

界 面 活 性：15～20％ＤＡＡＭ水溶液の表面張力は29～30dyne/cmです。

化 学 反 応 性：下記の三ヶ所に反応性官能基をもっています。

　　　　　　　＊炭素間二重結合による重合および付加反応。
　　　　　　　＊＊ケト基による架橋およびその他の反応。
　　　　　　　＊＊＊ケト基のα水素原子による架橋およびその他の置換反応。
　　　　　　　（アマイド水素原子は、隣接する2つのメチル基の立体障害のため不活性です。）

吸 湿 性：やや吸湿性を示し、21℃、相対湿度65％で40時間放置した場合、モノマー自重の5％の水分を吸収します。

溶 解 性：溶剤への溶解性は下記の様です。一般に脂肪属炭化水素には不溶です。

| 溶　剤 | g/100g溶剤、25℃ |
|---|---|
| 水 | >100 |
| メタノール | >100 |
| エタノール | >100 |
| アセトン | >100 |
| テトラヒドロフラン | >100 |
| 酢酸エチル | >100 |
| メチレンクロライド | >100 |
| ベンゼン | >100 |
| アクリロニトリル | >100 |
| スチレン | 98 |
| n-ヘキサノール | 98 |
| 四塩化炭素 | 27.1 |
| イソプロピルエーテル | 9.6 |
| n-ヘプタン | 1.0 |
| 石油エーテル（30～60℃） | 0.1 |

毒 性：$LD_{50}$（白ネズミ）2～5g/kg
　　　皮膚、目に対する刺激はありませんが、アミン類、ビニルモノマー類を取扱うのと同様な注意はして下さい。

<(株)興人　説明書より>

# DMAAの性状

## 1. 一般的性質

- 化学式　　　　$C_5H_9NO$
- 分子量　　　　99.133
- 構造式　　　　$CH_2=CHCON(CH_3)_2$
- 既存化学物質　2-1017

代表的物性値を表-1、蒸気圧曲線を図-1、IRスペクトルを図-2に示します。

表-1. DMAAの代表的物性値

| 項目 | 物性値 |
|---|---|
| 外観 | 無色透明の液体 |
| 比重 $d_4^{20}$ | 0.9653 |
| 屈折率 $n_D^{16}$ | 1.4723 |
| 沸点 | 171～172℃/760mmHg |
| 粘度 | 2.7 c.p. (at 20℃) |
| 引火点 | 80～85℃ |
| 溶解性 | 水、通常の有機溶剤に可溶。n-ヘキサンには不溶。 |
| 吸湿性 | 大気中に放置すると著しく吸湿する。 |

図-1　DMAAの蒸気圧曲線

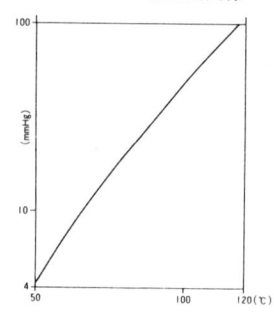

図-2　DMAAのIRスペクトル

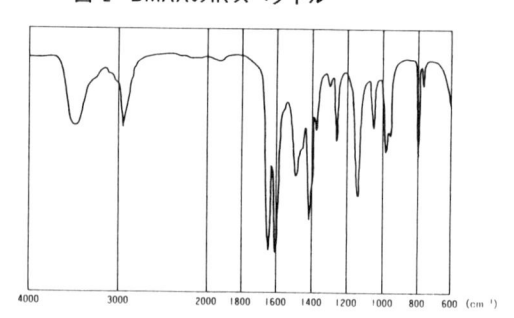

## 2. 重合性

DMAAは、ラジカル重合開始剤によって、速やかに溶液重合、乳化重合、懸濁重合、塊状重合を行う事ができます。

$$CH_2=CHCON(CH_3)_2 \longrightarrow -(CH_2-CH)_n- \\ \phantom{CH_2=CHCON(CH_3)_2 \longrightarrow -(} CON(CH_3)_2$$

AIBNによりトルエン中50°Cでラジカル重合を行った時の成長反応速度定数$k_p$が11,000lit/mol・secといった報告[1]があり、ポリマーの生成速度はスチレンやメチルメタクリレートに比べてかなり大きいです。また、アニオン重合によりアイソタクティックなポリマーが得られます[2]。

DMAAは、他のビニルモノマーと共重合しやすく、DMAA含量のいろいろ異なる各種共重合体を得ることが可能です。

(例)

$$CH_2=C(CH_3)COOCH_3 + CH_2=CHCON(CH_3)_2 \longrightarrow \left(CH_2-\underset{COOCH_3}{\overset{CH_3}{C}}\right)_m \left(CH_2-\underset{CON(CH_3)_2}{CH}\right)_n$$

DMAAと他モノマーの共重合性比は表-2の通りです。

**表-2 DMAAと他モノマーの共重合性比[3]**

| Monomer 2 | Monomer 1 | $r_2$ | $r_1$ |
|---|---|---|---|
| DMAA | Styrene | 1.37 | 0.49 |
|  | Methyl methacrylate | 0.57 | 2.15 |
|  | Acrylic acid | 0.35 | 0.36 |

又、DMAAのQ、e値はQ=0.55、e=−0.56です[4]。
その他グラフト重合も可能であり、いくつかの例が文献に記載されています[5]〜[8]。

## 3. ポリマーの性質

### 3-1. 熱的性質
DMAAのホモポリマーのガラス転移点は120°C前後です[2],[9]。

### 3-2. 溶解性
アタクチックポリマーは、水、メタノール、メチルセロソルブ、メチルエチルケトン、ジオキサン等の広範囲の極性溶媒に溶解し、酢酸エチル、トルエンにも著しく膨潤します。

また、水に対する親和性が高いのでポリマーは大気中で急速に吸湿し、絶乾状態で剛直であったものが柔軟な固体へと変化します。65%RHで放置すると40%以上の含水率に達します。

### 3-3. 相溶性
各種のポリマーをDMAAポリマーと溶液状でブレンドして流延フィルムを形成させその状態を観察すると、ポリ酢酸ビニル>ポリメタクリル酸メチル>ポリスチレンの順でポリDMAAとの相溶性にすぐれ、ポリDMAAのブレンド率が15〜5%以下の場合はおのおの均一なブレンドフィルムが得られます。ポリDMAAのかわりにDMAAのコポリマーを用いるとブレンドの均一性を維持するためのDMAAの許容含有量をさらに増加させることができます。また溶融ポリマー同志ではポリアミドおよびポリエステルがポリDMAAと混和しやすいです。

### 3-4. 接着性
DMAAを含むポリマーはガラス板、ブリキ板等に対する接着性にすぐれており、ホモポリマー水溶液をガラス板上に塗布して強く乾燥し、これを剥離しようとするとガラス層を破壊するほどです。メタクリル酸メチルあるいはスチレンとDMAAのコポリマーでは、DMAA含量が数10%以上になるとポリメタクリル酸メチルあるいはポリスチレンに比べて明らかな接着性の向上が認められます。

### 3-5. 帯電防止性
ポリDMAAは、他のポリマーと比較して帯電防止性に優れています。コポリマーの場合はDMAAの含有率が増すに従い比例的に帯電防止性が良くなります。

各種ポリマーの荷電半減期を表-3に示します。

表-3 各種ポリマーの荷電半減期[10]

| ポリマー | $\tau_+$(sec) | $\tau_-$(sec) | $\sqrt{(\tau_+^2+\tau_-^2)/2}$ |
|---|---|---|---|
| ポリスチレンスルフォン酸ソーダ | | | 0.3 |
| ポリアクリル酸ソーダ | | | 0.4 |
| ポリDMAA | 0.66 | 0.48 | 0.58 |
| ポリアクリル酸 | 1.5 | 0.96 | 1.3 |
| ポリアクリルアミド | 4.14 | 2.65 | 3.46 |
| ポリジメチルアミノエチルメタクリレート | 4.2 | 7.3 | 5.9 |
| ポリN-ビニルピロリドン | 41.0 | 15.8 | 31.0 |
| ポリエチレンオキサイド | 73.8 | 174.0 | 133.6 |
| ポリ塩化ビニル | 8470 | 3774 | 6556 |
| ポリN-アクリルモルホリン | | | >8000 |

(測定法) 各種ポリマーの溶液をマイラーフィルム上に流延乾燥し、65%RH20℃でコンディショニング後、+500V及び−500Vに帯電させ、半減期τ+及びτ−を測定。

### 3-6. 強度的性質

ポリDMAAは吸湿すると柔軟になって硬度を著しく減少しますが、絶乾状態では非常に強じんなポリマーであり、硬度もポリメタクリル酸メチルとポリスチレンの中間程度でしかも耐屈曲性に富んでいます。したがってDMAAを共重合することによってポリマー材料の耐屈曲性を改善し、タフネスを向上させることが可能です。

＜(株)興人　説明書より＞

# DMAEAの性状

## 1. 物理的性質

N,N-Dimethyl Amino Ethyl Acrylate 《略称DMAEA》 既存化学物質　2−2583

| 化　学　式 | $C_7H_{13}NO_2$ |
|---|---|
| 構　造　式 | $CH_2=CH-\overset{O}{\overset{\|}{C}}-O-CH_2-CH_2-N\overset{CH_3}{\underset{CH_3}{<}}$ |
| 分　子　量 | 143.18 |
| 比　　　重　$d_{20}^4$ | 0.943 |
| 沸　　　点 | 75℃／22mmHg |
| 凝　固　点 | −75℃ |
| 屈　折　率　$n_D^{20}$ | 1.435 |
| 粘　　　度 | 1.34c.p. |
| 引　火　点 | 67℃ |
| 溶　解　性 | 通常の有機溶媒に可溶　水に対して24g／100g溶解 |

図-1 DMAEAの蒸気圧曲線

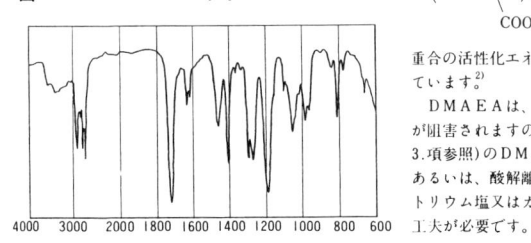

表-1 DMAEAの酸-塩基解離定数[1]

| モノマー | pKa | pKb |
|---|---|---|
| DMAEA | 6.10 | 7.90 |
| $CH_2=C(CH_3)COOCH_2CH_2N{<}^{CH_3}_{CH_3}$ | 6.06 | 7.94 |
| $CH_2=CHCOOCH_2CH_2N{<}^{C_2H_5}_{C_2H_5}$ | 5.44 | 8.56 |

## 2. 化学的性質

DMAEAは、分子中にアミノ基、エステル基および二重結合を有するため極めて反応性に富み、重合、共重合を始めとする種々の化学反応を活発に行ないます。

### 2.1. 重合または共重合

DMAEAは、通常のアクリル酸エステルと同様にラジカル重合開始剤によって溶液重合、乳化重合、懸濁重合、塊状重合を行なう事ができます。

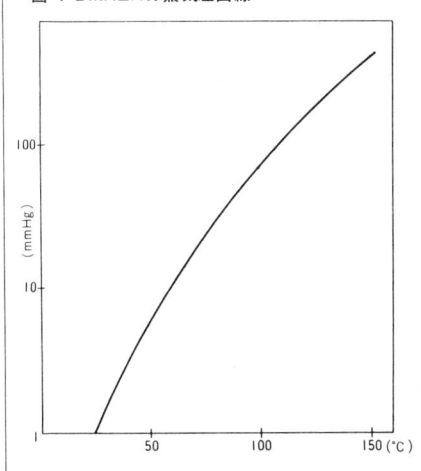

図-2 DMAEAのIRスペクトル

$$CH_2=CH-COOCH_2CH_2N{<}^{CH_3}_{CH_3} \longrightarrow$$
$$(-CH_2-CH-)_n$$
$$\quad\quad\quad COOCH_2CH_2N{<}^{CH_3}_{CH_3}$$

重合の活性化エネルギーは、19.02kcal/molと報告されています。[2]

DMAEAは、水の共存下で加水分解を受け、重合が阻害されますので、水系で重合する場合は、後述(2.3.項参照)のDMAEA 4級塩等にして重合するか、あるいは、酸解離定数(pKa)が6より大きい酸のナトリウム塩又はカリウム塩の共存下、重合する[3]等の工夫が必要です。

DMAEAのスチレンとの共重合性比及びDMAEAのQ、e値は次の通りです。

| M₁ | M₂ | r₁ | r₂ | Q₂ | e₂ |
|---|---|---|---|---|---|
| スチレン | DMAEA | 0.72 | 0.23 | 0.47 | 0.54 |

### 2.2. 二重結合の反応

Diels-Alder反応、アミン、アルコール、メルカプタンの付加反応など通常のアクリル酸エステルと同様に反応します。

例：Diels Alder反応

$$CH_2=CH-COOCH_2CH_2N<^{CH_3}_{CH_3} + \text{(diene)} \longrightarrow$$

$$\text{(cyclohexene)}-COOCH_2CH_2N<^{CH_3}_{CH_3}$$

### 2.3. アミノ基の反応

(1) DMAEAのアミノ基は、塩酸、硫酸、酢酸などと反応して塩を形成します。

$$CH_2=CH-COOCH_2CH_2N<^{CH_3}_{CH_3} + HCl \longrightarrow$$

$$CH_2=CH-COOCH_2CH_2\overset{CH_3}{\underset{CH_3}{\overset{|}{N^{\oplus}}}}-H \quad Cl^{\ominus}$$

(2) DMAEAはハロゲン化アルキル、硫酸エステル等と反応して第4級アンモニウム塩を形成します。

$$CH_2=CH-COOCH_2CH_2N<^{CH_3}_{CH_3} + CH_3Cl \longrightarrow$$

$$CH_2=CH-COOCH_2CH_2\overset{CH_3}{\underset{CH_3}{\overset{|}{N^{\oplus}}}}-CH_3 \quad Cl^{\ominus}$$

$$CH_2=CH-COOCH_2CH_2N<^{CH_3}_{CH_3} + (CH_3)_2SO_4 \longrightarrow$$

$$CH_2=CH-COOCH_2CH_2\overset{CH_3}{\underset{CH_3}{\overset{|}{N^{\oplus}}}}-CH_3 \quad OSO_3CH_3^{\ominus}$$

DMAEAの4級化法に関しては種々の方法が文献に示されています。[4]~[15]

(3) DMAEAは、ジハロゲン化物とMenshtkin反応を行ない、カチオン性の架橋剤が得られます。[16]

$$CH_2=CH-COOCH_2CH_2N<^{CH_3}_{CH_3} + Br-R-Br \longrightarrow$$

$$CH_2=CH-COOCH_2CH_2\overset{CH_3}{\underset{R}{\overset{|}{N^{\oplus}}}}-CH_3 \quad Br^{\ominus}$$

$$CH_2=CH-COOCH_2CH_2\overset{CH_3}{\underset{CH_3}{\overset{|}{N^{\oplus}}}}-CH_3 \quad Br^{\ominus}$$

(4) DMAEAのアミノ基は過酸化水素や過酸で酸化されてアミノオキシドになります。

$$CH_2=CH-COOCH_2CH_2N<^{CH_3}_{CH_3} \xrightarrow{[O]}$$

$$CH_2=CH-COOCH_2CH_2\overset{CH_3}{\underset{CH_3}{\overset{|}{N}}}\to O$$

第7章 光成形シートの実験試作法

＜(株)興人　説明書より＞

# DMAPAAの性状

## 1. 一般的性質
- 化学式　　　$C_8H_{16}N_2O$
- 分子量　　　156.22
- 構造式　　　$CH_2=CHCONHCH_2CH_2CH_2N(CH_3)_2$
- 既存化学物質　2-1013

代表的物性値を表-1、蒸気圧曲線を図-1、IRスペクトルを図-2に示します。

### 表-1. DMAPAAの代表的物性値

| 項　　　目 | |
|---|---|
| 比　　重　$d_{20}^4$ | 0.949 |
| 屈　折　率　$n_D^{20}$ | 1.481 |
| 沸　　　　点 | 117℃/2mmHg |
| 粘　　　　度 | 55 c.p. (at 20℃) |
| 引　火　点 | 142℃ |
| 溶　解　性 | 通常の有機溶剤に可溶、水とはあらゆる割合で溶け合う。 |

図-1　DMAPAAの蒸気圧曲線

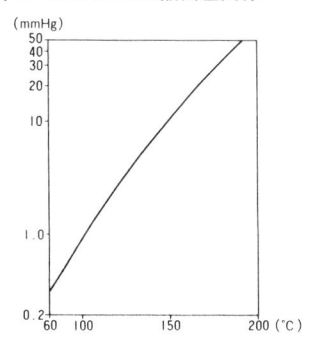

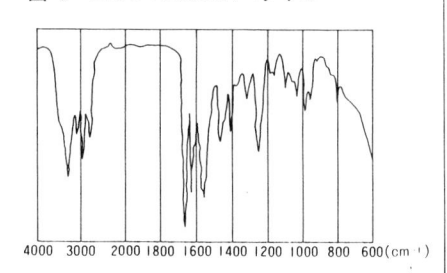

図-2　DMAPAAのIRスペクトル

## 2.化学的性質

DMAPAAは、分子中に第3級アミノ基を含むアクリルアミド系モノマーで、重合、共重合を始めとする種々の化学反応を活発に行ないます。

又、DMAPAAは、アミド型モノマーの為、エステル型モノマー（例えばジメチルアミノエチルメタクリレート）に比べ、耐加水分解性に優れています。さらに、第3級アミノ基の塩基性が強い事も特徴の一つです。

### 2-1.重合又は共重合

DMAPAAは通常の重合開始剤によって、容易に溶液重合、乳化重合、懸濁重合、塊状重合を行なう事ができます。

$$CH_2=CHCONHCH_2CH_2CH_2N(CH_3)_2 \longrightarrow (\text{-}CH_2\text{-}CH\text{-})_n$$
$$\quad\quad\quad\quad\quad\quad\quad\quad\quad\quad\quad\quad\quad\quad\quad\quad\quad\quad\quad |$$
$$\quad\quad\quad\quad\quad\quad\quad\quad\quad\quad\quad\quad\quad\quad\quad\quad\quad\quad CONHCH_2CH_2CH_2N(CH_3)_2$$

単独重合の場合の重合熱は16Kcal/molです。

DMAPAAは、他のビニルモノマーと共重合が可能です。

(例) $CH_2=CHCONH_2 + CH_2=CHCONHCH_2CH_2CH_2N(CH_3)_2 \longrightarrow$

$$(\text{-}CH_2\text{-}CH\text{-})_m(\text{-}CH_2\text{-}CH\text{-})_n$$
$$\quad\quad |\quad\quad\quad\quad\quad\quad |$$
$$\quad\quad CONH_2\quad\quad\quad CONHCH_2CH_2CH_2N(CH_3)_2$$

DMAPAAのスチレンとの共重合性比及びQ、e値は次の通りです。

| $M_1$ | $M_2$ | $r_1$ | $r_2$ | Q | e |
|---|---|---|---|---|---|
| DMAPAA | スチレン | 0.285 | 2.47 | 0.25 | $-0.21$ |

### 2-2.加水分解性

DMAPAAは、pH 3〜12の範囲で100℃、24時間放置しても、ほとんど加水分解を受けません。これはDMAPAAの特長の一つです。

## 2-3. 塩基性度

DMAPAAの酸-塩基解離定数を表-2に示します。表からわかる様にDMAPAAはジメチルアミノエチル(メタ)アクリレートに比べ強い塩基性を示します。
これもDMAPAAの特徴の一つです。

表-2 DMAPAAの酸-塩基解離定数

| モノマー | pKa | pKb |
|---|---|---|
| DMAPAA | 10.35 | 3.65 |
| ジメチルアミノエチルアクリレート | 6.10 | 7.90 |
| ジメチルアミノエチルメタクリレート | 6.06 | 7.94 |

注) ジメチルアミノエチルアクリレート、ジメチルアミノエチルメタクリレートの値は、参考文献48)より引用した。

## 2-4. 4級塩化反応

DMAPAAは、ハロゲン化アルキル、硫酸エステル等と反応して第4級アンモニウム塩を形成します。

(例) $CH_2=CHCONHCH_2CH_2CH_2N(CH_3)_2 + CH_3Cl \longrightarrow$

$$CH_2=CHCONHCH_2CH_2CH_2\overset{CH_3}{\underset{CH_3}{\overset{|}{\overset{\oplus}{N}}}}-CH_3 \quad Cl^{\ominus}$$

DMAPAAは2-2.で述べた様に加水分解に対し安定なので、4級化反応は水系で容易に行なう事ができます。

又、モノクロル酢酸、$\beta$-プロピオクトン等と反応してベタイン型モノマーを得る事ができます。

(例) $CH_2=CHCONHCH_2CH_2CH_2N(CH_3)_2 + \begin{array}{c} CH_2-O \\ | \quad | \\ CH_2-C=O \end{array}$

$$\longrightarrow CH_2=CHCONHCH_2CH_2CH_2\overset{CH_3}{\underset{CH_3}{\overset{|}{\overset{\oplus}{N}}}}-CH_2-CH_2COO^{\ominus}$$

＜『開始剤』メルクジャパン(株) 説明書より＞

## Darocur® 1173

**Chemical designation**   2-Hydroxy-2-methyl-1-phenyl-propan-1-one

**Chemical structure**

$C_{10}H_{12}O_2$
M = 164.21 g/mol

**Absorbance curve**

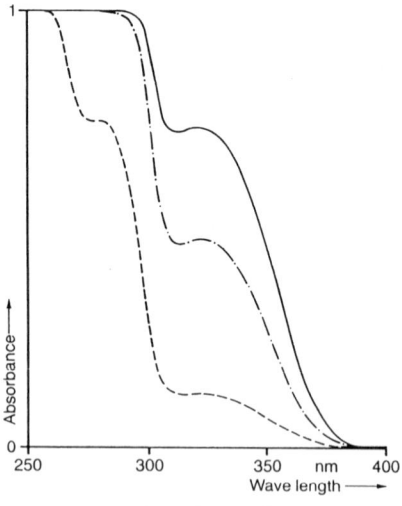

├─ ─ ─ ┤ = 10 mg/100 ml ≙ 0.01 %
├─・─・┤ = 50 mg/100 ml ≙ 0.05 %
├───┤ = 100 mg/100 ml ≙ 0.1 %

measured in ethanol; layer thickness 1 cm

第 7 章　光成形シートの実験試作法

## 4　シートを作製する方法

　光成形シートの作製法は，まず前記の樹脂配合に従って樹脂を配合し十分に混合する。樹脂の粘度が高く，混合不十分になるものは80℃程度まで温度を上げて混合する。混合した後に開始剤を1％添加して混合する。暗室，擬暗室などを使用する必要はなく，通常の室内で作業してよいが，太陽光の直射や明るい窓際などは避ける。開始剤を配合した後はなるべく早く使用し，放置する場合はアルミ箔で包んで光を遮断しておくか暗箱に入れておく。作業中の30分程度は通常の室内光で支障はない。開始剤を添加しなければ数時間は室内光の下で安定であり，数日間安定な樹脂もある。

　シートにするには，前記の厚さ2mmのガラス板の上に，前記の120ミクロン（100ミクロン～150ミクロン）のポリエステルフィルムを置き，その上に配合した樹脂を流し，その樹脂の上に気泡を入れないようにポリエステルフィルムを被せて，フィルムの上から扱くようにして樹脂を圧し拡げた後，前記の厚さ2mmのガラス板を重ねて圧着し，均一な厚みにする。この状態で樹脂は2枚のポリエステルフィルムに挟まれて，さらにその外側を2枚のガラス板で挟まれ，圧着されてシート状になっている。そのままの状態で前記の紫外線照射箱のガラス板上において紫外線蛍光灯で上下より露光する。露光時間は1分～5分程度で光硬化は完了する。取り出してポリエステルフィルムを剥離すれば光成形フィルムができ上がる。

　シートの作製実験の基本は以上のようであるが樹脂に染顔料を配合して着色するとか，香料の添加（アルコールに溶解した状態のままで添加混合してよい）なども可能であり，またポリエステルフィルム上に樹脂を流す場合に編織布を入れる，不織布を入れる，紙を入れるなど，いろいろの応用実験も可能である。親水性の樹脂を使用して水を添加する。水と共に微生物（酵母，菌体など）を添加して包括する実験なども実施できる。微生物を扱う場合は汚染事故を注意しなければならない。

## 5　ポリマーの添加

　樹脂の配合は光硬化性のあるモノマーやオリゴマーのみでなく，ポリマーを添加することもできる。ポリマーとしては前記のメトキシメチル化ナイロン，ヒドロキシプロピルセルロース，ポリメタアクリル酸メチル，ポリエチレングリコール，ポリプロピレングリコールなどがあり，その他にもセルロースの誘導体，ナイロンの誘導体などを配合することができる。

　ポリマーを配合する場合は，感光性樹脂にそのポリマーが溶解することが条件であり，最初に溶解性の試験をしておく，基本的には2‐ヒドロキシエチルメタクリレート，$N, N$‐ジメチルア

クリルアミドに溶解してみる。

　溶解してみる樹脂は，必要に応じて適当に選定すればよいのであるが，2－ヒドロキシメチルメタクリレートやジメチルアクリルアミドは価額も比較的安く，一般の試薬としても販売されているので実験室で入手しやすく，また多くの感光性樹脂に相溶性があり，2－ヒドロキシメタクリレートやジメチルアクリルアミドにポリマーを溶解して他の感光性樹脂に配合すると円滑に溶かしこむことができる場合が多い。

　ヒドロキシプロピルセルロースとメトキシメチル化ナイロンについて，商品名，構造式，物性など参考になると思われるものをメーカーの製品説明書より一，二抜粋して収録しておく。

第7章　光成形シートの実験試作法

<『ヒドロキシプロピルセルロース』信越化学工業(株)　説明書より>

### 信越HPCとは

信越HPC（ヒドロキシプロピルセルロース）は非イオン系で水に溶けるセルロースエーテルです。また、有機溶剤に溶け、熱可塑性で、界面活性を示し、他の水溶性高分子とは著しく異なった性質があります。

信越HPCは日本薬局方の規準に従っており、製剤用の結合剤として使用されております。また、一般工業用にも、フィルム形成剤、増粘剤、エマルジョン安定剤などに使用されております。

### 化学構造

（構造式省略）

### 品種

信越HPCには医薬品製剤用と一般工業用とがあり、それぞれ低粘度品と高粘度品の二種類があります。また、それぞれに粒子の粗いGグレードと細かいPグレードがあります。

HPCの品質は医薬品用と工業用には差がありませんが、検査規格の項目及び試験方法が異なりますので品種名を変えてあります。

### 規　格

医薬品用　製品規格

| 項目 | 品種 | | LE-G, LE-P | MF-G, MF-P |
|---|---|---|---|---|
| 1. 性　状（外観，溶解性） | | | 基準に合格 | |
| 2. 確認試験(1)〜(3) | | | 基準に合格 | |
| 3. ヒドロキシプロポキシル基 | | ％ | 53.4〜77.5 | |
| 4. PH | | | 5.0〜7.5 | |
| 5. 純度試験 | (1) 溶　　状 | | 限度内 | |
| | (2) 塩化物 | ％ | 限度内（0.142以下） | |
| | (3) 硫酸塩 | ％ | 〃　　（0.048以下） | |
| | (4) 重金属 | ppm | 〃　　（20以下） | |
| | (5) ヒ素 | ppm | 〃　　（10以下） | |
| 6. 乾燥減量 | | ％ | 5.0以下 | |
| 7. 強熱残分 | | ％ | 0.5以下 | |
| 8. 粘度（20℃ ウベローデ） | | CS | 6.0〜10.0 | 7,000〜13,000 |
| 9. 粉末度（Pタイプのみ） | | ％ | 297μ（48mesh）不通 0.5以下 | |

注）1〜8項は日本薬局方に準じます。

一般工業用製品規格

| 項目 | 品種 | | L-G, L-P | M-G, M-P |
|---|---|---|---|---|
| 1. 粘度（20℃, B型） | | CPS | 6.0〜10.0（アダプター） | 4,000〜6,500（№4, 60rpm） |
| 2. 乾燥減量 | | ％ | 5.0以下 | |
| 3. 強熱残分 | | ％ | 0.5以下 | |
| 4. ヒドロキシプロポキシル基 | | ％ | 53.4〜77.5 | |
| 5. 粉末度（Pタイプのみ） | | ％ | 297μ（48mesh）不通 0.5以下 | |

注）1〜3項は粧原基法によります。

### 包　装

10kg　ダンボール箱

## 第7章 光成形シートの実験試作法

**物　性**

1. 一般的性質

    溶　解　性：38℃以下の水に溶解します。45℃以上の水に不溶です。多くの極性溶剤に溶解します。

    表面活性：表面張力、界面張力が低い。

    非イオン性：ラテックス、水溶性高分子と良く混和します。

    高　純　度：灰分0.5％以下です。

    熱可塑性：射出、或は押出成型が可能です。ヒートシール性があります。

    柔　軟　性：可塑剤なしで極めて柔軟です。

    粘　着　性：フィルム或はコーティングでの高湿度下においても粘着はありません。

2. 粉末の性質

    外　　観：無味、無臭の白色ないし帯黄白色の粒状または粉末。

    溶　　状：水溶液は透明です。

    真　比　重：1.18

    見掛比重：L, LE 0.5～0.6

    　　　　　M, MF 0.35～0.45

    灰化温度：完全に灰化するのは$N_2$または$O_2$中で450～500℃。

    熱安定性：215℃以上で分解。

3. 水溶液の性質

    2％水溶液の比重：　1.010（30℃）

    屈　折　率（2％）：　1.337

    表面張力（0.1％）：　43.6 dynes／cm

    界面張力（0.1％）：　12.5 dynes／cm（対鉱油）

4. 吸湿性

    平衡吸湿量：　　4％（23℃、50％RH）

    　　　　　　　12％（23℃、84％RH）

5. 水に対する溶解性

　　38℃以下の水に完全に溶解します。水溶液は透明で、未溶解ゲルや繊維分は殆んどありません。

　　熱水には溶けず、40〜45℃の間で膨潤したゲル状物を析出します。

6. 有機溶剤に対する溶解性

　　多くの極性溶剤に溶解し、透明な溶液となります。

　　溶剤中では水溶液の場合と異なり、熱をかけても沈殿を起すことはありません。

　　一般的には極性の強い溶剤（メタノール、エタノール、プロピレングリコール、ジオキサンおよびセロソルブ等）に良く溶けます。

　　信越HPCの有機溶剤に対する溶解性を第1表に示します。

　　比較的溶解しにくい溶剤には少量の混合溶剤を添加することで、大幅な改善が可能です。多くの場合、水、メタノール或はエタノールを5〜15％添加すると効果的です。

7. ホットメルトおよびワックスに対する性質

　　信越HPCは多くの高分子、高沸点ワックスや油と相溶します。

　　信越HPCを添加すると、増粘作用があり、また被膜の硬度を高め亀裂の防止に役立ちます。

　　温度を高くした状態で、溶融したワックスに信越HPCを粉末のまま添加しますと速やかに溶解します。

　　例えば、加熱下でアセチル化モノグリセライド（マイバセット 5-00, 7-00）、グリセライド、プロピレングリコール、ポリプロピレングリコール、パインオイルやトール油に溶解します。

8. 相溶性

　　(1) 高分子物質との相溶性

　　　　天然植物ガムや水溶性の合成高分子物質と相溶します。

　　　　水溶液は均一で、この水溶液から得られるフィルムは透明です。

## 第7章　光成形シートの実験試作法

### 第1表　信越HPCの溶剤

**A　透明に溶解する溶剤**

| | |
|---|---|
| 水 | ジオキサン |
| メチルアルコール | ジメチルスルホオキシド |
| エチルアルコール | ジメチルホルムアミド |
| イソプロピルアルコール（95％） | エチレンクロロヒドリン |
| プロピレングリコール | テトラヒドロフラン |
| メチルセロソルブ | シクロヘキサノン |
| セロソルブ | t-ブタノール：水（9：1） |
| クロロホルム | アセトン：水（9：1） |
| ギ酸（88％） | グリセリン：水（3：7） |
| 酢酸 | ベンゼン：メタノール（1：1） |
| ピリジン | トルエン：エタノール（3：2） |
| モルホリン | メチレンクロライド：メタノール（9：1） |

**B　膨潤または白濁する溶剤**

| | |
|---|---|
| t-ブタノール | メチレンクロライド |
| シクロヘキサノール | ブチルアセテート |
| アセトン | ブチルセロソルブ |
| メチルエチルケトン | 酪酸 |
| メチルアセテート | ナフサ：エタノール（1：1） |
| イソプロピルアルコール（99％） | キシレン：イソプロピルアルコール（1：3） |

**C　溶解しない溶剤**

| | |
|---|---|
| 脂肪族炭化水素類 | メチルクロロホルム |
| グリセリン | 四塩化炭素 |
| ベンゼン | ガソリン |
| トルエン | ケロシン |
| キシレン | 鉱油 |
| ジクロロベンゼン | 大豆油 |
| トリクロロエチレン | 亜麻仁油 |

例えば、CMC、MC、HPMC、HEC、ゼラチン、カゼイン、ポリエチレンオキシド、カーボワックス1000、ポリビニルアルコール、グアーガム、アルギン酸ソーダやローカストビンガムなどの植物ガムと相溶します。

(2) 無機塩との相溶性

信越HPCの水溶液と水に溶ける無機塩との相溶性は、塩の種類によって異なります。

塩類濃度が高いと分離したり、ゲル状に沈殿を起すなど水溶液からの〝塩析〟状態が生じます。

種々の塩類との相溶性を第2表に示します。

第2表 塩類との相溶性

| 塩　類 | 塩の濃度、重量% | | | |
|---|---|---|---|---|
| | 2 | 5 | 10 | 50 |
| 第二燐酸ソーダ | × | ― | ― | ― |
| 炭酸ソーダ | ○ | × | ― | ― |
| 硫酸アルミニウム | ○ | × | ― | ― |
| 硫酸アンモン | ○ | × | ― | ― |
| 硫酸ソーダ | ○ | × | ― | ― |
| 硫化ソーダ | ○ | × | ― | ― |
| チオ硫酸ソーダ | ○ | × | ― | ― |
| 酢酸ソーダ | ○ | ○ | × | ― |
| 塩化ナトリウム | ○ | ○ | × | ― |
| フェロシアン化カリ | ○ | ○ | × | ― |
| 塩化カルシュウム | ○ | ○ | ○ | × |
| 硝酸ソーダ | ○ | ○ | ○ | × |
| 塩化鉄 | ○ | ○ | ○ | × |
| 硝酸アンモン | ○ | ○ | ○ | × |
| 硝酸銀 | ○ | ○ | ○ | × |
| 庶糖 | ○ | ○ | ○ | × |

○=相溶　×=塩析
HPC2%水溶液をHPC濃度が約0.1%になるように種々の濃度の塩類溶液に添加。

(3) 界面活性剤との相溶性

信越HPCはヒドロキシプロピル基を有するために、他のセルロース誘導体よりも強い疎水性を示します。

従って種々の界面活性剤と広い範囲で相溶します。

9. 灰化温度

信越HPCは215℃を越えると分解し、500℃を越えると完全に灰化します。

10. 熱可塑性

信越HPCは優れた熱可塑性高分子であり、一般のプラスチックス用成型機で加工することができます。射出成型、プレス成型、ブロー成型、真空成型や押出し成型によってペレット化した後、フィルム、シート、発泡体、繊維などに加工できます。

一般的には低分子量のL,LEタイプが射出成型またはブロー成型に適しています。

高分子量のM,MFタイプは柔軟性に富み、引張強度が大きいため押出し成型に適しています。

可塑剤としてプロピレングリコール、グリセリン、ポリエチレングリコール類やトリメチロールプロパンを少量添加すると平滑かつ均一な溶融粘性体が得られます。

<『メトキシメチル化ナイロン』(株)鉛市　製品説明書より＞

## ファインレジン(N-Methoxymethlated polyamide)とは

弊社製「ファインレジン」は、6-ナイロンのアミド基の水素原子を28～33mol/%メトキシメチル基で置換したものを基準商品とした、優れた性質を有するアルコール可溶性ナイロンで、別名タイプ8-ナイロンともいわれています。

$$-\left(-(CH_2)_5-\underset{H}{N}-\underset{O}{C}-\right)_n- \longrightarrow -\left(-(CH_2)_5-\underset{CH_2-O-CH_3}{N}-\underset{O}{C}-\right)_n-$$

このように、ナイロン樹脂のアミド結合-NH-CO-の水素をメトキシメチル基-CH$_2$-O-CH$_3$で置換することにより、溶剤に対する溶解性が出ると共にゴム弾性が出て、柔らかい特長のあるナイロン樹脂となります。
メチルアルコールに対する溶解性は、メトキシメチル基が18%以上置換されていないと完全には溶けませんが18%以上でメトキシメチル基の置換率を増減することにより、種々の異なった物性を有する「ファインレジン」を得ることが出来ます。
また、メトキシメチル化度の高いもの程メタノール溶液の安定性、柔軟性、吸湿性、伸び率等が向上します。
なお、溶液の粘度、作業性、引張り性質などの力学的特質は「ファインレジン」の重合度によって、変性することができます。

## ファインレジンの一般的特長

1. 低級アルコール等に溶解します。
   （溶解方法はP.7をご覧下さい。）
2. 有機酸の存在下で架橋反応を起こします。
   （架橋方法はP.9をご覧下さい。）
3. 架橋反応が進むにつれて耐熱性、耐薬品性、対摩耗性、抗張力、引きさき強さ等いちじるしく向上します。
4. 6ナイロンにくらべ柔軟な皮膜が出来ます。
5. 高い吸湿性があり風合のよい皮膜が得られます。
   （P.11をご覧下さい。）
6. 染色性、印刷適性が良好です。
7. 用途に応じた風合いを求めることが出来ます。

## ファインレジンの主たる物性

置　換　度：28～33%
比　　　重：1.09
軟　化　点：120～130℃
引 張 強 さ：240～270kg/cm²
弾 性 回 復：(100%変形後) 60%
融　　　点：130～145℃
粘　着　点：135℃
伸　　　び：400～600%
吸 水 率：5.5～10.5%
可　　溶：低級アルコール、低級アルコールと水(80：20又は70：30)
　　　　　低級アルコールとトルエン又はキシレン
不　　溶：水

試 験 法：ASTM

第7章　光成形シートの実験試作法

## 化学的性質

ファインレジンはアルカリ水溶液、酸素、オゾン等の酸素を含む気体に耐性を示しますが、有機、無機酸の濃厚液にはとけます。　次表にファインレジンの耐薬品性を示します。

| 試薬 | ノンキュアーのファインレジン皮膜 | キュアー後のファインレジン皮膜 |
|---|---|---|
| アルカリ水溶液 | ◎ | ◎ |
| 鉱酸(濃) | 分解 | |
| 鉱酸(稀) | △ | △ |
| 酸素、オゾン | ◎ | ◎ |
| 水素 | ◎ | ◎ |
| 炭化水素 | ◎ | ◎ |
| 塩化炭化水素 | ○ | ○ |
| 低級脂肪族アルコール | 溶解 | |
| 高級脂肪族アルコール | × | ○ |
| 芳香族アルコール | × | ○ |
| フェノール | 溶解 | |
| エステル | ○ | ○ |
| エーテル | ◎ | ◎ |
| ニトリル | △ | △ |
| 低級脂肪酸 | 溶解 | |
| 高級脂肪酸 | × | × |
| 芳香族酸 | △ | △ |
| 鉱油 | ◎ | ◎ |

◎：非常に耐薬品性が良い
○：次いで耐薬品性が良い
△：耐薬品性がやや弱い
×：薬品により侵される

## 物理的性質（可塑剤の添加について）

ファインレジンから得られるフィルムは非常に可撓性にすぐれていますがポリアミド用の不揮発性可塑剤を添加すると可撓性が増加します。
ファインレジンFR-101の15%メタノール溶液に可塑剤を各々ファインレジンに対して10%、20%、30%を加えて、ポリエチレンシート上に流延し、風乾、更に70〜80℃にて予備乾燥後130℃5分curingしてフィルムを作成。
これを3号ダンベルで打抜き、ショッパーにて強度、伸び及び硬度測定、可塑効果を示します。
耐水強度は、ダンベルで打抜いた試験片を、1昼夜常温で水に浸漬し、取り出し、濾紙にはさんで、表面の水分を取りのぞき、ショッパーにかけて測定したものです。

### フィルム強度

| | Strain % | | | | | | | | | | 伸び % | 切断 kg/cm | 引裂強度 kg/cm | 硬度ショアーA |
|---|---|---|---|---|---|---|---|---|---|---|---|---|---|---|
| | 50 | 100 | 150 | 200 | 250 | 300 | 350 | 400 | 450 | 500 | | | | |
| FR-101 only | 64 | 71 | 77 | 86 | 98 | 121 | 158 | 205 | | | 438 | 245 | 7.84 | 76 |
| P.O.B.O　10% | 58 | 67 | 74 | 81 | 91 | 105 | 124 | 149 | 180 | 213 | 560 | 264 | 7.68 | 76 |
| 　　　　20% | 55 | 62 | 69 | 76 | 86 | 104 | 125 | 159 | 201 | — | 516 | 260 | 7.74 | 70 |
| 　　　　30% | 21 | 25 | 30 | 36 | 44 | 58 | 82 | 117 | 163 | 220 | 503 | 225 | 3.81 | 67 |

### 耐水強度

| | Strain % | | | | | | | | | | 伸び % | 切断 kg/cm |
|---|---|---|---|---|---|---|---|---|---|---|---|---|
| | 50 | 100 | 150 | 200 | 250 | 300 | 350 | 400 | 450 | 500 | | |
| FR-101 only | 18 | 23 | 27 | 31 | 34 | 40 | 48 | 61 | 80 | 101 | 544 | 126 |
| P.O.B.O　10% | 14 | 22 | 26 | 29 | 31 | 45 | 38 | 42 | 49 | 55 | 567 | 67 |
| 　　　　20% | 18 | 24 | 28 | 32 | 36 | 42 | 49 | 63 | 76 | 83 | 567 | 126 |
| 　　　　30% | 19 | 25 | 29 | 34 | 42 | 53 | 65 | 83 | 103 | 533 | 130 | |

測定条件：17〜19℃ RH60〜65%　引張速度20cm/min

以上のテスト結果の如く、各可塑剤により差異はありますが、一般的傾向として、強度が低下し、伸び率が向上しており、可塑効果があることを示しております。
しかし、用途により可塑剤を使用すれば、タックが出て、かえってファインレジン本来の風合、感触を阻害することがありますのでご注意下さい。

193

## 架橋について

ファインレジンの大きな特長の一つに、有機酸の存在下で熱処理すると、分子間に化学的架橋結合が起こるという他のどんなナイロンにもみられない特長があります。
言い換えれば、反応性ナイロンとも言えましょう。
このキュアリングによって生じた架橋結合は、分子中のNとNとの間にメチレン結合を作り、分子の結合状態が次のように並列から三次元の立体構造を形成し、熱可塑性を失います。従って、架橋後はアルコール不溶性となり、乾式および湿式抗張力、引裂強さ・耐熱性・耐薬品性は向上します。しかし、水蒸気透過性・柔軟性および伸張度は減少します。

$$-(CH_2)_5-N-C- \atop {CH_2OCH_3 \atop +} \atop H \atop -(CH_2)_5-N-C- \atop O} \longrightarrow -(CH_2)_5-N-C- \atop CH_2 \atop -(CH_2)_5-N-C- \atop O + CH_3OH$$

## 架橋方法

ファインレジンのメタノール溶液中にファインレジンに対して3〜5%の酸触媒(触媒が固体または粉体のものは、水に溶かし溶液にしたもの)を添加し、PH4〜4.5に調整します。
上記溶液で加工後、70〜80℃で予備乾燥して溶剤を揮散させた後、120〜150℃で10〜5分熱処理(キュアリング)すれば架橋が行えます。またファインレジンは次のような処方で、常温架橋させることも出来ます。
たとえば、ファインレジンFR-101 20g、メタノール 80g、マレイン酸0.2gでフィルムを作成し、60〜70℃で乾燥すれば10〜15日で架橋のために熱処理したものとほぼ同等の物性を持たせた常温架橋効果を得ることが出来ます。

## 触媒の種類

ファインレジンの触媒としてはクエン酸が最も優れてはおりますが、高温および長時間のキュアリングにより黄変することもあり、目的によっては架橋度は劣っても変色のない触媒を使用する必要性もありますので、ファインレジンの触媒として使用可能な有機酸の試験結果を掲げておきます。
120〜140℃でキュアリングしたとき
　　　クエン酸、イタコン酸…………フィルムが着色
　　　その他の触媒………………フィルム変化なし
150℃では着色するものと、しないものがあります。また一部溶融したフィルムもあります。
☆着色度により酸触媒をグループにわけ、着色度の大きいものからあげますと、次のようになります。

| (1)→ | クエン酸 |
|---|---|
| (2)→ | イタコン酸 |
| (3)→ | グルタール酸、アジピン酸、アゼライン酸、シュウ酸、コハク酸 |
| (4)→ | グリコール酸、マロン酸、クロトン酸 |
| (5)→ | 乳酸、マレイン酸、酒石酸 |
| (6)→ | 次亜リン酸 |

※(5)のグループ(特に酒石酸)は殆ど着色無しとみてよく、(6)の次亜リン酸は全く着色しません。

## 第8章　添付サンプルの解説

藤本健郎*

### 1　はじめに

本書を出版するに際しては，記述の内容をできるだけ読者にご理解頂くために巻末にシートサンプルを添付することにした。第5章で光成形法によるシートの特性とその応用について述べたが，その内容にできるだけ関連するようなシートの作製を試み，そして選んだつもりである。

しかし一方において，本研究は光成形法という従来に無い全く新しいシート成形法の有する可能性を追及しており，添付したサンプルの一部には特に具体的な目的をもって作製したものでないものもある。したがって，サンプルの中には外観的に満足していないものも含まれているし，内在的な特性についてもまだ充分な評価を終えていないものもある。

以上の点をご理解頂いた上で，参考に供していただければ幸いである。


### 2　サンプルNo.1＜硬質透明シート＞（標準配合）

ウレタンアクリレートとHEMAを重量比で2：1の割合で溶解し調製した組成物をシートに成形したものである。第5章3.1項で分類した配合系でいえばイ）に該当する。ウレタンアクリレートは各社よりそれぞれ特徴のあるものが提供されているが，これはその中でも耐候性が良く，HEMAによく溶けて，粘度が手頃であり成形しやすいB社のものを選んだ（以下標準配合と称する）。表5・3に示した物性値を得たシートである。A社のものよりも靱性には劣るが，それでも常温ではHEMAの脆さをほぼ完全に消してしまう。冬場は硬質，他の季節では準硬質，といった感じのシートである。また，本文でも指摘したように，雰囲気温度を上げていくと，だんだん柔らかくなるが，部分的に架橋しているので溶融しない。HEMAの影響で若干は吸湿するが，ウレタンアクリレートの特徴が勝って本質的には疎水性である。

---

\*　Takeo Fujimoto　積水成型工業（株）

## 3 サンプルNo.2＜硬質着色保香シート＞（着色・香料入り標準配合）

これはNo.1と全く同じ標準配合によるシートである。光成形法の大きな特徴はほとんど常温に近い低温度で成形できる点にあり，例えばそれによって香料などの揮発性成分を極めて容易にシートに混入することができる。このサンプルはそれを証するために森林浴の香料（BGM 8637,高砂香料）を入れてみた。

香料をシートに混入することはすでに行われており，商品開発面では決して目新しいことではないが，いろいろな香料をシート成形の段階で容易に混入できる「手軽さ」を強調しておきたい。

また，香料は単に揮発性成分の一例であり，それを容易に混入できるのは，配合系のバランスさえ考慮すればサルチル酸メチルエステル等の有効成分や水分を混入したシートも成形できることを示すものである。

## 4 サンプルNo.3＜四種の準硬質〜硬質透明シート＞
## （二種のウレタンアクリレートを使用）

このサンプルは，第5章3.1項にも記載したA，B二社のウレタンアクリレートの配合比率を変えた場合のサンプルである。比率は以下に記した。サンプルは比較しやすいように短冊状にカットして添付した。配合No.5については手持ちのシートがなく割合させていただいた。これらのサンプルの物性値およびS-S特性については図5・2，図5・3，図5・5に示した通りであり，あらためてサンプルと共に照合されたい。

| 配 合 No. | ① | ② | ③ | ④ | ⑤ |
|---|---|---|---|---|---|
| ウレタンアクリレート（A社） | 50.0 | 37.5 | 25.0 | 12.5 | — |
| ウレタンアクリレート（B社） | — | 12.5 | 25.0 | 37.5 | 50.0 |
| HEMA | 50.0 | 50.0 | 50.0 | 50.0 | 50.0 |
| 備　　考 |  |  |  |  | サンプルなし |

## 5 サンプルNo.4＜硬質透明シート＞（セルロースのアクリル誘導体を配合）

このサンプルもウレタンアクリレート/HEMA系のシートであるが，さらにセルロースのアクリル誘導体を10数％配合してシートに成形したものである。第5章3.1項に定義した配合系では，イ）とロ）の混合系とみることができる。ウレタンアクリレート/HEMA系で，夏場のような高温

時でもシートを硬質感触に維持したい場合は，HEMAの配合比率をさらに上げなければならない。そうすると，今度は冬には非常に脆いシートになってしまう。このような場合に，セルロースのアクリル誘導体のようなポリマー成分の混入は有効である。ただ，どうしても粘度が上昇するので配合量には限界がある。実験室レベルの手法では可能でも，現状のモデルマシンでは安定した成形ができない場合もある。添付サンプルはその妥協の産物であり，硬質感触といったイメージからすればやや不満を残すが，ウレタンアクリレート/HEMA系特有の表面のべたつきがなくなるところが面白い。

## 6 サンプルNo.5＜軟質着色保香シート＞
（着色・香料入りウレタンアクリレート系配合）

これはウレタンアクリレート/HEMA系をベースにし，さらにそれに各種のアクリレートを加え軟質化を目指して調製したシートである。シートが軟質になればなるほど成形時の雰囲気温度が高くなると成形しにくくなる。このシートはおよそ30℃の雰囲気温度で成形を行ったが，金属ロールに対する離型性を改善することにより成形が可能になった。しかも，恒温室にしてさらに低い温度でやれば夏場でも楽にできるし，また成形に熱源を使用しないので，そのような環境を維持するのにも特別の困難は伴わない問題でもある。

このシートは軟質塩化ビニルのように柔らかいが，それは重合物の分子構造からくるものであって，軟質塩化ビニルにおける可塑剤に類するものは全く含まれていない。したがって，使用に際し添加物がブリードするというような心配はいらない。また，ウレタンアクリレート以外にも複数の官能基を有するアクリレートを使用しているので，さらにその分だけ架橋密度が上がっている。したがって，雰囲気温度を上げていっても柔らかくはなるが，軟質塩化ビニルのようにとけ出すようなことはない。その代わりに，熱成形したり，ヒートシールするようなことはできない。

なお，このサンプルにはオレンジ色の蛍光染料と，鈴蘭の香り（BGM 8638，高砂香料）を入れてみた。

## 7 サンプルNo.6＜準硬質透明シート＞（標準配合の吸湿性を改良）

記述したようにウレタンアクリレート/HEMA系はHEMAの影響を受けて，若干吸湿するが，HEMAの部分を例えば，2ヒドロキシ3フェノキシプロピルアクリレート（以下HPPAと略称）に置き換えていくと，その比率に応じて吸湿性が低下し，全部を置換すると一昼夜水につけてお

いても吸湿しなくなる。即ちほとんど疎水性のシートが得られる。ただ，HEMAを全部HPPAに置き換えると，非常に粘度が上昇し，かつ，得られるシートも軟質で常温では成形が困難になるのでこのサンプルは成形可能な範囲内で，HEMAの部分をHPPAに置き換えたものである。　なお，シートはHPPAに置き換えた分だけ柔らかくなっている。

## 8　サンプルNo.7＜軟質透明防曇シート＞（Nメトキシメチル化12ナイロン／HEMA系配合）

これはNメトキシメチル化12ナイロンのHEMA溶液に，さらに保水性を維持しながら，耐水性を改善せしめるための処方を施した配合物をシート化したものである。第5章3.1項の配合系の分類に従えばハ）の溶解型である。

最近，鏡や硝子などを部分的に防曇化する方法として，防曇性のある透明フィルムに粘着加工を施した製品が用いられている。この場合，フィルム自体が防曇性を持っているか，フィルムに防曇処理を施すかして，まず防曇フィルムを作製し，それに粘着加工をして目的のものにする。

ところが，Nメトキシメチル化12ナイロンのHEMA溶液を成形したシートは鏡等に対し水を施しながら，過剰の水を扱うようにして手早く貼るとそのまま剥がれずに止まっている。そして防曇性を示す。しかし，常に水がかかるような浴室の中では耐水性がもたない。

そこで処方をいろいろと検討してみたが，耐水性を改善すると防曇効果が落ちてくる。当然のことかもしれないが，二律背反の関係にあることがわかった。このサンプルは，まだまだ完全なものとは言えないがその妥協の産物である。

また，この配合系によるシート化の研究をやっているうちに，水を，例えば10％程度混入してもモデルマシンによるシート成形のできることがわかった。水を混ぜて成形できることは，生体系をシートの中にとりこめる必須条件の一つであり，その分野での応用の可能性にも期待がもたれる。

## 9　サンプルNo.8＜エンボスシート＞（標準配合）

これはシートにエンボス加工を施したサンプルである。標準配合を用いた。感光性樹脂よりなる組成物をキャスティング成形法でシート化するこの成形方法の大きな特徴は，常温でしかも低粘度で成形できる点である。したがって，押出成形の場合よりも，遥かに微細な刻印さえもエンボスすることができる。しかも常温でそれを行えるので，必ずしも金属のような耐熱性の材料を必要としない。

第8章　添付サンプルの解説

　添付したサンプルは，市販の硬質塩化ビニル製のエンボスシートをキャスティングロールに貼り付け，その上から樹脂を流して成形したものである。エンボスシートの種類を変えたり，エンボスシートとの離型処理をいろいろと試みてみたが，あまり安定した成形ができず，エンボスも結局平凡な梨地模様となり，また，シートのできばえも今一つであった。しかし，金属ロール上に刻印して成形すれば，きっと優れたエンボスシートを得ることができるであろう。


## 10　サンプル No.9 ＜ラミネートシート＞（標準配合＋紙）

　サンプルが少し小さくなってしまったが，これは障子紙をラミネートしたシートである。樹脂は標準配合を使用した。ラミネートの方法は，図3・8の(B)に示したようにして行った。即ち，第一ロール上に流延させた樹脂の上方より紫外線を照射し，表面の僅かの部分を残してそれを硬化せしめ，次に反転して第二ロールに抱かせるところで紙と圧着し，そしてロールの背後より紫外線を照射し全体を硬化させた。紙以外のプラスチックシートもこの方法でラミネートできるが，いずれの場合もラミネート時にしばしば見られるカーリングがほとんど起こらない。これは樹脂の90％以上をすでに第一ロール上で硬化させた後に，基材とのラミネートを行うからであって，この成形方法の優れた特徴を示すものと思う。


## 11　サンプル No.10 ＜二色流延シート＞（着色・香料入り標準配合）

　これは二色同時流延して試作したものでプロセスの別の可能性を示すためのサンプルである。使用した樹脂は標準配合である。溶液流延法においては，金属ロールまたは金属バンド上に樹脂液を流延せしめるためのコーティングヘッドには，通常ホッパーを用いているが，コンマコーターを用いることもできる。いずれの方法にしろ液溜の部分でコーターリップの先端まで仕切りを設けることは可能である。このシートサンプルはそのようにして成形を行ったものである。勿論安定に成形を続けるためには，双方の樹脂液の組成，粘度，温度，液面のレベル等，できるだけ同一に保つことが望ましい。
　サンプルの半分はオレンジ色の蛍光染料を配合し，残りの半分は酸化チタンを0.3％配合したシートである。なお，双方に香料スーリール（柑橘系，資生堂）を混入したが，試作後半年以上経過したものであるが，まだ香りが残っている。

# お わ り に

　感光性樹脂を用いた光成形シートの作製について，樹脂の配合から製造機械，製造方法，製品の特徴，性質，応用まで，実験にもとづいて説明を行った。

　感光性樹脂による光成形シートの作製については，その可能性を述べる人は多いが，実際に製造機械を作って，運転を行い，運転方法を検討し，製品を作り出してみるところまで実行する人は少ないと思う。それを実行するには技術的に大小数多くの問題を実験によって一つ一つ解決していかねばならず，経済的にも大変なことである。

　本書の中に考え方なども書いておいたが，一つ一つが技術的に新しい未知のもので実際に行ってみなければ分からないことばかりであり，予想外のことも多くあった。開発を推進しながら技術と学問の違いを考えさせられ，また，技術とはそういうものだと納得することも度々であった。

　新しい開発途上の技術であるために分からないことも多く，ご協力戴いた企業の中には技術公開の回避を希望されるところもあり，表現が不十分になった部分もある。この点は読者諸賢のご理解とご了承をお願いしたい。

　最後になったが，開発中の先端技術を早期に関知して出版を企画されたシーエムシー社の技術先端情報への情熱と果敢なチャレンジに敬意を表し，本書がいろいろの意味で読者のお役に立つことを願うものである。

赤松　清

《著者》

**赤松　清**（あかまつ　きよし）

　　財団法人　生産開発科学研究所　評議員
　　1950～1980年　旭化成工業株式会社　勤務
　　1973年　感光性樹脂の開発により，日本化学会化学技術賞　受賞
　　1980年　財団法人　生産開発科学研究所　学術顧問


**藤本健郎**（ふじもと　たけお）

　　積水成形工業株式会社　元取締役開発部長
　　1952～1961年　大日本セロハン株式会社　勤務
　　1961～1978年　積水化学工業株式会社　勤務
　　1979～1989年　積水成型工業株式会社　勤務


## 光成形シートの製造と応用　(B660)

1989年10月31日　初　版　第1刷発行
2002年 8月17日　普及版　第1刷発行

　　著　者　　赤松　清　　　　　　　　　Printed in Japan
　　　　　　　藤本　健郎
　　発行者　　島　健太郎
　　発行所　　株式会社　シーエムシー出版
　　　　　　　東京都千代田区内神田1－4－2（コジマビル）
　　　　　　　電話 03（3293）2061

〔印　刷　三松堂印刷株式会社〕　　　©K.Akamatsu, T.Fujimoto, 2002

定価は表紙に表示してあります。
落丁・乱丁本はお取替えいたします。

ISBN4-88231-767-2　C3043

☆本書の無断転載・複写複製（コピー）による配布は，著者および出版社
の権利の侵害になりますので，小社あて事前に承諾を求めて下さい。

## CMCテクニカルライブラリー のご案内

|  |  |
|---|---|
| **バイオセンサー**<br>監修／軽部征夫<br>ISBN4-88231-759-1　　　B652<br>A5判・264頁　本体3,400円＋税（〒380円）<br>初版 1987年8月　普及版 2002年5月 | 構成および内容：バイオセンサーの原理／酵素センサー／微生物センサー／免疫センサー／電極センサー／FETセンサー／フォトバイオセンサー／マイクロバイオセンサー／圧電素子バイオセンサー／医療／発酵工業／食品／工業プロセス／環境計測／海外の研究開発・市場　他<br>執筆者：　久保いずみ／鈴木博章／佐野恵一　他16名 |
| **カラー写真感光材料用高機能ケミカルス**<br>－写真プロセスにおける役割と構造機能－<br>ISBN4-88231-758-3　　　B651<br>A5判・307頁　本体3,800円＋税（〒380円）<br>初版 1986年7月　普及版 2002年5月 | 構成および内容：写真感光材料工業とファインケミカル／業界情勢／技術開発動向／コンベンショナル写真感光材料／色素拡散転写法／銀色素漂白法／乾式銀塩写真感光材料／写真用機能性ケミカルスの応用展望／増感系・エレクトロニクス系・医薬分野への応用　他<br>執筆者：　新井厚明／安達慶一／藤田眞作　他13名 |
| **セラミックスの接着と接合技術**<br>監修／速水諒三<br>ISBN4-88231-757-5　　　B650<br>A5判・179頁　本体2,800円＋税（〒380円）<br>初版 1985年4月　普及版 2002年4月 | 構成および内容：セラミックスの発展／接着剤による接着／有機接着剤・無機接着剤・超音波はんだ／メタライズ／高融点金属法・銅化合物法・銀化合物法・気相成長法・厚膜法／固相液相接着／固相加圧接着／溶融接合／セラミックスの機械的接合法／将来展望　他<br>執筆者：　上野力／稲野光正／門倉秀公　他10名 |
| **ハニカム構造材料の応用**<br>監修／先端材料技術協会・編集／佐藤　孝<br>ISBN4-88231-756-7　　　B649<br>A5判・447頁　本体4,600円＋税（〒380円）<br>初版 1995年1月　普及版 2002年4月 | 構成および内容：ハニカムコアの基本・種類・主な機能・製造方法／ハニカムサンドイッチパネルの基本設計・製造・応用／航空機／宇宙機器／自動車における防音材料／鉄道車両／建築マーケットにおける利用／ハニカム溶接構造物の設計と構造解析、およびその実施例　他<br>執筆者：　佐藤孝／野口元／田所真人／中谷隆　他12名 |
| **ホスファゼン化学の基礎**<br>著者／梶原鳴雪<br>ISBN4-88231-755-9　　　B648<br>A5判・233頁　本体3,200円＋税（〒380円）<br>初版 1986年4月　普及版 2002年3月 | 構成および内容：ハロゲンおよび疑ハロゲンを含むホスファゼンの合成／$(NPCl_2)_3$から部分置換体$N_3P_3Cl_{6-n}R_n$の合成／$(NPR_2)_3$の合成／環状ホスファゼン化合物の用途開発／$(NPCl_2)_n$の重合／$(NPCl_2)_n$重合体の構造とその性質／ポリオルガノホスファゼンの性質／ポリオルガノホスファゼンの用途開発　他 |
| **二次電池の開発と材料**<br>ISBN4-88231-754-0　　　B647<br>A5判・257頁　本体3,400円＋税（〒380円）<br>初版 1994年3月　普及版 2002年3月 | 構成および内容：電池反応の基本／高性能二次電池設計のポイント／ニッケル-水素電池／リチウム系二次電池／ニカド蓄電池／鉛蓄電池／ナトリウム-硫黄電池／亜鉛-臭素電池／有機電解液系電気二重層コンデンサ／太陽電池システム／二次電池回収システムとリサイクルの現状　他<br>執筆者：　高村勉／神田基／山木準一　他16名 |
| **プロテインエンジニアリングの応用**<br>編集／渡辺公綱／熊谷　泉<br>ISBN4-88231-753-2　　　B646<br>A5判・232頁　本体3,200円＋税（〒380円）<br>初版 1990年3月　普及版 2002年2月 | 構成および内容：タンパク質改変諸例／酵素の機能改変／抗体とタンパク質工学／キメラ抗体／医薬と合成ワクチン／プロテアーゼ・インヒビター／新しいタンパク質作成技術とアロプロテイン／生体外タンパク質合成の現状／タンパク質工学におけるデータベース　他<br>執筆者：　太田由己／榎本淳／上野川修一　他13名 |
| **有機ケイ素ポリマーの新展開**<br>監修／櫻井英樹<br>ISBN4-88231-752-4　　　B645<br>A5判・327頁　本体3,800円＋税（〒380円）<br>初版 1996年1月　普及版 2002年1月 | 構成および内容：現状と展望／研究動向事例／ポリシラン合成と物性／カルボシラン系分子／ポリシロキサンの合成と応用／ゾル-ゲル法とケイ素系高分子／ケイ素系高耐熱性外タ物性高分子材料／マイクロパターニング／ケイ素系感光材料／ケイ素系高耐熱材料へのアプローチ　他<br>執筆者：　吉田勝／三治敬信／石川満夫　他19名 |

※ 書籍をご購入の際は、最寄りの書店にご注文いただくか、
㈱シーエムシー出版のホームページ（http://www.cmcbooks.co.jp/）にてお申し込み下さい。

# CMCテクニカルライブラリーのご案内

## 水素吸蔵合金の応用技術
監修／大西敬三
ISBN4-88231-751-6　　　　　　　　B644
A5判・270頁　本体3,800円＋税（〒380円）
初版1994年1月　普及版2002年1月

**構成および内容**：開発の現状と将来展望／標準化の動向／応用事例（余剰電力の貯蔵／冷凍システム／冷暖房／水素の精製・回収システム／Ni・MH二次電池／燃料電池／水素の動力利用技術／アクチュエーター／水素同位体の精製・回収／合成触媒）
**執筆者**：太田時男／兜森俊樹／田村英雄　他15名

## メタロセン触媒と次世代ポリマーの展望
編集／曽我和雄
ISBN4-88231-750-8　　　　　　　　B643
A5判・256頁　本体3,500円＋税（〒380円）
初版1993年8月　普及版2001年12月

**構成および内容**：メタロセン触媒の展開（発見の経緯／カミンスキー触媒の修飾・担持・特徴）／次世代ポリマーの展望（ポリエチレン／共重合体／ポリプロピレン）／特許からみた各企業の研究開発動向　他
**執筆者**：柏典夫／潮村哲之助／植木聡　他4名

## バイオセパレーションの応用
ISBN4-88231-749-4　　　　　　　　B642
A5判・296頁　本体4,000円＋税（〒380円）
初版1988年8月　普及版2001年12月

**構成および内容**：食品・化学品分野（サイクロデキストリン／甘味料／アミノ酸／核酸／油脂精製／γ-リノレン酸／フレーバー／果汁濃縮・清澄化　他）／医薬品分野（抗生物質／漢方薬効成分／ステロイド発酵の工業化）／生化学・バイオ医薬分野　他
**執筆者**：中村信之／菊池啓明／宗像豊哲　他26名

## バイオセパレーションの技術
ISBN4-88231-748-6　　　　　　　　B641
A5判・265頁　本体3,600円＋税（〒380円）
初版1988年8月　普及版2001年12月

**構成および内容**：膜分離（総説／精密濾過膜／限外濾過法／イオン交換膜／逆浸透膜）／クロマトグラフィー（高性能液体／タンパク質のHPLC／ゲル濾過／イオン交換／疎水性／分配吸着　他）／電気泳動／遠心分離／真空・加圧濾過／エバポレーション／超臨界流体抽出　他
**執筆者**：仲川勤／水野高志／大野省太郎　他19名

## 特殊機能塗料の開発
ISBN4-88231-743-5　　　　　　　　B636
A5判・381頁　本体3,500円＋税（〒380円）
初版1987年8月　普及版2001年11月

**構成および内容**：機能化のための研究開発／特殊機能塗料（電子・電気機能／光学機能／機械・物理機能／熱機能／生体機能／放射線機能／防食／その他）／高機能コーティングと硬化法（造膜法／硬化法）
◆**執筆者**：笠松寛／鳥羽山満／桐生春雄
　　　　　　田中丈之／荻野芳夫

## バイオリアクター技術
ISBN4-88231-745-1　　　　　　　　B638
A5判・212頁　本体3,400円＋税（〒380円）
初版1988年8月　普及版2001年12月

**構成および内容**：固定化生体触媒の最新進歩／新しい固定化法（光硬化性樹脂／多孔質セラミックス／絹フィブロイン）／新しいバイオリアクター（酵素固定化分離機能膜／生成物分離／多段式不均一系／固定化植物細胞／固定化ハイブリドーマ）／応用（食品／化学品／その他）
◆**執筆者**：田中渥夫／飯田高三／牧島亮男　他28名

## ファインケミカルプラントＦＡ化技術の新展開
ISBN4-88231-747-8　　　　　　　　B640
A5判・321頁　本体3,400円＋税（〒380円）
初版1991年2月　普及版2001年11月

**構成および内容**：総論／コンピュータ統合生産システム／ＦＡ導入の経済効果／要素技術（計測・検査／物流／ＦＡ用コンピュータ／ロボット）／ＦＡ化のソフト（粉体プロセス／多目的バッチプラント／パイプレスプロセス）／応用例（ファインケミカル／食品／薬品／粉体）　他
◆**執筆者**：高松武一郎／大島榮次／梅田富雄　他24名

## 生分解性プラスチックの実際技術
ISBN4-88231-746-X　　　　　　　　B639
A5判・204頁　本体2,500円＋税（〒380円）
初版1992年6月　普及版2001年11月

**構成および内容**：総論／開発展望（バイオポリエステル／キチン・キトサン／ポリアミノ酸／セルロース／ポリカプロラクトン／アルギン酸／ＰＶＡ／脂肪族ポリエステル／糖類／ポリエーテル／プラスチック化木材／油脂の崩壊性／界面活性剤）／現状と今後の対策　他
◆**執筆者**：赤松清／持田晃一／藤井昭治　他12名

---

※書籍をご購入の際は、最寄りの書店にご注文いただくか、
㈱シーエムシー出版のホームページ(http://www.cmcbooks.co.jp/)にてお申し込み下さい。

## CMCテクニカルライブラリーのご案内

### 環境保全型コーティングの開発
ISBN4-88231-742-7　B635
A5判・222頁　本体3,400円+税（〒380円）
初版1993年5月　普及版2001年9月

**構成および内容**：現状と展望／規制の動向／技術動向（塗料・接着剤・印刷インキ・原料樹脂）／ユーザー（VOC排出規制への具体策・有機溶剤系塗料から水系塗料への転換・電機・環境保全よりみた木工塗装・金属缶）／環境保全への合理化・省力化ステップ　他
◆執筆者：笠松寛／中村博忠／田邊幸男　他14名

### 強誘電性液晶ディスプレイと材料
監修／福田敦夫
ISBN4-88231-741-9　B634
A5判・350頁　本体3,500円+税（〒380円）
初版1992年4月　普及版2001年9月

**構成および内容**：次世代液晶とディスプレイ／高精細・大画面ディスプレイ／テクスチャーチェンジパネルの開発／反強誘電性液晶のディスプレイへの応用／次世代液晶化合物の開発／強誘電性液晶材料／ジキラル型強誘電性液晶化合物／スパッタ法による低抵抗ITO透明導電膜　他
◆執筆者：李継／神辺純一郎／鈴木康　他36名

### 高機能潤滑剤の開発と応用
ISBN4-88231-740-0　B633
A5判・237頁　本体3,800円+税（〒380円）
初版1988年8月　普及版2001年9月

**構成および内容**：総論／高機能潤滑剤（合成系潤滑剤・高機能グリース・固体潤滑と摺動材・水溶性加工油剤）／市場動向／応用（転がり軸受用グリース・OA関連機器・自動車・家電・医療・航空機・原子力産業）
◆執筆者：岡部平八郎／功刀俊夫／三嶋優　他11名

### 有機非線形光学材料の開発と応用
編集／中西八郎・小林孝嘉
　　　　中村新男・梅垣真祐
ISBN4-88231-739-7　B632
A5判・558頁　本体4,900円+税（〒380円）
初版1991年10月　普及版2001年8月

**構成および内容**：〈材料編〉現状と展望／有機材料／非線形光学特性／無機系材料／超微粒子系材料／薄膜，バルク，半導体系材料〈基礎編〉理論・設計／測定／機構〈デバイス開発編〉波長変換／EO変調／光ニュートラルネットワーク／光パルス圧縮／光ソリトン伝送／光スイッチ　他
◆執筆者：上宮崇文／野上隆／小谷正博　他88名

### 超微粒子ポリマーの応用技術
監修／室井宗一
ISBN4-88231-737-0　B630
A5判・282頁　本体3,800円+税（〒380円）
初版1991年4月　普及版2001年8月

**構成および内容**：水系での製造技術／非水系での製造技術／複合化技術〈開発動向〉乳化重合／カプセル化／高吸水性／フッ素系／シリコーン樹脂〈現状と可能性〉一般工業分野／医療分野／生化学分野／化粧品分野／情報分野／ミクロゲル／PP／ラテックス／スペーサ　他
◆執筆者：川口春馬／川瀬進／竹内勉　他25名

### 炭素応用技術
ISBN4-88231-736-2　B629
A5判・300頁　本体3,500円+税（〒380円）
初版1988年10月　普及版2001年7月

**構成および内容**：炭素繊維／カーボンブラック／導電性付与剤／グラファイト化合物／ダイヤモンド／複合材料／航空機・船舶用CFRP／人工歯根材／導電性インキ・塗料／電池・電極材料／光応答／金属炭化物／炭窒化チタン系複合セラミックス／SiC・SiC-W　他
◆執筆者：嶋崎勝乗／遠藤守信／池上繁　他32名

### 宇宙環境と材料・バイオ開発
編集／栗林一彦
ISBN4-88231-735-4　B628
A5判・163頁　本体2,600円+税（〒380円）
初版1987年5月　普及版2001年8月

**構成および内容**：宇宙開発と宇宙利用／生命科学／生命工学〈宇宙材料実験〉融液の凝固におよぼす微少重力の影響／単相合金の凝固／多相合金の凝固／高品位半導体単結晶の育成と微少重力の利用／表面張力起起対流実験〈SL-1の実験結果〉半導体の結晶成長／金属凝固／流体運動　他
◆執筆者：長友信人／佐藤温重／大島泰郎　他7名

### 機能性食品の開発
編集／亀和田光男
ISBN4-88231-734-6　B627
A5判・309頁　本体3,800円+税（〒380円）
初版1988年11月　普及版2001年9月

**構成および内容**：機能性食品に対する各省庁の方針と対応／学界と民間の動き／機能性食品への発展が予想される素材／フラクトオリゴ糖／大豆オリゴ糖／イノシトール／高機能性健康飲料／ギムネム・シルベスタ／企業化する問題点と対策／機能性食品に期待するもの　他
◆執筆者：大山超／稲葉博／岩元睦夫／太田明一　他21名

※書籍をご購入の際は、最寄りの書店にご注文いただくか、㈱シーエムシー出版のホームページ（http://www.cmcbooks.co.jp/）にてお申し込み下さい。

## CMCテクニカルライブラリーのご案内

### 植物工場システム
編集／高辻正基
ISBN4-88231-733-8　　　　B626
A5判・281頁　本体 3,100円＋税（〒380円）
初版 1987年11月　普及版 2001年6月

構成および内容：栽培作物別工場生産の可能性／野菜／花き／薬草／穀物／養液栽培システム／カネコのシステム／クローン増殖システム／人工種子／馴化装置／キノコ栽培技術／種菌生産／栽培装置とシステム／施設園芸の高度化／コンピュータ利用　他
◆執筆者：阿部芳巳／渡辺光男／中山繁樹 他23名

### 液晶ポリマーの開発
編集／小出直之
ISBN4-88231-731-1　　　　B624
A5判・291頁　本体 3,800円＋税（〒380円）
初版 1987年6月　普及版 2001年6月

構成および内容：〈基礎技術〉合成技術／キャラクタリゼーション／構造と物性／レオロジー〈成形加工技術〉射出成形技術／成形機械技術／ホットランナシステム技術　〈応用〉光ファイバ用被覆材／高強度繊維／ディスプレイ用材料／強誘電性液晶ポリマー　他
◆執筆者：浅田忠裕／鳥海弥和／茶谷陽三 他16名

### イオンビーム技術の開発
編集／イオンビーム応用技術編集委員会
ISBN4-88231-730-3　　　　B623
A5判・437頁　本体 4,700円＋税（〒380円）
初版 1989年4月　普及版 2001年6月

構成および内容：イオンビームと個体との相互作用／発生と輸送／装置／イオン注入による表面改質技術／イオンミキシングによる表面改質技術／薄膜形成表面被覆技術／表面除去加工技術／分析評価技術／各国の研究状況／日本の公立研究機関での研究状況　他
◆執筆者：藤本文範／石川順三／上條栄治 他27名

### エンジニアリングプラスチックの成形・加工技術
監修／大柳 康
ISBN4-88231-729-X　　　　B622
A5判・410頁　本体 4,000円＋税（〒380円）
初版 1987年12月　普及版 2001年6月

構成および内容：射出成形／成形条件／装置／金型内流動解析／材料特性／熱硬化性樹脂の成形／樹脂の種類／成形加工の特徴／成形加工法の基礎／押出成形／コンパウンティング／フィルム・シート成形／性能データ集／スーパーエンプラの加工に関する最近の話題　他
◆執筆者：高野菊雄／岩橋俊之／塚原 裕 他6名

### 新薬開発と生薬利用 II
監修／糸川秀治
ISBN4-88231-728-1　　　　B621
A5判・399頁　本体 4,500円＋税（〒380円）
初版 1993年4月　普及版 2001年9月

構成および内容：新薬開発プロセス／新薬開発の実態と課題／生薬・漢方製剤の薬理・薬効（抗腫瘍薬・抗炎症・抗アレルギー・抗菌・抗ウイルス）／天然素材の新食品への応用／生薬の品質評価／民間療法・伝統医の探索と評価／生薬の流通機構と需給　他
◆執筆者：相山律夫／大島俊幸／岡田稔 他14名

### 新薬開発と生薬利用 I
監修／糸川秀治
ISBN4-88231-727-3　　　　B620
A5判・367頁　本体 4,200円＋税（〒380円）
初版 1988年8月　普及版 2001年7月

構成および内容：生薬の薬理・薬効／抗アレルギー／抗菌・抗ウイルス作用／新薬開発のプロセス／スクリーニング／商品の規格と安定性／生薬の品質評価／甘草／生姜／桂皮素材の探索と流通／日本・世界での生薬素材の探索／流通機構と需要／各国の薬用植物の利用と活用　他
◆執筆者：相山律夫／赤須通範／生田安喜良 他19名

### ヒット食品の開発手法
監修／太田静行・亀和田光男・中山正夫
ISBN4-88231-726-5　　　　B619
A5判・278頁　本体 3,800円＋税（〒380円）
初版 1991年12月　普及版 2001年6月

構成および内容：新製品の開発戦略／消費者の嗜好／アイデア開発／食品調味／食品包装／官能検査／開発のためのデータバンク〈ヒット食品の具体例〉果汁グミ／スーパードライ〈ロングヒット食品開発の秘密〉カップヌードル／エバラ焼き肉のたれ／減塩醤油　他
◆執筆者：小杉直輝／大形 進／川合信行 他21名

### バイオマテリアルの開発
監修／筏 義人
ISBN4-88231-725-8　　　　B618
A5判・539頁　本体 4,900円＋税（〒380円）
初版 1989年9月　普及版 2001年5月

構成および内容：〈素材〉金属／セラミックス／合成高分子／生体高分子〈特性・機能〉力学特性／細胞接着能／血液適合性／骨組織結合性／光屈折・酸素透過能〈試験・認可〉滅菌法／表面分析法〈応用〉臨床検査系／歯科系／心臓外科系／代謝系　他
◆執筆者：立石哲也／藤沢 章／澄田政哉 他51名

---

※ 書籍をご購入の際は、最寄りの書店にご注文いただくか、
㈱シーエムシー出版のホームページ（http://www.cmcbooks.co.jp/）にてお申し込み下さい。

## CMCテクニカルライブラリーのご案内

### 半導体封止技術と材料
著者／英　一太
ISBN4-88231-724-9　　　　　　B617
A5判・232頁　本体 3,400 円＋税（〒380 円）
初版 1987 年 4 月　普及版 2001 年 7 月

構成および内容：〈封止技術の動向〉IC パッケージ／ポストモールドとプレモールド方式／表面実装〈材料〉エポキシ樹脂の変性／硬化／低応力化／高信頼性 VLSI セラミックパッケージ／プラスチックチップキャリヤ〉構造／加工／リード／信頼性試験〈GaAs〉高速論理素子／GaAs ダイ／MCV〈接合技術と材料〉TAB 技術／ダイアタッチ

### トランスジェニック動物の開発
著者／結城　惇
ISBN4-88231-723-0　　　　　　B616
A5判・264頁　本体 3,000 円＋税（〒380 円）
初版 1990 年 2 月　普及版 2001 年 7 月

構成および内容：誕生と変遷／利用価値〈開発技術〉マイクロインジェクション法／ウイルスベクター法／ES 細胞法／精子ベクター法／トランスジーンの発現／発現制御系〈応用〉遺伝子解析／病態モデル／欠損症動物／遺伝子治療モデル／分泌物利用／組織，臓器利用／家畜／課題〈動向・資料〉研究開発企業／特許／実験ガイドライン　他

### 水処理剤と水処理技術
監修／吉野善彌
ISBN4-88231-722-2　　　　　　B615
A5判・253頁　本体 3,500 円＋税（〒380 円）
初版 1988 年 7 月　普及版 2001 年 5 月

構成および内容：凝集剤と水処理プロセス／高分子凝集剤／生物学的凝集剤／濾過助剤と水処理プロセス／イオン交換体と水処理プロセス／有機イオン交換体／排水処理プロセス／吸着剤と水処理プロセス／水処理分離膜と水処理プロセス　他
◆執筆者：三上八州家／鹿野武彦／倉根隆一郎　他 17 名

### 食品素材の開発
監修／亀和田光男
ISBN4-88231-721-4　　　　　　B614
A5判・334頁　本体 3,900 円＋税（〒380 円）
初版 1987 年 10 月　普及版 2001 年 5 月

構成および内容：〈タンパク系〉大豆タンパクフィルム／卵タンパク〈デンプン系と畜血液〉プルラン／サイクロデキストリン〈新甘味料〉フラクトオリゴ糖／ステビア〈健食新素材〉EPA／レシチン／ハーブエキス／コラーゲン／キチン・キトサン
◆執筆者：中島庸介／花岡譲一／坂井和夫　他 22 名

### 老人性痴呆症と治療薬
編集／朝長正徳・齋藤　洋
ISBN4-88231-720-6　　　　　　B613
A5判・233頁　本体 3,000 円＋税（〒380 円）
初版 1988 年 8 月　普及版 2001 年 4 月

構成および内容：記憶のメカニズム／記憶の神経的機構／老人性痴呆の発症機構／遺伝子・染色体の異常／脳機能に影響を与える生体内物質／神経伝達物質／甲状腺ホルモン／スクリーニング法／脳循環・脳代謝試験／予防・治療へのアプローチ　他
◆執筆者：佐藤昭夫／黒澤美枝子／浅香昭雄　他 31 名

### 感光性樹脂の基礎と実用
監修／赤松　清
ISBN4-88231-719-2　　　　　　B612
A5判・371頁　本体 4,500 円＋税（〒380 円）
初版 1987 年 4 月　普及版 2001 年 5 月

構成および内容：化学構造と合成法／光反応／市販されている感光性樹脂モノマー，オリゴマーの概況／印刷板／感光性樹脂凸版／フレキソ版／塗料／光硬化型塗料／ラジカル重合型塗料／インキ／UV 硬化システム／UV 硬化型接着剤／歯科衛生材料　他
◆執筆者：吉村　延／岸本芳男／小伊勢雄次　他 8 名

### 分離機能膜の開発と応用
編集／仲川　勤
ISBN4-88231-718-4　　　　　　B611
A5判・335頁　本体 3,500 円＋税（〒380 円）
初版 1987 年 12 月　普及版 2001 年 3 月

構成および内容：〈機能と応用〉気体分離膜／イオン交換膜／透析膜／精密濾過膜〈キャリア輸送膜の開発〉固体電解質／液膜／モザイク荷電膜／機能性カプセル膜〈装置化と応用〉酸素富化膜／水素分離膜／浸透気化法による有機混合物の分離／人工臓器／人工肺　他
◆執筆者：山田純男／佐田俊勝／西田　治　他 20 名

### プリント配線板の製造技術
著者／英　一太
ISBN4-88231-717-6　　　　　　B610
A5判・315頁　本体 4,000 円＋税（〒380 円）
初版 1987 年 12 月　普及版 2001 年 4 月

構成および内容：〈プリント配線板の原材料〉〈プリント配線基板の製造技術〉硬質プリント配線板／フレキシブルプリント配線板〈プリント回路加工技術〉フォトレジストとフォト印刷／スクリーン印刷／多層プリント配線板〉構造／製造法／多層成型〈廃水処理と災害環境管理〉高濃度有害物質の廃棄処理　他

※書籍をご購入の際は、最寄りの書店にご注文いただくか、
㈱シーエムシー出版のホームページ(http://www.cmcbooks.co.jp/)にてお申し込み下さい。

## CMCテクニカルライブラリー のご案内

### 汎用ポリマーの機能向上とコストダウン
ISBN4-88231-715-X　　B608
A5判・319頁　本体 3,800 円＋税（〒380円）
初版 1994 年 8 月　普及版 2001 年 2 月

**構成および内容**：〈新しい樹脂の成形法〉射出プレス成形（SPモールド）／プラスチックフィルムの最新製造技術〈材料の高機能化とコストダウン〉超高強度ポリエチレン繊維／耐候性のよい耐衝撃性PVC〈応用〉食品・飲料用プラスチック包装材料／医療材料向けプラスチック材料　他
◆執筆者：浅井治海／五十嵐聡／髙木否都志　他32名

### クリーンルームと機器・材料
ISBN4-88231-714-1　　B607
A5判・284頁　本体 3,800 円＋税（〒380円）
初版 1990 年 12 月　普及版 2001 年 2 月

**構成および内容**：〈構造材料〉床材・壁材・天井材／ユニット式〈設備機器〉空気清浄／温湿度制御／空調機器／排気処理機器材料／微生物制御／清浄度測定評価（応用例）〉薬（GMP）／医療／半導体〈今後の動向〉自動化／防災システムの動向／省エネルギ／清掃（維持管理）　他
◆執筆者：依田行夫／一和田眞次／鈴木正身　他21名

### 水性コーティングの技術
ISBN4-88231-713-3　　B606
A5判・359頁　本体 4,700 円＋税（〒380円）
初版 1990 年 12 月　普及版 2001 年 2 月

**構成および内容**：〈水性ポリマー各論〉ポリマー水性化のテクノロジー／水性ウレタン樹脂／水系UV・EB硬化樹脂〈水性コーティング材の製法と処法化〉常温乾燥コーティング／電着コーティング〈水性コーティング材の周辺技術〉廃水処理技術／泡処理技術　他
◆執筆者：桐生春雄／鳥羽山満／池林信彦　他14名

### レーザ加工技術
監修／川澄博通
ISBN4-88231-712-5　　B605
A5判・249頁　本体 3,800 円＋税（〒380円）
初版 1989 年 5 月　普及版 2001 年 2 月

**構成および内容**：〈総論〉レーザ加工技術の基礎事項〈加工用レーザ発振器〉$CO_2$レーザ〈高エネルギービーム加工〉レーザによる材料の表面改質技術〈レーザ化学加工・生物加工〉レーザ光化学反応による有機合成〈レーザ加工周辺技術〉〈レーザ加工の将来〉他
◆執筆者：川澄博通／永井治彦／末永直行　他13名

### 臨床検査マーカーの開発
監修／茂手木皓喜
ISBN4-88231-711-7　　B604
A5判・170頁　本体 2,200 円＋税（〒380円）
初版 1993 年 8 月　普及版 2001 年 1 月

**構成および内容**：〈腫瘍マーカー〉肝細胞癌の腫瘍／肺癌／婦人科系腫瘍／乳癌／甲状腺癌／泌尿器腫瘍／造血器腫瘍〈循環器系マーカー〉動脈硬化／虚血性心疾患／高血圧症〈糖尿病マーカー〉糖質／脂質／合併症〈骨代謝マーカー〉〈老化度マーカー〉他
◆執筆者：岡崎伸生／有吉寛／江崎治　他22名

### 機能性顔料
ISBN4-88231-710-9　　B603
A5判・322頁　本体 4,000 円＋税（〒380円）
初版 1991 年 6 月　普及版 2001 年 1 月

**構成および内容**：〈無機顔料の研究開発動向〉酸化チタン・チタンイエロー／酸化鉄系顔料〈有機顔料の研究開発動向〉溶性アゾ顔料（アゾレーキ）〈用途展開の現状と将来展望〉印刷インキ／塗料〈最近の顔料分散技術と顔料分散機の進歩〉顔料の処理と分散性　他
◆執筆者：石村安雄／風間孝夫／服部俊雄　他31名

### バイオ検査薬と機器・装置
監修／山本重夫
ISBN4-88231-709-5　　B602
A5判・322頁　本体 4,000 円＋税（〒380円）
初版 1996 年 10 月　普及版 2001 年 1 月

**構成および内容**：〈DNAプローブ法-最近の進歩〉〈生化学検査試薬の液状化-技術的背景〉〈蛍光プローブと細胞内環境の測定〉〈臨床検査用遺伝子組み換え酵素〉〈イムノアッセイ装置の現状と今後〉〈染色体ソーティングとDNA診断〉〈アレルギー検査薬の新動向〉〈食品の遺伝子検査〉他
◆執筆者：寺岡宏／高橋豊三／小路武彦　他33名

### カラーPDP技術
ISBN4-88231-708-7　　B601
A5判・208頁　本体 3,200 円＋税（〒380円）
初版 1996 年 7 月　普及版 2001 年 1 月

**構成および内容**：〈総論〉電子ディスプレイの現状〈パネル〉AC型カラーPDP／パルスメモリー方式DC型カラーPDP〈部品加工・装置〉パネル製造技術とスクリーン印刷／フォトプロセス／露光装置／PDP用ローラーハース式連続焼成炉〈材料〉ガラス基板／蛍光体／透明電極材料　他
◆執筆者：小島健博／村上宏／大塚晃／山本敏裕　他14名

※書籍をご購入の際は、最寄りの書店にご注文いただくか、㈱シーエムシー出版のホームページ（http://www.cmcbooks.co.jp/）にてお申し込み下さい。

## CMCテクニカルライブラリーのご案内

### 防菌防黴剤の技術
監修／井上嘉幸
ISBN4-88231-707-9　　　　　　　　B600
A5判・234頁　本体 3,100 円＋税　（〒380 円）
初版 1989 年 5 月　普及版 2000 年 12 月

**構成および内容**：〈防菌防黴剤の開発動向〉〈防菌防黴剤の相乗効果と配合技術〉防菌防黴剤の併用効果／相乗効果を示す防菌防黴剤／相乗効果の作用機構〈防菌防黴剤の製剤化技術〉水和剤／可溶化剤／発泡製剤〈防菌防黴剤の応用展開〉繊維用／皮革用／塗料用／接着剤用／医薬品用　他
◆執筆者：井上嘉幸／西村民男／高麗寛記　他 23 名

### 快適性新素材の開発と応用
ISBN4-88231-706-0　　　　　　　　B599
A5判・179頁　本体 2,800 円＋税　（〒380 円）
初版 1992 年 1 月　普及版 2000 年 12 月

**構成および内容**：〈繊維編〉高風合ポリエステル繊維（ニューシルキー素材）／ピーチスキン素材／ストレッチ素材／太陽光蓄熱保温繊維素材／抗菌・消臭繊維／森林浴効果のある繊維〈住宅編，その他〉セラミック系人造木材／圧電・導電複合材料による制振新素材／調光窓ガラス　他
◆執筆者：吉田敬一／井上裕光／原田隆司　他 18 名

### 高純度金属の製造と応用
ISBN4-88231-705-2　　　　　　　　B598
A5判・220頁　本体 2,600 円＋税　（〒380 円）
初版 1992 年 11 月　普及版 2000 年 12 月

**構成および内容**：〈金属の高純度化プロセスと物性〉高純度化法の概要／純度表〈高純度金属の成形・加工技術〉高純度金属の複合化／粉体成形による高純度金属の利用／高純度銅の線材化／単結晶化・非晶化／薄膜形成〈応用展開の可能性〉高耐食性鋼材および鉄材／超電導材料／新合金／固体触媒〈高純度金属に関する特許一覧〉　他

### 電磁波材料技術とその応用
監修／大森豊明
ISBN4-88231-100-3　　　　　　　　B597
A5判・290頁　本体 3,400 円＋税　（〒380 円）
初版 1992 年 5 月　普及版 2000 年 12 月

**構成および内容**：〈無機系電磁波材料〉マイクロ波誘電体セラミックス／光ファイバ〈有機系電磁波材料〉ゴム／アクリルナイロン繊維〈様々な分野への応用〉医療／食品／コンクリート構造物診断／半導体製造／施設園芸／電磁波接着・シーリング材／電磁波防護服　他
◆執筆者：白崎信一／山田朗／月岡正至　他 24 名

### 自動車用塗料の技術
ISBN4-88231-099-6　　　　　　　　B596
A5判・340頁　本体 3,800 円＋税　（〒380 円）
初版 1989 年 5 月　普及版 2000 年 12 月

**構成および内容**：〈総論〉自動車塗装における技術開発〈自動車に対するニーズ〉〈各素材の動向と前処理技術〉〈コーティング材料開発の動向〉防錆対策用コーティング材料〈コーティングエンジニアリング〉塗装装置／乾燥装置〈周辺技術〉コーティング材料管理　他
◆執筆者：桐生春雄／鳥羽山満／井出正／岡duy二　他 19 名

### 高機能紙の開発
監修／稲垣　寛
ISBN4-88231-097-X　　　　　　　　B594
A5判・286頁　本体 3,400 円＋税　（〒380 円）
初版 1988 年 8 月　普及版 2000 年 12 月

**構成および内容**：〈機能紙用原料繊維〉天然繊維／化学・合成繊維／金属繊維〈バイオ・メディカル関係機能紙〉動物関連用／食品工業用〈エレクトリックペーパー〉耐熱絶縁紙／導電紙〈情報記録用紙〉電解記録紙〈湿式法フィルターペーパー〉ガラス繊維濾紙／自動車用濾紙　他
◆執筆者：尾鍋史彦／篠木孝belongs／北村孝雄　他 9 名

### 新・導電性高分子材料
監修／雀部博之
ISBN4-88231-096-1　　　　　　　　B593
B5判・245頁　本体 3,200 円＋税　（〒380 円）
初版 1987 年 2 月　普及版 2000 年 11 月

**構成および内容**：〈基礎編〉ソリトン，ポーラロン，バイポーラロン：導電性高分子における非線形励起と荷電状態／イオン注入によるドーピング／超イオン導電体（固体電解質）〈応用編〉高分子バッテリー／透明導電性高分子／導電性高分子を用いたデバイス／プラスティックバッテリー　他
◆執筆者：A. J. Heeger／村田恵三／石黒武彦　他 11 名

### 導電性高分子材料
監修／雀部博之
ISBN4-88231-095-3　　　　　　　　B592
B5判・318頁　本体 3,800 円＋税　（〒380 円）
初版 1983 年 11 月　普及版 2000 年 11 月

**構成および内容**：〈導電性高分子の技術開発〉〈導電性高分子の基礎理論〉共役系高分子／有機一次元導電体／光伝導性高分子／導電性複合高分子材料／Conduction Polymers〈導電性高分子の応用技術〉導電性フィルム／透明導電性フィルム／導電性ゴム／導電性ペースト　他
◆執筆者：白川英樹／吉野勝美／A. G. MacDiamid　他 13 名

※ 書籍をご購入の際は，最寄りの書店にご注文いただくか，㈱シーエムシー出版のホームページ（http://www.cmcbooks.co.jp/）にてお申し込み下さい。

## CMCテクニカルライブラリーのご案内

**クロミック材料の開発**
監修／市村　國宏
ISBN4-88231-094-5　　　　　　B591
A5判・301頁　本体 3,000 円＋税（〒380 円）
初版 1989 年 6 月　普及版 2000 年 11 月

構成および内容：〈材料編〉フォトクロミック材料／エレクトロクロミック材料／サーモクロミック材料／ピエゾクロミック金属錯体〈応用編〉エレクトロクロミックディスプレイ／液晶表示とクロミック材料／フォトクロミックメモリメディア／調光フィルム 他
◆執筆者：市村國宏／入江正浩／川西祐司　他 25 名

---

**コンポジット材料の製造と応用**
ISBN4-88231-093-7　　　　　　B590
A5判・278頁　本体 3,300 円＋税（〒380 円）
初版 1990 年 5 月　普及版 2000 年 10 月

構成および内容：〈コンポジットの現状と展望〉〈コンポジットの製造〉微粒子の複合化／マトリックスと強化材の接着／汎用繊維強化プラスチック（FRP）の製造と成形〈コンポジットの応用〉プラスチック複合材料の自動車への応用／鉄道関係／航空・宇宙関係 他
◆執筆者：浅井治海／小石眞純／中尾富士夫　他 21 名

---

**機能性エマルジョンの基礎と応用**
監修／本山　卓彦
ISBN4-88231-092-9　　　　　　B589
A5判・198頁　本体 2,400 円＋税（〒380 円）
初版 1993 年 11 月　普及版 2000 年 10 月

構成および内容：〈業界動向〉国内のエマルジョン工業の動向／海外の技術動向／環境問題とエマルジョン／エマルジョンの試験方法と規格〈新材料開発の動向〉最近の大粒径エマルジョンの製法と用途／超微粒子ポリマーラテックス〈分野別の最近応用動向〉塗料分野／接着剤分野 他
◆執筆者：本山卓彦／葛西壽一／滝沢稔　他 11 名

---

**無機高分子の基礎と応用**
監修／梶原　鳴雪
ISBN4-88231-091-0　　　　　　B588
A5判・272頁　本体 3,200 円＋税（〒380 円）
初版 1993 年 10 月　普及版 2000 年 11 月

構成および内容：〈基礎編〉前駆体オリゴマー、ポリマーから酸素ポリマーの合成／ポリマーから非酸化物ポリマーの合成／無機ー有機ハイブリッドポリマーの合成／無機高分子化合物とバイオリアクター〈応用編〉無機高分子繊維およびフィルム／接着剤／光・電子材料 他
◆執筆者：木村良晴／乙咩重男／阿部芳首　他 14 名

---

**食品加工の新技術**
監修／木村　進・亀和田光男
ISBN4-88231-090-2　　　　　　B587
A5判・288頁　本体 3,200 円＋税（〒380 円）
初版 1990 年 6 月　普及版 2000 年 11 月

構成および内容：'90 年代における食品加工技術の課題と展望／バイオテクノロジーの応用とその展望／21 世紀に向けてのバイオリアクター関連技術と装置／食品における乾燥技術の動向／マイクロカプセル製造および利用技術／微粉砕技術／高圧による食品の物性と微生物の制御 他
◆執筆者：木村進／貝沼圭二／播磨幹夫　他 20 名

---

**高分子の光安定化技術**
著者／大澤　善次郎
ISBN4-88231-089-9　　　　　　B586
A5判・303頁　本体 3,800 円＋税（〒380 円）
初版 1986 年 12 月　普及版 2000 年 10 月

構成および内容：序／劣化概論／光化学の基礎／高分子の光劣化／光劣化の試験方法／光劣化の評価方法／高分子の光安定化／劣化防止概説／各論—ポリオレフィン、ポリ塩化ビニル、ポリスチレン、ポリウレタン他／光劣化の応用／光崩壊性高分子／高分子の光機能化／耐放射線高分子 他

---

**ホットメルト接着剤の実際技術**
ISBN4-88231-088-0　　　　　　B585
A5判・259頁　本体 3,200 円＋税（〒380 円）
初版 1991 年 8 月　普及版 2000 年 8 月

構成および内容：〈ホットメルト接着剤の市場動向〉〈HMA 材料〉EVA 系ホットメルト接着剤／ポリオレフィン系／ポリエステル系〈機能性ホットメルト接着剤〉〈ホットメルト接着剤の応用〉〈ホットメルトアプリケーター〉〈海外における HMA の開発動向〉他
◆執筆者：永田宏二／宮本禮次／佐藤勝亮　他 19 名

---

**バイオ検査薬の開発**
監修／山本　重夫
ISBN4-88231-085-6　　　　　　B583
A5判・217頁　本体 3,000 円＋税（〒380 円）
初版 1992 年 4 月　普及版 2000 年 9 月

構成および内容：〈総論〉臨床検査薬の技術／臨床検査機器の技術〈検査薬と検査機器〉バイオ検査薬用の素材／測定系の最近の進歩／検出系と機器
◆執筆者：片山善彦／星野忠／河野均也／細荘和子／藤巻道男／小栗豊子／猪狩淳／渡辺文夫／磯部和正／中井利昭／髙橋豊三／中島憲一郎／長谷川明／舟橋真一　他 9 名

---

※書籍をご購入の際は、最寄りの書店にご注文いただくか、㈱シーエムシー出版のホームページ（http://www.cmcbooks.co.jp/）にてお申し込み下さい。

## CMCテクニカルライブラリー のご案内

### 紙薬品と紙用機能材料の開発
監修／稲垣 寛
ISBN4-88231-086-4　　　　　　　　B582
A5判・274頁　本体 3,400円＋税（〒380円）
初版 1988年 12月　普及版 2000年 9月

◆構成および内容：〈紙用機能材料と薬品の進歩〉紙用材料と薬品の分類／機能材料と薬品の性能と用途〈抄紙用薬品〉パルプ化から抄紙工程までの添加薬品／パルプ段階での添加薬品〈紙の2次加工薬品〉加工紙の現状と加工薬品／加工用薬品〈加工技術の進歩〉他
◆執筆者：稲垣寛／尾鍋史彦／西尾信之／平岡誠 他 20名

### 機能性ガラスの応用
ISBN4-88231-084-8　　　　　　　　B581
A5判・251頁　本体 2,800円＋税（〒380円）
初版 1990年 2月　普及版 2000年 8月

◆構成および内容：〈光学的機能ガラスの応用〉光集積回路とニューガラス／光ファイバー〈電気・電子的機能ガラスの応用〉電気用ガラス／ホーロー回路基盤〈熱的・機械的機能ガラスの応用〉〈化学的・生体機能ガラスの応用〉〈用途開発展開中のガラス〉他
◆執筆者：作花済夫／栖原敏明／高橋志郎 他 26名

### 超精密洗浄技術の開発
監修／角田 光雄
ISBN4-88231-083-X　　　　　　　　B580
A5判・247頁　本体 3,200円＋税（〒380円）
初版 1992年 3月　普及版 2000年 8月

◆構成および内容：〈精密洗浄の技術動向〉精密洗浄技術／洗浄メカニズム／洗浄評価技術〈超精密洗浄技術〉ウェハ洗浄技術／洗浄用薬品〈CFC-113と1,1,1-トリクロロエタンの規制動向と規制対応状況〉国際法による規制スケジュール／各国国内法による規制スケジュール 他
◆執筆者：角田光雄／斉木篤／山本芳彦／大部一夫他 10名

### 機能性フィラーの開発技術
ISBN4-88231-082-1　　　　　　　　B579
A5判・324頁　本体 3,800円＋税（〒380円）
初版 1990年 1月　普及版 2000年 7月

◆構成および内容：序／機能性フィラーの分類と役割／フィラーの機能制御／力学的機能／電気・磁気的機能／熱的機能／光・色機能／その他機能／表面処理と複合化／複合材料の成形・加工技術／機能性フィラーへの期待と将来展望
◆執筆者：村上謙吉／由井浩／小石真純／山田英夫他 24名

### 高分子材料の長寿命化と環境対策
監修／大澤 善次郎
ISBN4-88231-081-3　　　　　　　　B578
A5判・318頁　本体 3,800円＋税（〒380円）
初版 1990年 5月　普及版 2000年 7月

◆構成および内容：プラスチックの劣化と安定性／ゴムの劣化と安定性／繊維の構造と劣化、安定性／紙・パルプの劣化と安定性／写真材料の劣化と安定性／塗膜の劣化と安定化／染料の退色／エンジニアリングプラスチックの劣化と安定化／複合材料の劣化と安定化 他
◆執筆者：大澤善次郎／河本圭司／酒井英紀 他 16名

### 吸油性材料の開発
ISBN4-88231-080-5　　　　　　　　B577
A5判・178頁　本体 2,700円＋税（〒380円）
初版 1991年 5月　普及版 2000年 7月

◆構成および内容：〈吸油（非水溶液）の原理とその構造〉ポリマーの架橋構造／一次架橋構造とその物性に関する最近の研究〈吸油性材料の開発〉無機系／天然系吸油性材料／有機系吸油性材料〈吸油性材料の応用と製品〉吸油性材料／不織布系吸油性材料／固化型 油吸着材 他
◆執筆者：村上謙吉／佐藤悌治／岡部潔 他 8名

### 消泡剤の応用
監修／佐々木 恒孝
ISBN4-88231-079-1　　　　　　　　B576
A5判・218頁　本体 2,900円＋税（〒380円）
初版 1991年 5月　普及版 2000年 7月

◆構成および内容：泡・その発生・安定化・破壊／消泡理論の最近の展開／シリコーン消泡剤／バイオプロセスへの応用／食品製造への応用／パルプ製造工程への応用／抄紙工程への応用／繊維加工への応用／塗料、インキへの応用／高分子ラテックスへの応用 他
◆執筆者：佐々木恒孝／高橋葉子／角田淳 他 14名

### 粘着製品の応用技術
ISBN4-88231-078-3　　　　　　　　B575
A5判・253頁　本体 3,000円＋税（〒380円）
初版 1989年 1月　普及版 2000年 7月

◆構成および内容：〈材料開発の動向〉粘着製品の材料／粘着剤／下塗剤〈塗布技術の最近の進歩〉水系エマルジョンの特徴およびその塗工装置／最近の製品製造システムとその概説〈粘着製品の応用〉電気・電子関連用粘着製品／自動車用粘着製品／医療用粘着製品 他
◆執筆者：福沢敬司／西田幸平／宮崎正常 他 16名

※ 書籍をご購入の際は、最寄りの書店にご注文いただくか、㈱シーエムシー出版のホームページ（http://www.cmcbooks.co.jp/）にてお申し込み下さい。

## CMCテクニカルライブラリー のご案内

### 複合糖質の化学
監修／小倉 治夫
ISBN4-88231-077-5　　　　　　B574
A5判・275頁　本体3,100円＋税　（〒380円）
初版1989年6月　普及版2000年8月

◆構成および内容：KDOの化学とその応用／含硫シアル酸アナログの化学と応用／シアル酸誘導体の生物活性とその応用／ガングリオシドの化学と応用／セレブロシドの化学と応用／糖脂質糖鎖の多様性／糖タンパク質鎖の癌性変化／シクリトール類の化学と応用　他
◆執筆者：山川民夫／阿知波一雄／池田潔　他15名

### プラスチックリサイクル技術

ISBN4-88231-076-7　　　　　　B573
A5判・250頁　本体3,000円＋税　（〒380円）
初版1992年1月　普及版2000年7月

◆構成および内容：廃棄プラスチックとリサイクル促進／わが国のプラスチックリサイクルの現状／リサイクル技術と回収システムの開発／資源・環境保全製品の設計／産業別プラスチックリサイクル開発の現状／樹脂別形態別リサイクリング技術／企業・業界の研究開発動向他
◆執筆者：本多淳祐／遠藤秀夫／柳澤孝成／石倉豊他14名

### 分解性プラスチックの開発
監修／土肥 義治
**ISBN4-88231-075-9**　　　　　　B572
A5判・276頁　本体3,500円＋税　（〒380円）
初版1990年9月　普及版2000年6月

◆構成および内容：〈廃棄プラスチックによる環境汚染と規制の動向〉〈廃棄プラスチック処理の現状と課題〉分解性プラスチックスの開発技術〉生分解性プラスチックス／光分解性プラスチックス〈分解性の評価技術〉〈研究開発動向〉〈分解性プラスチックの代替可能性と実用化展望〉他
◆執筆者：土肥義治／山中唯義／久保直紀／柳澤孝成他9名

### ポリマーブレンドの開発
編集／浅井 治海
ISBN4-88231-074-0　　　　　　B571
A5判・242頁　本体3,000円＋税　（〒380円）
初版1988年6月　普及版2000年7月

◆構成および内容：〈ポリマーブレンドの構造〉物理的方法／化学的方法〈ポリマーブレンドの性質と応用〉汎用ポリマーどうしのポリマーブレンド／エンジニアリングプラスチックどうしのポリマーブレンド〈各工業におけるポリマーブレンド〉ゴム工業におけるポリマーブレンド　他
◆執筆者：浅井治海／大久保政芳／井上公雄　他25名

### 自動車用高分子材料の開発
監修／大庭 敏之
**ISBN4-88231-073-2**　　　　　　B570
A5判・274頁　本体3,400円＋税　（〒380円）
初版1989年12月　普及版2000年7月

◆構成および内容：〈外板、塗装材料〉自動車用SMCの技術動向と課題、RIM材料〈内装材料〉シート表皮材料、シートパッド〈構造用樹脂〉繊維強化先進複合材料、GFRP板ばね〈エラストマー材料〉防振ゴム、自動車用ホース〈塗装・接着材料〉鋼板用塗料、樹脂用塗料、構造用接着剤他
◆執筆者：大庭敏之／黒川滋樹／村田佳生／中村脺他23名

### 不織布の製造と応用
編集／中村 義男
ISBN4-88231-072-4　　　　　　B569
A5判・253頁　本体3,200円＋税　（〒380円）
初版1989年6月　普及版2000年4月

◆構成および内容：〈原料編〉有機系・無機系・金属系繊維、バインダー、添加剤〈製法編〉エアレイパルプ法、湿式法、スパンレース法、メルトブロー法、スパンボンド法、フラッシュ紡糸法〈応用編〉衣料、生活、医療、自動車、土木・建築、ろ過関連、電気・電磁波関連、人工皮革他
◆執筆者：北村孝雄／萩原勝男／久保栄一／大垣豊他15名

### オリゴマーの合成と応用

ISBN4-88231-071-6　　　　　　B568
A5判・222頁　本体2,800円＋税　（〒380円）
初版1990年8月　普及版2000年6月

◆構成および内容：〈オリゴマーの最新合成法〉〈オリゴマー応用技術の新展開〉ポリエステルオリゴマーの可塑剤／接着剤・シーリング材／粘着剤／化粧品／医薬品／歯科用材料／凝集・沈殿剤／コピー用トナーバインダー他
◆執筆者：大河原信／塩谷啓一／廣瀬拓治／大橋徹也／大月裕／大見賀広芳／土岐宏俊／松原次男／富田健一他7名

### DNAプローブの開発技術
著者／高橋 豊三
ISBN4-88231-070-8　　　　　　B567
A5判・398頁　本体4,600円＋税　（〒380円）
初版1990年4月　普及版2000年5月

◆構成および内容：〈核酸ハイブリダイゼーション技術の応用〉研究分野、遺伝病診断、感染症、法医学、がん研究・診断他への応用〈試料DNAの調製〉濃縮・精製の効率化他〈プローブの作成と分離〉〈プローブの標識〉放射性、非放射性標識他〈新しいハイブリダイゼーションのストラテジー〉〈診断用DNAプローブと臨床微生物検査〉他

※書籍をご購入の際は、最寄りの書店にご注文いただくか、㈱シーエムシー出版のホームページ（http://www.cmcbooks.co.jp/）にてお申し込み下さい。

## CMCテクニカルライブラリー のご案内

### ハイブリッド回路用厚膜材料の開発
著者／英 一太
ISBN4-88231-069-4　　　　　　B566
A5判・274頁　本体3,400円＋税（〒380円）
初版1988年5月　普及版2000年5月

◆構成および内容：〈サーメット系厚膜回路用材料〉〈厚膜回路におけるエレクトロマイグレーション〉〈厚膜ペーストのスクリーン印刷技術〉〈ハイブリッドマイクロ回路の設計と信頼性〉〈ポリマー厚膜材料のプリント回路への応用〉〈導電性接着剤、塗料への応用〉ダイアタッチ用接着剤／導電性エポキシ樹脂接着剤によるSMT他

### 植物細胞培養と有用物質
監修／駒嶺 穆
ISBN4-88231-068-6　　　　　　B565
A5判・243頁　本体2,800円＋税（〒380円）
初版1990年3月　普及版2000年5月

◆構成および内容：有用物質生産のための大量培養－遺伝子操作による物質生産／トランスジェニック植物による物質生産／ストレスを利用した二次代謝物質の生産／各種有用物質の生産－抗腫瘍物質／ビンカアルカロイド／ベルベリン／ビオチン／シコニン／アルブチン／チクル／色素他
◆執筆者：髙山眞策／作田正明／西荒介／岡崎光雄他21名

### 高機能繊維の開発
監修／渡辺 正元
ISBN4-88231-066-X　　　　　　B563
A5判・244頁　本体3,200円＋税（〒380円）
初版1988年8月　普及版2000年4月

◆構成および内容：〈高強度・高耐熱〉ポリアセタール〈無機系〉アルミナ／耐熱セラミック〈導電性・制電性〉芳香族系／有機系〈バイオ繊維〉医療用繊維／人工皮膚／生体筋と人工筋〈吸水・撥水・防汚繊維〉フッ素加工〈高風合繊維〉超高収縮・高密度素材／超極細繊維他
◆執筆者：酒井紘／小松民邦／大田康雄／飯塚登志雄他24名

### 導電性樹脂の実際技術
監修／赤松 清
ISBN4-88231-065-1　　　　　　B562
A5判・206頁　本体2,400円＋税（〒380円）
初版1988年3月　普及版2000年4月

◆構成および内容：染色加工技術による導電性の付与／透明導電膜／導電性プラスチック／導電性塗料／導電性ゴム／面発熱体／低比重高導電プラスチック／繊維の帯電防止／エレクトロニクスにおける遮蔽技術／プラスチックハウジングの電磁遮蔽／微生物と導電性／他
◆執筆者：奥田昌宏／南忠男／三谷雄二／斉藤信夫他8名

### 形状記憶ポリマーの材料開発
監修／入江 正浩
ISBN4-88231-064-3　　　　　　B561
A5判・207頁　本体2,800円＋税（〒380円）
初版1989年10月　普及版2000年3月

◆構成および内容：〈材料開発編〉ポリイソプレイン系／スチレン・ブタジエン共重合体／光・電気誘起形状記憶ポリマー／セラミックスの形状記憶現象〈応用編〉血管外科的分野への応用／歯科用材料／電子配線の被覆／自己制御型ヒーター／特許・実用新案他
◆執筆者：石井正雄／唐牛正夫／上野桂二／宮崎修一他

### 光機能性高分子の開発
監修／市村 國宏
ISBN4-88231-063-5　　　　　　B560
A5判・324頁　本体3,400円＋税（〒380円）
初版1988年2月　普及版2000年3月

◆構成および内容：光機能性包接錯体／高耐久性有機フォトロミック材料／有機DRAW記録体／フォトクロミックメモリ／PHB材料／ダイレクト製版材料／CEL材料／光化学治療用光増感剤／生体触媒の光固定化他
◆執筆者：松田実／清水茂樹／小関健一／城田靖彦／松井文雄／安藤栄司／岸井典之／米沢輝彦他17名

### DNAプローブの応用技術
著者／高橋 豊三
ISBN4-88231-062-7　　　　　　B559
A5判・407頁　本体4,600円＋税（〒380円）
初版1988年2月　普及版2000年3月

◆構成および内容：〈感染症の診断〉細菌感染症／ウイルス感染症／寄生虫感染症〈ヒトの遺伝子診断〉出生前の診断／遺伝病の治療〈ガン診断の可能性〉リンパ系新生物のDNA再編成〈諸技術〉フローサイトメトリーの利用／酵素的増幅法を利用した特異的塩基配列の遺伝子解析〈合成オリゴヌクレオチド〉他

### 多孔性セラミックスの開発
監修／服部 信・山中 昭司
ISBN4-88231-059-7　　　　　　B556
A5判・322頁　本体3,400円＋税（〒380円）
初版1991年9月　普及版2000年3月

◆構成および内容：多孔性セラミックスの基礎／素材の合成（ハニカム・ゲル・ミクロポーラス・多孔質ガラス）／機能（耐火物・断熱材・センサ・触媒）／新しい多孔体の開発（バルーン・マイクロサーム他）
◆執筆者：直野博光／後藤誠史／牧島亮男／作花済夫／荒井弘通／中原佳子／守屋善郎／細野秀雄他31名

※ 書籍をご購入の際は、最寄りの書店にご注文いただくか、
㈱シーエムシー出版のホームページ（http://www.cmcbooks.co.jp/）にてお申し込み下さい。

## CMCテクニカルライブラリー のご案内

### エレクトロニクス用機能メッキ技術
著者／英 一太
ISBN4-88231-058-9　　B555
A5判・242頁　本体2,800円＋税（〒380円）
初版1989年5月　普及版2000年2月

◆構成および内容：連続ストリップメッキラインと選択メッキ技術／高スローイングパワーはんだメッキ／酸性硫酸銅浴の有機添加剤のコント／無電解金メッキ〈応用〉プリント配線板／コネクター／電子部品および材料／電磁波シールド／磁気記録材料／使用済み無電解メッキ浴の廃水・排水処理他

### 機能性化粧品の開発
監修／髙橋 雅夫
ISBN4-88231-057-0　　B554
A5判・342頁　本体3,800円＋税（〒380円）
初版1990年8月　普及版2000年2月

◆構成および内容：Ⅱアイテム別機能の評価・測定／Ⅲ機能性化粧品の効果を高める研究／Ⅳ生体の新しい評価と技術／Ⅴ新しい原料、微生物代謝産物、角質細胞間脂質、ナイロンパウダー、シリコーン誘導体他
◆執筆者：尾沢達也／高野勝弘／大郷保治／福田英憲／赤堀敏之／萬秀憲／梅田達也／吉田静他35名

### フッ素系生理活性物質の開発と応用
監修／石川 延男
ISBN4-88231-054-6　　B552
A5判・191頁　本体2,600円＋税（〒380円）
初版1990年7月　普及版1999年12月

◆構成および内容：〈合成〉ビルディングブロック／フッ素化／〈フッ素系医薬〉合成抗菌薬／降圧薬／高脂血症薬／中枢神経系用薬／〈フッ素系農薬〉除草剤／殺虫剤／殺菌剤／他
◆執筆者：田口武夫／梅本照雄／米田徳彦／熊井清作／沢田英夫／中山雅陽／大高博／塚本悟郎／芳賀隆弘

### マイクロマシンと材料技術
監修／林 輝
ISBN4-88231-053-8　　B551
A5判・228頁　本体2,800円＋税（〒380円）
初版1991年3月　普及版1999年12月

◆構成および内容：マイクロ圧力センサー／細胞およびDNAのマニュピュレーション／Si-Si接合技術と応用製品／セラミックアクチュエーター／ph変化形アクチュエーター／STM・応用加工他
◆執筆者：佐藤洋一／生田幸士／杉山進／鷲津正夫／中村哲郎／高橋貞行／川崎修／大西一正他16名

### UV・EB硬化技術の展開
監修／田畑 米穂　編集／ラドテック研究会
ISBN4-88231-052-X　　B549
A5判・335頁　本体3,400円＋税（〒380円）
初版1989年9月　普及版1999年12月

◆構成および内容：〈材料開発の動向〉〈硬化装置の最近の進歩〉紫外線硬化装置／電子硬化装置／エキシマレーザー照射装置〈最近の応用開発の動向〉自動車部品／電気・電子部品／光学／印刷／建材／歯科材料他
◆執筆者：大井吉晴／実松徹司／柴田讓治／中村茂／大庭敏夫／西久保忠臣／滝本ậ之／伊達宏和他22名

### 特殊機能インキの実際技術
ISBN4-88231-051-1　　B548
A5判・194頁　本体2,300円＋税（〒380円）
初版1990年8月　普及版1999年11月

◆構成および内容：ジェットインキ／静電トナー／転写インキ／表示機能性インキ／装飾機能インキ／熱転写／導電性／磁性／蛍光・蓄光／減感／フォトクロミック／スクラッチ／ポリマー厚膜材料他
◆執筆者：木下晃男／岩田靖久／小林邦昌／寺山道男／相原次郎／笠置一彦／小浜信行／髙尾道生他13名

### プリンター材料の開発
監修／髙橋 恭介・入江 正浩
ISBN4-88231-050-3　　B547
A5判・257頁　本体3,000円＋税（〒380円）
初版1995年8月　普及版1999年11月

◆構成および内容：〈プリンター編〉感熱転写／バブルジェット／ピエゾインクジェット／ソリッドインクジェット／静電プリンター・プロッター／マグネトグラフィ〈記録材料・ケミカルス編〉他
◆執筆者：坂本康治／大西勝／橋本憲一郎／碓井稔／福田隆／小鍛治徳雄／中沢亨／杉崎裕他11名

### 機能性脂質の開発
監修／佐藤 清隆・山根 恒夫
　　　岩橋 昭夫・森 弘之
ISBN4-88231-049-X　　B546
A5判・357頁　本体3,600円＋税（〒380円）
初版1992年3月　普及版1999年11月

◆構成および内容：工業的バイオテクノロジーによる機能性油脂の生産／微生物反応・酵素反応／脂肪酸と高級アルコール／混酸型油脂／機能性食用油／改質油／リポソーム用リン脂質／界面活性剤／記録材料／分子認識場としての脂質膜／バイオセンサ構成素子他
◆執筆者：菅野道廣／原健次／山口道広他30名

※ 書籍をご購入の際は、最寄りの書店にご注文いただくか、
㈱シーエムシー出版のホームページ（http://www.cmcbooks.co.jp/）にてお申し込み下さい。

## CMCテクニカルライブラリー のご案内

### 電気粘性(ER)流体の開発
監修／小山 清人
ISBN4-88231-048-1　　　　B545
A5判・288頁　本体3,200円＋税　（〒380円）
初版1994年7月　普及版1999年11月

◆構成および内容：〈材料編〉含水系粒子分散型／非含水系粒子分散型／均一系／EMR流体〈応用編〉ERアクティブダンパーと振動抑制／エンジンマウント／空気圧アクチュエーター／インクジェット他
◆執筆者：滝本淳一／土井正男／大坪泰文／浅子佳延／伊ケ崎文和／志賀亨／赤塚孝寿／石野裕一他17名

### 有機ケイ素ポリマーの開発
監修／櫻井 英樹
ISBN4-88231-045-7　　　　B543
A5判・262頁　本体2,800円＋税　（〒380円）
初版1989年11月　普及版1999年10月

◆構成および内容：ポリシランの物性と機能／ポリゲルマンの現状と展望／工業的製造と応用／光関連材料への応用／セラミックス原料への応用／導電材料への応用／その他の含ケイ素ポリマーの開発動向他
◆執筆者：熊田誠／坂本健吉／吉良満夫／松本信雄／加部義夫／持田邦夫／大中恒明／直井嘉威他8名

### 有機磁性材料の基礎
監修／岩村 秀
ISBN4-88231-043-0　　　　B541
A5判・169頁　本体2,100円＋税　（〒380円）
初版1991年10月　普及版1999年10月

◆構成および内容：高スピン有機分子からのアプローチ／分子性フェリ磁性体の設計／有機ラジカル／高分子ラジカル／金属錯体／グラファイト化途上炭素材料／分子性・有機磁性体の応用展望他
◆執筆者：富田哲郎／熊谷正志／米原祥友／梅原英樹／飯島誠一郎／溝上恵彬／工位武治

### 高純度シリカの製造と応用
監修／加賀美 敏郎・林 瑛
ISBN4-88231-042-2　　　　B540
A5判・313頁　本体3,600円＋税　（〒380円）
初版1991年3月　普及版1999年9月

◆構成および内容：〈総論〉形態と物性・機能／現状と展望／〈応用〉水晶／シリカガラス／シリカゾル／シリカゲル／微粉末シリカ／IC封止用シリカフィラー／多孔質シリカ他
◆執筆者：川副博司／永井邦彦／石井正／田中映治／森本幸裕／京藤倫久／滝田正俊／中村哲之他16名

### 最新二次電池材料の技術
監修／小久見 善八
ISBN4-88231-041-4　　　　B539
A5版・248頁　本体3,600円＋税　（〒380円）
初版1997年3月　普及版1999年9月

◆構成および内容：〈リチウム二次電池〉正極・負極材料／セパレーター材料／電解質／〈ニッケル・金属水素化物電池〉正極と電解液／〈電気二重層キャパシタ〉EDLCの基本構成と動作原理／二次電池の安全性〉他
◆執筆者：菅野了次／脇原將孝／逢坂哲彌／稲葉稔／豊口吉徳／丹治博司／森田昌行／井土秀一他12名

### 機能性ゼオライトの合成と応用
監修／辰巳 敬
ISBN4-88231-040-6　　　　B538
A5判・283頁　本体3,200円＋税　（〒380円）
初版1995年12月　普及版1999年6月

◆構成および内容：合成の新動向／メソポーラスモレキュラーシーブ／ゼオライト膜／接触分解触媒／芳香族化触媒／環境触媒／フロン吸着／建材への応用／抗菌性ゼオライト他
◆執筆者：板橋慶治／松方正彦／増田立男／木下二郎／関沢和彦／小川政英／水野光一他

### ポリウレタン応用技術
ISBN4-88231-037-6　　　　B536
A5判・259頁　本体2,800円＋税　（〒380円）
初版1993年11月　普及版1999年6月

◆構成および内容：〈原材料編〉イソシアネート／ポリオール／副資材／〈加工技術編〉フォーム／エラストマー／RIM／スパンデックス／〈応用編〉自動車／電子・電気／OA機器／電気絶縁／建築・土木／接着剤／衣料／他
◆執筆者：高柳弘／岡部憲昭／奥園修一他

### ポリマーコンパウンドの技術展開
ISBN4-88231-036-8　　　　B535
A5判・250頁　本体2,800円＋税　（〒380円）
初版1993年5月　普及版1999年5月

◆構成および内容：市場と技術トレンド／汎用ポリマーのコンパウンド（金属繊維充填、耐衝撃性樹脂、耐燃焼性、イオン交換膜、多成分系ポリマーアロイ）／エンプラのコンパウンド／熱硬化性樹脂のコンパウンド／エラストマーのコンパウンド／他
◆執筆者：浅井治海／菊池巧／小林俊昭／中條澄他23名

※書籍をご購入の際は、最寄りの書店にご注文いただくか、㈱シーエムシー出版のホームページ(http://www.cmcbooks.co.jp/)にてお申し込み下さい。